Erfahrungen mit Schiffsdieselmotoren

Von

Dipl.-Ing. **Hans Krug**

München-Pasing

Mit 229 Abbildungen

Springer-Verlag
Berlin Heidelberg GmbH
1954

ISBN 978-3-642-49025-5 ISBN 978-3-642-92629-7 (eBook)
DOI 10.1007/978-3-642-92629-7

Ursprünglich erschienen bei Springer-Verlag OHG., Berlin/Göttingen/Heidelberg
Softcover reprint of the hardcover 1st edition 1954

Geleitwort.

Es gibt keinen Schiffbauer, keinen Motorenkonstrukteur, keinen Angehörigen einer Rhederei, Werft oder Motorenfabrik, keinen Bauaufseher, keinen Bordingenieur und keinen Leiter einer Reparaturwerkstatt, der dieses Buch nicht dankbar begrüßt. Es tritt zur rechten Zeit in eine allerseits empfundene Lücke und bringt in geschickter Weise die reichen praktischen Erfahrungen der letzten Jahrzehnte zum Bewußtsein und Verständnis des Lesers, eine handfeste Brücke bildend von der Generation, die sich diese Erfahrungen erringen mußte, zu den Nachgewachsenen, die eine Kriegs- und Nachkriegszeit von den damals erworbenen Einsichten trennt. Dieses Buch, das sich auf praktisches, kämpferisches Miterleben und weitgespanntes Wissen gründet, ist somit geeignet, wiederholte verlustreiche Lehrzeit zu ersparen und auf seinem interessanten und aktuellen Teilgebiet der Ingenieurkunst den Weg zu höchster Zuverlässigkeit und bester Wirkung mitzubereiten. Man möchte das reich mit guten Abbildungen ausgestattete, lehrreiche kleine Buch in der Hand jedes lernenden Maschinenbauers sehen, da es eine Fülle von nicht nur im Motorenbau und Tankschiffbetrieb verwertbaren Baugrundsätzen in beherzigenswerter Weise darbietet, erklärt und unvergeßlich macht.

Karlsruhe Technische Hochschule,
1. Januar 1954

Prof. **Otto Kraemer** VDI.

Vorwort.

In diesem Buche gibt der Verfasser die Erfahrungen wieder, die er zwischen den beiden Kriegen über den Betrieb von Schiffsdieselmotoren gesammelt hat, wobei er den Hauptwert auf die Schilderung von Selbsterlebtem und Miterkanntem gelegt hat. Theoretische Zusammenhänge erklärt der Verfasser nur so weit, als dies zum Verständnis der Tatsachen und der praktischen Auswertungen erforderlich ist. Als langjähriger Mitarbeiter der Schiffahrtsgesellschaft und Rhederei in der Deutschen Esso-Gruppe, der Waried Tankschiff Rhederei, Hamburg, hat der Verfasser die Fortschritte und Rückschläge im Schiffsmotorenbau und -betrieb unmittelbar miterlebt und hierdurch Material sammeln können, das wirklich aus der Praxis stammt. In diesem Buche hat er sich zum Ziel gesetzt, die jüngere Ingenieurgeneration vor Mühen und Fehlschlägen zu bewahren und zu verhindern, daß in jahrelanger Arbeit mühsam erkannte Begründungen und bewährte praktische Lösungen in Vergessenheit geraten.

Der Verfasser dankt der Waried Tankschiff Rhederei und ebenso den Erbauern der von ihm beschriebenen Motoren für die Überlassung von technischen Unterlagen und fühlt sich der Karlsruher Hochschulvereinigung sowie dem Badischen Landesgewerbeamt für die Bereitstellung von Mitteln für die Ausarbeitung des Buches verpflichtet. Vor allem dankt er auch Herrn Professor Otto Kraemer vom Lehrstuhl für Kolbenmaschinen an der Technischen Hochschule Karlsruhe, der das Vorhaben des Verfassers von Anfang an lebhaft begrüßte und in jeder Hinsicht förderte. Im Laufe der Ausarbeitung leistete er zu dem Gelingen des Buches durch vertiefende Aussprachen und wertvolle Korrekturen einen ganz wesentlichen Beitrag.

Möge das Dargebotene bei der Betriebsüberwachung wie bei der Beurteilung von Störungen und Schäden ebenso von Nutzen sein wie beim Entwurf und beim Bau! Möge es auch schon dem Studierenden eine brauchbare Ergänzung zu dem an der Schule Gebotenen sein!

München-Pasing, im Januar 1954.

Hans Krug.

Inhaltsverzeichnis.

Einleitung.

Die in den einzelnen Abschnitten dieses Buches dargelegten Erfahrungen, Hinweise und Vorschläge gründen sich zwar in der Hauptsache auf die Beobachtungen und Erlebnisse mit der begrenzten Anzahl von Schiffen einer einzigen Rhederei zwischen den beiden Weltkriegen, sie haben jedoch sicherlich weitgehend allgemeine Gültigkeit.

Schiffsname	Baujahr	Erbauer (Lizenz) der Antriebsmotoren	Bauart	Zyl.-Zahl i	Zyl.-Durchm. D mm	Kolbenhub s mm	Norm. Drehzahl n 1/min	Norm. mittl. Druck p_i kg/cm²	p_e kg/cm²	Norm. eff. Ges.-Leistg. N_e PS
Wilhelm A. Riedemann	1920	GW	eZw	2×6	575	1000	125	5,82	4,54	3300
Phoebus	1923	Gebr. Sulzer	,,	2×4	680	1100	85	6,55	5,02	3200
Prometheus	1923	GW	eV	2×6	650	1000	125	7,19	5,61	3100
Persephone	1925	,,	eZw	2×4	650	1300	90	5,39	4,20	2900
Clio	1925	MAN	,,	2×4	650	1200	90	6,04	4,71	3000
Penelope	1925	Gebr. Sulzer	,,	2×4	600	1060	100	6,26	4,04	2700
C. O. Stillman	1926	Br. Vulkan (MAN)	,,	2×6	700	1200	90	5,00	3,88	4300
Hanseat	1929	Deschimag (MAN)	,,	1×7	720	1200	96	6,33	4,94	3600
F. H. Bedford jr.	1930	GW	,,	2×6	680	1300	90	5,30	4,13	4700
Heinrich v. Riedemann	1930	Br. Vulkan (MAN)	,,	2×6	700	1200	93	5,24	4,09	4700
J. A. Mowinckel	1930	Fiat	,,	2×6	680	1100	100	5,77	4,50	4800
Franz Klasen	1932	MAN	doZw	2×4	600	900	118	5,58 bzw. 5,28	4,58 bzw. 4,33	4500
Geo W. McKnight	1932	GW	eZw	2×6	600	1150	118	5,38	4,41	4500
Friedrich Breme	1936	MAN	,,	1×8	650	1200	110	5,65	4,63	3600
Esso Bolivar	1936	GW	,,	1×8	650	1250	110	5,43	4,45	3600
Paul Harneit	1936	Schichau (Gebr. Sulzer)	,,	1×8	650	1200	114	5,65	4,64	3750

GW = Germaniawerft, Kiel
MAN = Masch.-Fabrik Augsburg — Nürnberg, Werk Augsburg
Br. Vulkan = Bremer Vulkan, Vegesack
Deschimag = Deutsche Schiffs- und Maschinenbau AG., Hamburg

eV = einfachwirkender Viertakt
eZw = einfachwirkender Zweitakt
doZw = doppeltwirkender Zweitakt
MT = Motor-Tankschiff (für laufende Benennungen)

Die hier eingeschaltete Liste von Schiffen und deren Antriebsmotoren, von denen im folgenden immer wieder die Rede sein wird, erspart langatmige Hinweise im Text. Da von Schwesterschiffen immer nur eines aufgeführt ist, umfaßt der wirkliche Erfahrungsbereich eine wesentlich größere Anzahl.

Alle Schiffe besaßen direkten Antrieb vom Motor auf die Schiffsschraube, alle waren sie Tankschiffe mit der typischen Anordnung der Maschinenanlage im

Hinterschiff. (Vgl. Abb. 1). Mit einer einzigen Ausnahme handelte es sich bei den Antriebsmotoren um *Zweitakt*motoren, zum Teil um *doppeltwirkende* Zweitaktmotoren.

Die Jahrzehnte, über die hier berichtet wird, waren unbestritten die Entwicklungs-, Erfahrungs- und Erfolgsjahre des Schiffsmotorenbaues. Die ältesten

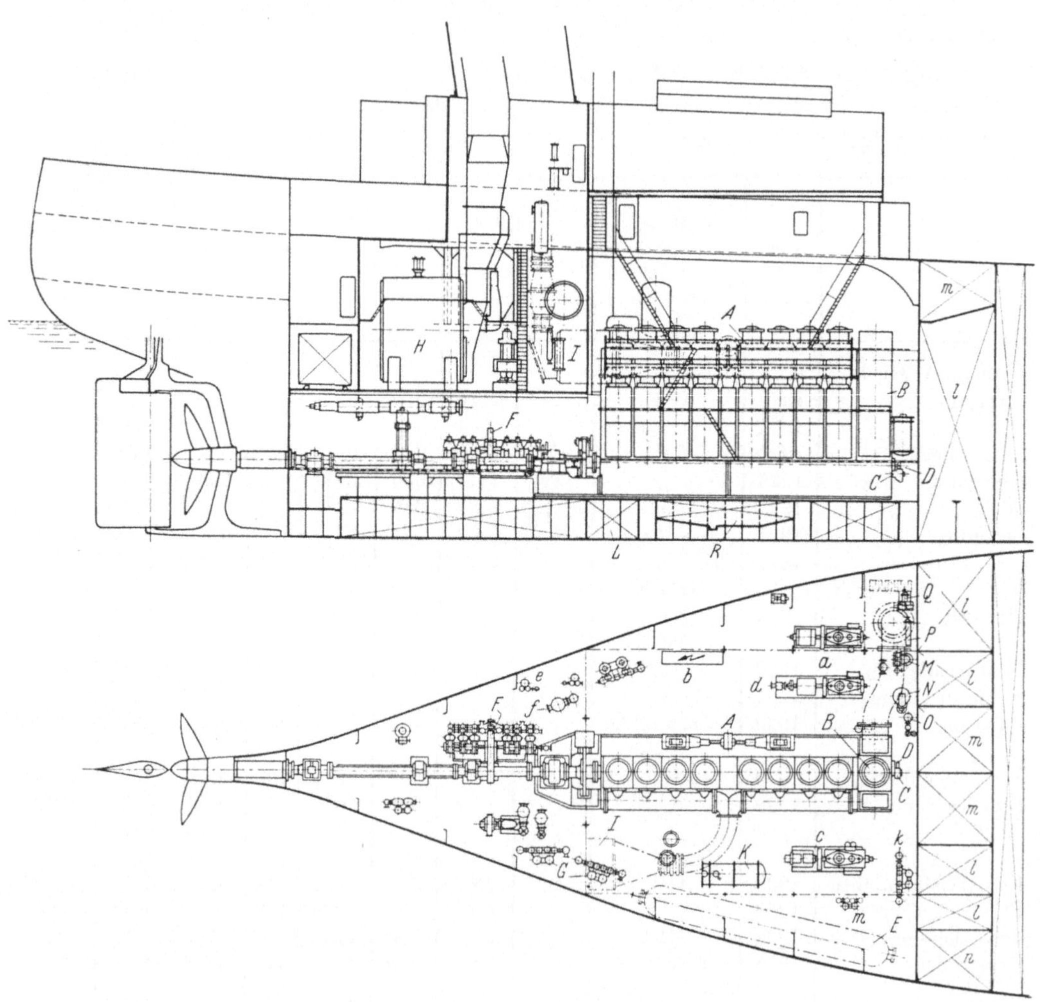

Abb. 1. Maschinenanlage des Einschrauben-Motor-Tankschiffes „Friedrich Breme“.

A Hauptmotor
B Angehängte Spülluftkolbenpumpe
C Angehängte Schmierölpumpe
D Angehängte Brennstoffumförderpumpe
E Anlaßluftbehälter
F Von der Wellenleitung getriebene Pumpengruppe für Kühlwasser und Speisung des Abgaskessels
G Reserve-Kühlwasserpumpen
H Ölgefeuerter Hilfskessel
J Abgaskessel
K Frischwasser-Rückkühler
L Frischwasser-Sammelzelle im Doppelboden
M Reserve-Schmierölpumpe
N Schmierölkühler
O Schmierölfilter
P Schmierölvorwärmer für *Q*
Q Schmierölseparator
R Schmieröl-Sammeltanks
a Dampfdynamos
b Schalttafel
c Anlaßluft-Kompressor
d Notkompressor
e Seewasserpumpe für Hafendienst
f Seewasserfilter
k Brennstoff-Umförderpumpe
l Brennstoffbunker
m Brennstoff-Tagestanks
n Heizölbunker

der behandelten Motoren (MT „Wilhelm A. Riedemann“) waren schon vor dem ersten Weltkrieg gebaut und besaßen bis 1927 noch Tropfschmierung für das Triebwerk wie die Dampfmaschinen. Bis zum Jahr 1930 geschah die Brennstoffeinspritzung durchweg noch mittels Druckluft, die von ständig mitlaufenden Einblaseluftkompressoren geliefert werden mußte. Infolgedessen sind die ganzen Erlebnisse beim Umbau der älteren Motoren für luftlose, unmittelbare Einspritzung —

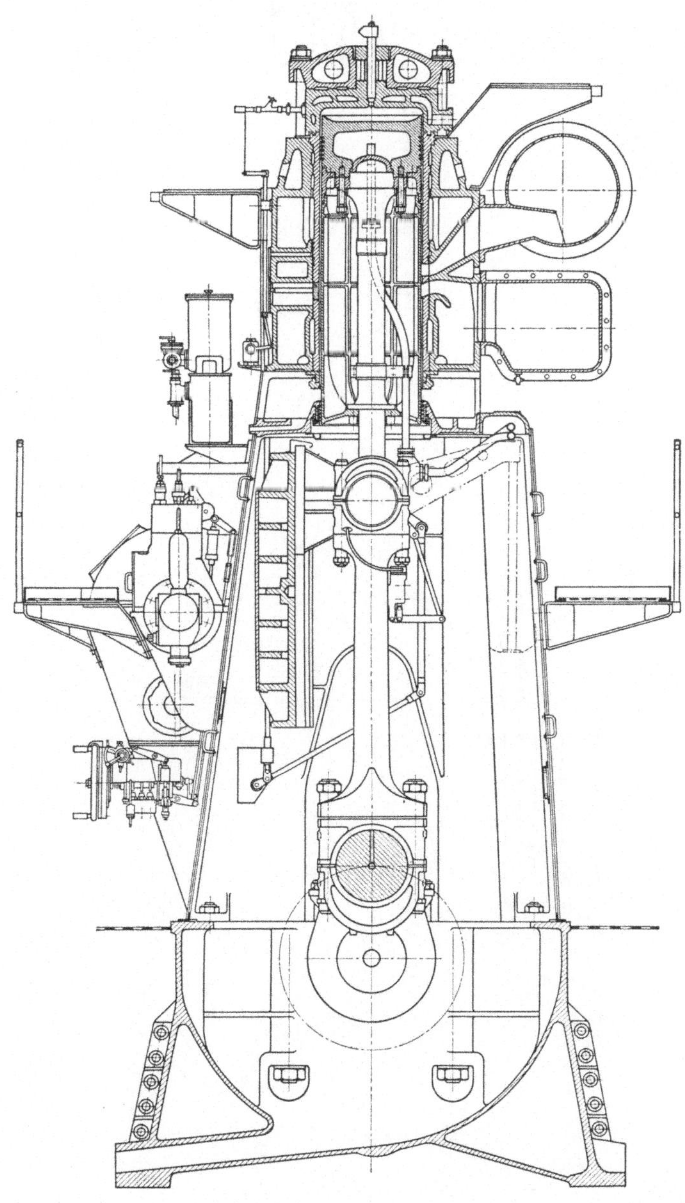

Abb. 2. Einfachwirkender Zweitaktmotor der MAN auf MT „Friedrich Breme“.

Kreuzkopfbauart mit einseitiger Geradführung. Durchgehende Anker im Gestell; direkte Brennstoff-Einspritzung; MAN-Umkehrspülung; Zuführung des Kolbenkühlwassers durch Posaunen. (Spülluftpumpe sitzt als zusätzlicher Zylinder am Motorende.)

insbesondere mittels des Archaouloff-Verfahrens der Germaniawerft — in den nachfolgenden Schilderungen enthalten. Die besonderen Bemühungen der Waried Tankschiff Rhederei um weitestgehende Abgasverwertung sind bis zur neuzeit-

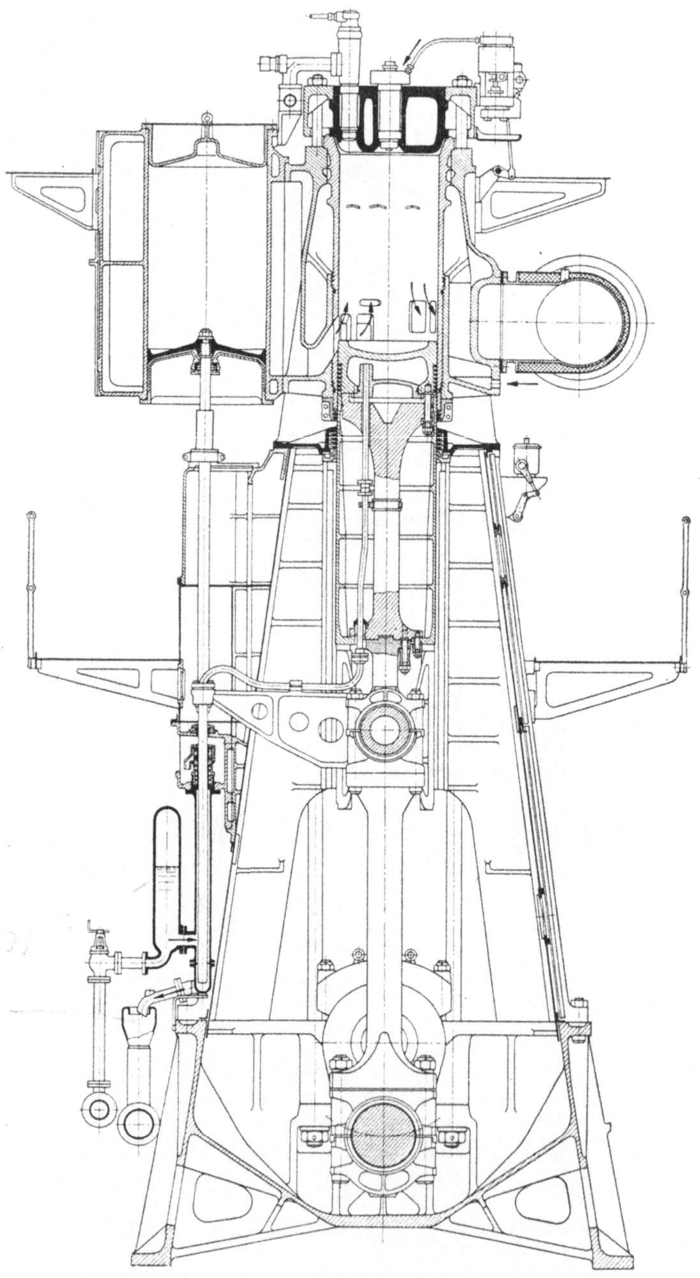

Abb. 3. Einfachwirkender Zweitaktmotor der GW auf MT „Esso Bolivar".

Kreuzkopfbauart mit viergleisiger Geradführung. Halblange Gestellanker; direkte Brennstoff-Einspritzung nach dem Archaouloff-Verfahren; Querspülung; Zuführung des Kolbenkühlwassers durch Posaunen; Spülluftpumpenzeugung durch doppeltwirkende Spülluftpumpen, angetrieben vom Posaunenarm jedes zweiten Zylinders.

lichen Reife in ausführlichen Kapiteln dargestellt. Es zeigt sich somit an einer Vielzahl von Einzelheiten der ganze in diesen wichtigen Entwicklungsjahren zurückgelegte Weg von den frühen Schiffsmotorenanlagen, deren Betrieb nur mit außergewöhnlichem Einsatz des Maschinenpersonals und mit hohen Reparaturkosten aufrechtzuerhalten war, bis zu dem heute erkämpften Stand, der es erlaubt, von einem zuverlässigen, mühelosen und wirtschaftlich befriedigenden Betrieb zu sprechen.

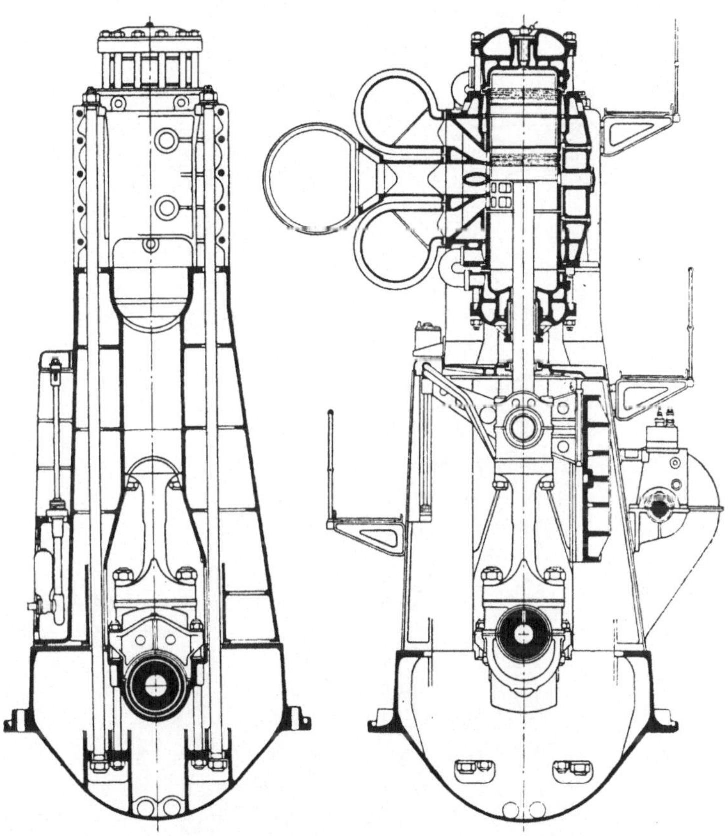

Abb. 4. Doppeltwirkender Zweitaktmotor der MAN auf MT „Franz Klasen".

Links: Schnitt in der Ebene des Grundplattenlagers zwischen zwei Kurbeln. Man sieht die durchgehenden Zuganker. Rechts: Schnitt in Zylinderachse. Spülluftaufnehmer zwischen oberem und unterem Auspuffrohr; Kühlwasserzuführung zum Kolben durch Posaunen und Rohrleitungen zum unteren Ende der Kolbenstange.

Zum vollen Verständnis der nach den einzelnen Bauteilen der Motoren aufgegliederten Betrachtungen seien in Abb. 2—5 die Zusammenstellungs-Zeichnungen für die wichtigsten Fabrikate nach dem letzten Stand der Beobachtungsperiode vorangestellt. —

1. Fundamente.

Die Schiffsbewegungen im Seegang und die Aufstellung der Motoren auf dem Schiffs-Doppelboden, — der bei aller Festigkeit zum Bestandteil eines schwingungsfähigen Gebildes werden kann, — machen die Fundamentierung von Schiffsmotoren zu einem besonderen Problem, bei dem die Maschinenbauer von jeher entscheidend mitzusprechen hatten. Aus diesem Grunde sind die Fundamente auch in diese Betrachtungen einbezogen und an den Anfang gestellt worden.

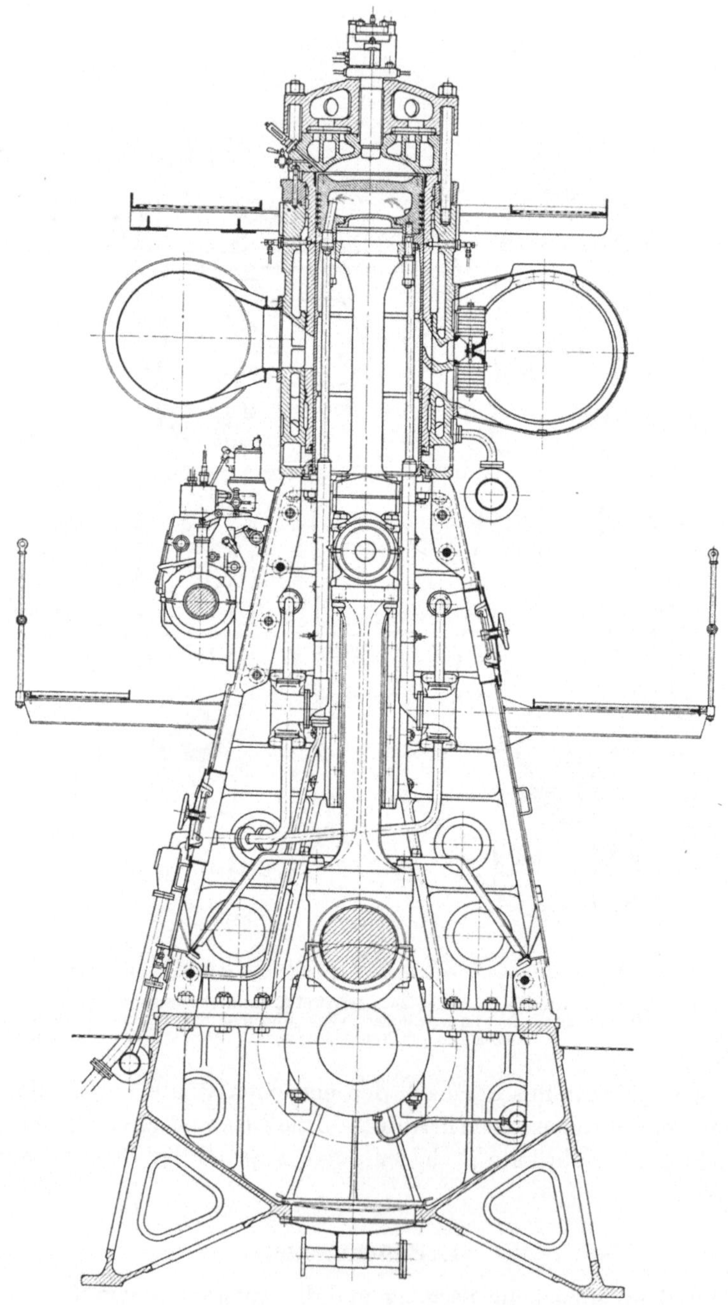

Abb. 5. Einfachwirkender Zweitaktmotor von Schichau-Sulzer auf MT „Paul Harneit".

Kreuzkopfbauart mit viergleisiger Geradführung. Keine Gestellanker; direkte Brennstoff-Einspritzung; Sulzer-Querspülung mit Nachladung; Kolbenkühlung durch Sulzer-Einspritzsystem. (Spülluftpumpe sitzt als zusätzlicher Zylinder am Motorende.)

Die Fundamentierung hat eine mehrfache Aufgabe. Sie hat zunächst den Motor bei den Schiffsbewegungen standfest zu halten, wobei die Trägheitskräfte der Motormasse beim Anfahren, Abstoppen, Drehen und „Stampfen“ (schaukelpferdartige Schwingung im Seegang) des Schiffes freilich erst bei *großen* Geschwindigkeiten ins Gewicht fallen, auf *jeden* Fall aber diejenigen beim „Rollen“ (Hin- und Herwälzen um die Längsachse des Schiffes) im Seegang. Bekanntlich können tagelang Winkelausschläge bis zu 25° nach beiden Seiten auftreten, und zwar nicht immer stetig verzögert ausklingend, sondern oft schroff abgebremst. Dabei kann die lotrechte Projektion des Motorschwerpunktes S bis an die Grenze der Auflagefläche gelangen (Abb. 6). Zugleich ist der Reibungswinkel beträchtlich überschritten, so daß der ungenügend befestigte Motor seitlich abrutschen würde.

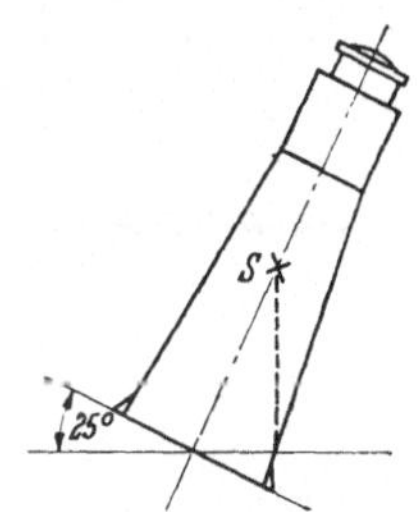

Abb. 6. Schräglage eines Motors bei starkem Seegang.

Weiterhin hat das Fundament die ungleichförmige Reaktion des abgegebenen Drehmomentes aufzunehmen, die als Moment der Gleitbahndrücke über der Kurbelachsenmitte zustandekommt. Ein freistehender Einzelzylinder könnte bei langsamer Drehzahl im Augenblick der Drehmomentspitze tatsächlich um eine Grundplattenkante hochgekippt werden. Beim Reihenmotor ist dies zwar unmöglich, es entsteht jedoch durch Addition der „haupterregenden“ Oberschwingungen des Drehkraftdiagramms (vgl. das Kapitel „Kritische Drehzahlen“) eine beträchtliche Gesamt-Kipptendenz. Die Teil-Addition der Momente der vorderen oder hinteren Zylindergruppe eines einzelnen Motors (insbesondere beim einfachwirkenden Zweitakt-Motor) zeigt, daß außerdem mit einer nicht minder beachtenswerten Dreh-Kippbeanspruchung zu rechnen ist. — Fällt die Erregerfrequenz solcher „Haupterregenden“ (Drehzahl mal Anzahl der Zündungen pro Umdrehung), die ja durch den Betrieb in verschiedenen Fahrtstufen über ein weites Gebiet streut, mit einer Eigenschwingungszahl des schwingungsfähigen Gebildes — Motor auf elastischem Schiffsdoppelboden — zusammen, so entsteht die gefürchtete *Resonanz*, bei welcher sich die Schwingungsausschläge erheblich aufschaukeln können. Die Gefahr der Resonanz ist keinesfalls ausgeschlossen, wenn sie bei der Probefahrt nicht festgestellt wurde; sie kann mit der Zeit auftauchen, wenn durch Lockerung in den Verbindungen die Eigenschwingungszahlen des Motors allmählich absinken.

Schließlich hat das Fundament die *freien* Kräfte und Momente aus dem Spiel der *Massenkräfte* des Triebwerkes aufzunehmen. Auch wenn weitestgehender Massenausgleich innerhalb des gesamten Motors verwirklicht ist, muß sich das Fundament bei mangelnder Motorsteifigkeit am Ausgleich der „*inneren*“ Kräfte beteiligen. Dies war bei älteren Motoren mit niedrigen Grundplatten, weichen Ständerverbindungen und einzelstehenden Zylindern in weitestgehendem Maße erforderlich. (Wie in dem Kapitel „Massenausgleich“ ausführlicher dargelegt, sind diese inneren Momente gewöhnlich um so größer, je vollkommener der Massenausgleich nach außen ist.) Es leuchtet ein, daß die Fundamente am stärksten im Bereich der Motor*enden* beansprucht werden. Auch diese Einflüsse auf das Fundament sind periodischer Natur, erreichen aber bei den mäßigen Drehzahlen der in diesem Erfahrungsbericht beschriebenen Motoren nicht das Ausmaß der zuvor erklärten Beanspruchungen.

Die Motoren unserer Schiffe hatten bis zum Baujahr 1926 die überlieferten niedrigen Grundplatten mit durchhängenden Lagerbalken und erforderten daher bei ebenem Doppelboden Fundament*rahmen* in Kastenform, welche in sich, unter-

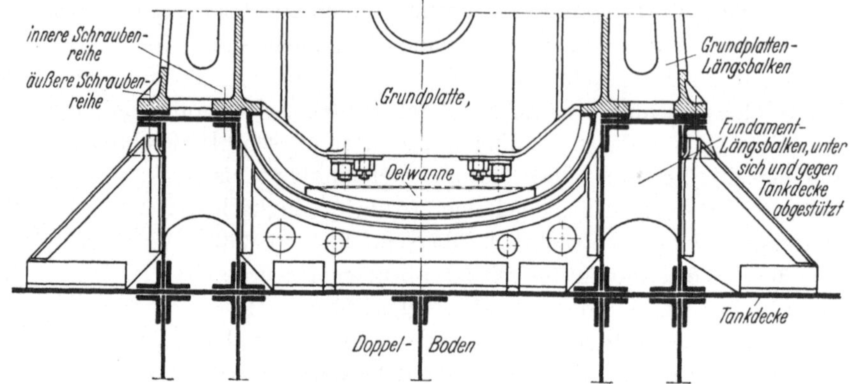

Abb. 7. Älteres Motorenfundament.
Längsbalken auf dem Doppelboden für unten offene Grundplatte mit durchhängenden Querbalken und durchlaufender Ölwanne.

einander und gegen die „Tankdecke" (die Decke des Doppelbodens) stark abgestützt waren (Abb. 7). Sie waren durchweg aus Walzprofilen und Blechen zusammengenietet, besaßen daher mit der Vielzahl der Teile, den nach Maschinenbau-Vorstellungen unebenen und unbündigen Auflageflächen sowie der ungünstigen Kraftführung (Abb. 8) nicht überall die nötige Widerstandsfähigkeit gegen die vorgenannten Beanspruchungen, insbesondere gegen das Kippmoment der Gleitbahndrücke. So traten an den Motorenden einiger vierzylindriger Zweitaktmotoren und der sechszylindrigen Viertaktmotoren frühzeitig Lockerungen der Fundamentnietungen auf. Ihre Behebung, die natürlich nicht lange hinausgeschoben werden durfte, gestaltete sich sehr mühsam und kostspielig. Sie mußte sich im wesentlichen zunächst auf das Verschweißen loser Nieten und Nähte und auf eine verbesserte seitliche Abstützung der Fundamentenden beschränken. Dabei waren die eigentlichen schiffbaulichen Arbeiten das billigste. Viel teurer gestaltete sich der dabei notwendige Aus- und Wiedereinbau einer Unzahl von Rohren in dem betreffenden Bereich, die peinliche Säuberung des Fundamentes von Ölspuren zur Beseitigung der Feuersgefahr beim Schweißen und die dauernde Gestellung einer Feuerwache neben den Schweißern. — Nur in einem Fall war der Schaden damit *auf die Dauer* behoben. Bei anderen Anlagen mußte mit allen teuren Nebenarbeiten das Nachschweißen später wiederholt werden. Gleichzeitig damit wurde dann aber durch Einschweißen langer Stegbleche unter Verwendung langer

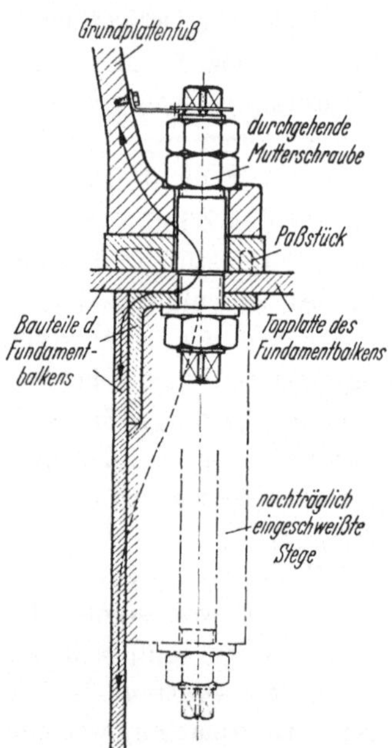

Abbb. 8. Detail zu Abb. 7.
Beachte die ungünstige Kraftführung! Strichpunktiert: später eingebaute lange Dehnschrauben mit beiderseits eingeschweißten Stegen zur Verbesserung der Kraftführung.

Fundamentschrauben die Kraftführung verbessert (Abb. 8 strichpunktiert) und damit eine endgültige Lösung erzielt.

Nach 1926 erhielten alle Motoren „heruntergezogene“ Grundplatten, welche direkt auf die durchlaufende ebene Tankdecke aufgesetzt werden konnten. (Abb. 9.) Das hohe widerstandsfähige Fachwerk des Doppelbodens übernahm nun, im Bereich des Motors etwas verstärkt, die Beanspruchungen unmittelbar. Schwache Stellen, wie die Enden der früheren Fundamentrahmen, existierten bei den durchlaufenden Längs- und Querwänden mit einer Höhe bis zu 2 m nicht mehr.

Anfangs führte man auch dabei noch die Kräfte *über Winkeleisen* in die senkrechten Längs-Trägerwände des Doppelbodens. Seit 1934 machte sich aber die eigene Gesellschaft die von Dr. SCHOLZ aufgezeigten Richtlinien für eine richtige

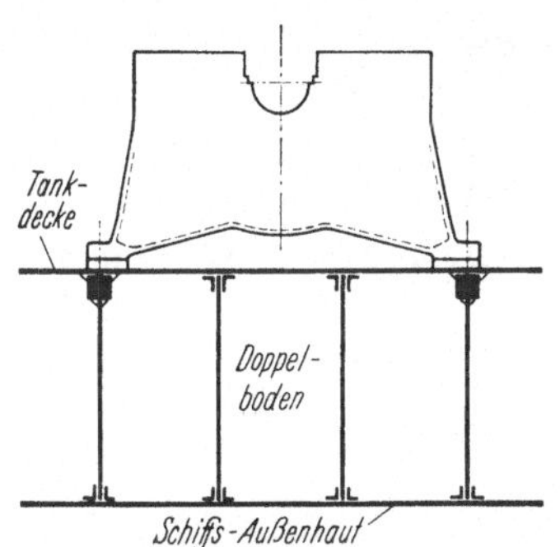

Abb. 9. Neuzeitliche Fundamentierung.
„Heruntergezogene“ (unten geschlossene) Grundplatte ruht unmittelbar auf dem Schiffs-Doppelboden.

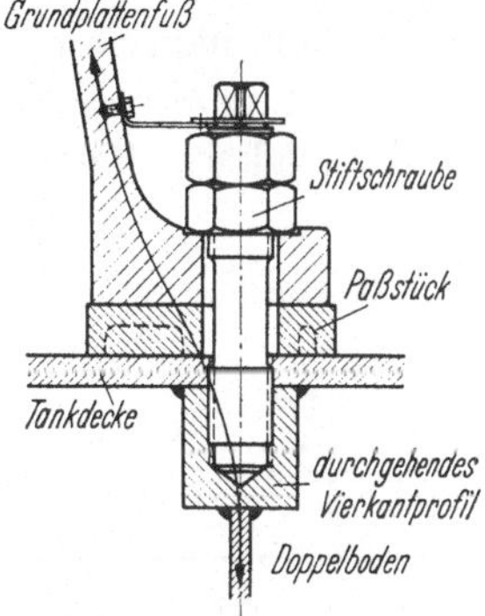

Abb. 10. Detail zu Abb. 9.
Beachte die klare Kraftführung! Die Stiftschrauben als Dehnschrauben, unten im Gewindegrund aufsitzend, sind in ein längsdurchgehendes Vierkantprofil eingeschraubt, welches von der Schraubenteilung unabhängig macht.

Kraftführung in Fundamenten (Z. d. VDI 1932, Heft 47) zunutze und schrieb bei ihren Neubauten eine Ausführung nach Abb. 10 vor. Statt einzelner Augen für das Einschraubende der nunmehr verwendeten *Stift*schrauben wurde ein kräftiges durchgehendes Vierkantprofil eingeschweißt, welches von der Teilung der Stiftschrauben unabhängig machte. Wurde der Fundamentteil des Doppelbodens noch in der Werkstätte im ganzen geschweißt, um die unzuverlässigere Arbeit der „Überkopfschweißung“ zu vermeiden, und als Ganzes ins Schiff eingebaut, wie dies bei den großen Werften meist möglich war, so entstand eine Ausführung von größter Widerstandsfähigkeit. Eine Reihe von Fachleuten betrachteten sie allerdings mit Mißtrauen, weil sie von den in langer Erfahrung bewährten durchgehenden Fundamentschrauben mit der beiderseitigen Mutter nicht abgehen wollten. Die sorgfältige Beobachtung der eigenen Anlagen entkräftete diese Befürchtungen aber vollauf. Freilich war man von der üblichen Stiftschraube zu der Stift*dehn*schraube übergegangen, welche zur Verbesserung der Lastverteilung auf die einzelnen Gewindegänge im Grund des Gewindeloches mit einem Zapfen aufsaß. Zudem wurden die Gewinde im Fundament ($2\frac{1}{2}$ Zoll und darüber) maschinell, nämlich mit einer provisorisch aufgestellten Säulenbohrmaschine (also absolut senkrecht) gebohrt, so daß bei den angeflächten Auflagen der Muttern in den Grundplattenfüßen *Biegungs*beanspruchungen der Schrauben weitestgehend ausgeschlossen wurden.

Mit dem Übergang auf die Stiftschrauben entfiel freilich die Fixierung des Motors gegen *Quer*kräfte bei Rollbewegungen des Schiffes, wie sie durchgehende *Paß*-Fundamentschrauben mit ihren Scherquerschnitten boten. Statt dessen mußten an den Motorenden und in der Mitte *Stopper* auf der Tankdecke vorgesehen werden, gegen welche die Grundplatte abgekeilt wurde (Abb. 11 und 12).

Untergelegte *Paßstücke* waren und blieben für das Ausrichten des Motors in der Höhenlage und für den Übergang von der unbearbeiteten Tankdecke zur bearbeiteten Grundplatten-Auflagefläche ein unerwünschtes, aber unvermeidliches Zwischenglied. Unerwünscht nicht nur wegen des trotz allem mühsamen Einpassens solcher um jede Fundamentschraube fassenden GE-Platten (bei neueren Achtzylinder-Motoren etwa 180 × 270 mm bei 50 mm Stärke), sondern insbesondere wegen der Sorge um die Aufrechterhaltung des Kraftschlusses. Wie in späteren Kapiteln näher ausgeführt wird, gibt jede periodisch belastete Fuge, mag sie noch so wenig atmen, Gelegenheit zur zerstörenden Kapillarwirkung eingedrungener Flüssigkeit. Bei älteren Anlagen waren die Bauteile unter Flur oft von Wasser und Öl einfach nicht frei zu halten, und so arbeiteten sich die Paß-

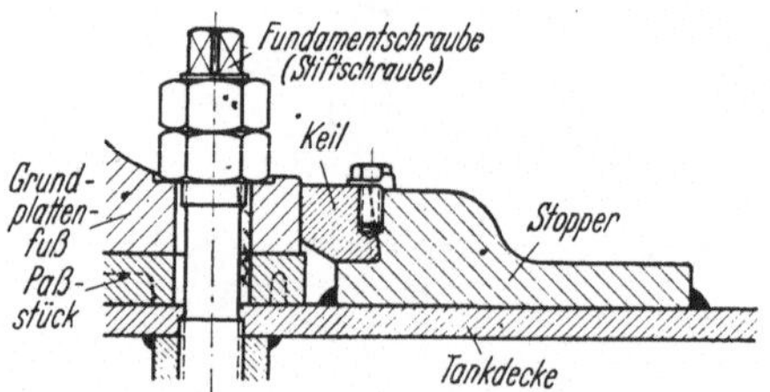

Abb. 11. Verkeilung der Grundplatte bei Anwendung von Stiftschrauben für die Fundamentierung.

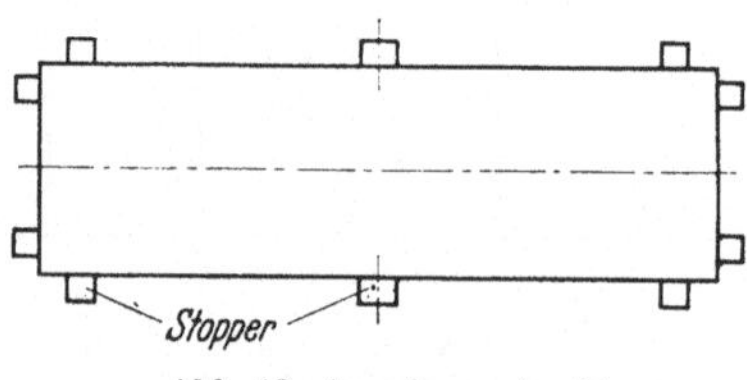

Abb. 12. Anordnung der Stopper nach Abb. 11.

stücke gerade an den Motorenden unter dem Einfluß einer Summe ungünstiger Umstände in die Grundplattenauflagen ein.

Die erste Ursache solcher Lockerungen ließ sich nicht immer einwandfrei angeben. Stets aber wurden bei gelockerten Fundamenten auch die eingearbeiteten Paßstücke festgestellt. Dabei konnte man dem Personal, welches zur regelmäßigen Kontrolle der Vorspannung der Fundamentschrauben verpflichtet war, gar keinen Vorwurf machen, weil gerade an den gefährdeten Stellen die zahlreichen Rohre eine Kontrolle unmöglich machten. — Die Wiederherstellung der einwandfreien Auflage konnte nur durch neue, stärkere Paßstücke erfolgen; keinesfalls durften etwa dünne Bleche dazwischengelegt werden, weil sie in kurzer Zeit zerstört gewesen wären.

2. Grundplatten.

Unter den verschiedenen Konstruktionen, die dieser Erfahrungsbericht umfaßt, war mit den Motoren des MT „Wilhelm A. Riedemann" sogar noch die früher im Schiffs*dampf*maschinenbau übliche Bauart (Abb. 13, rechts) vertreten. Die Anordnung eines Gleitbahnständers auf Zylinder*mitte* (bei Anordnung der gegenüberliegenden Ständer *zwischen* den Zylindern) schaltete den unteren Längsträger des ganzen Aufbaus in den Kraftweg zwischen Zylinder und Grundlager ein. Die Grundplatte mußte also sehr kräftig gebaut werden.

Schon bei allen übrigen älteren Motoren waren die Ständer *zwischen* die Zylinder, also *in* die Ebene der Grund(platten)lager verlegt, in welcher die Kraftübertragung ohne Inanspruchnahme der Grundplatten*längs*träger erfolgte. Diese brauchten daher nur das Spiel der Massenkräfte und -Momente der bewegten Triebwerksteile aufzunehmen. Sie konnten also leichter gehalten werden, es genügte ein schmaler Obergurt, und damit verringerte sich die Breite der ganzen Grundplatte.

Die Ausführung mit den bis zur Tankdecke heruntergezogenen Auflageflächen (Abb. 13, links) führte schließlich zu Wandstärken, welche gießereitechnisch durch die Größe des Gußstückes und nicht mehr durch die Festigkeitserfordernisse bestimmt wurden.

Für die Höhe solcher Grundplatten, die bis zu 1,8 m betrug, waren neben der Forderung, daß die hinterste Kurbel auch bei achterlichem Tiefgang des Schiffes nicht in das Sammelöl schlagen durfte, noch zwei weitere zu erfüllen. Die eine bezog sich auf die einwandfreie Abführung des Sammelöles,

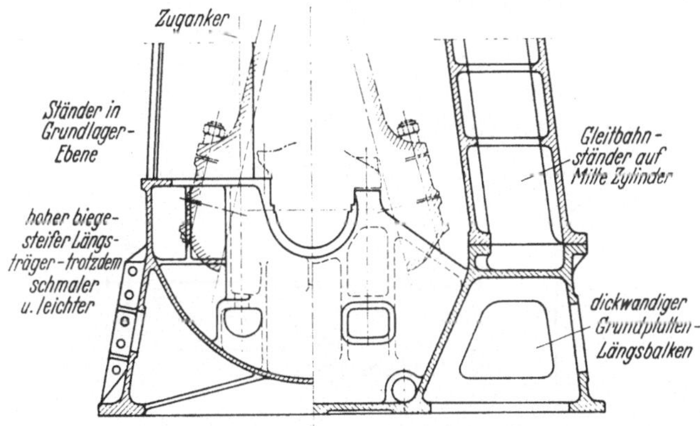

Abb. 13. Verbesserung der Grundplattenform. Rechts: Älteste, dickwandige Form, links: neuzeitliche, dünnwandige Form der besprochenen Motoren.

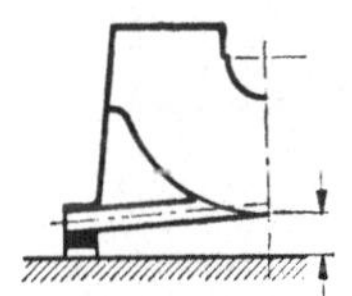

Abb. 14. Seitliche Ölabläufe aus der Grundplatte. Mitbestimmend für die Höhe der Grundplattenfüße.

auch bei einer gewissen Schlagseite (Querneigung) des Schiffes (vgl. Abb. 14 und die Bemerkungen im Kapitel ,,Schmierung“). Die andere betraf die Notwendigkeit, die Tankdecke *unter* der Grundplatte genau besichtigen zu können.

Sämtliche neueren Konstruktionen hatten beiderseits nur *eine* Auflagefläche. Nur bei den doppeltwirkenden MAN-Motoren waren die früher üblichen doppelten Auflagen beibehalten.

Im Gesamt-Kräftespiel sind die Querbalken der Grundplatte die am stärksten beanspruchten Teile. Recht nah bis an die Lager herangerückte Ständer vermindern bereits die Biegungsbeanspruchungen dieser Querträger. Werden dazu noch durchgehende Zuganker vorgesehen so beansprucht der Kraftschluß nur die in Abb. 15 stark ausgezogenen Teile. Mit Konstruktionen wie in den Abb. 16a u. b waren daraus (für durchgehende Grundlagerschrauben bzw. Grundlager-Stiftschrauben) die richtigen Folgerungen gezogen. Die Querbalken der doppeltwirkenden Motoren waren in ihrer ganzen Länge kastenförmig, während die ankerlosen Motoren stark verrippte einwandige Querbalken verwandten. Bei großer Höhe genügten auch für die Querbalken die gießereitechnisch bedingten Mindestwandstärken (von etwa 25 mm).

Für die *Kräfte* auf das Grundplattenlager ist bekanntlich die Kurbelfolge benachbarter Zylinder von starkem Einfluß. Gewöhnlich ist das *mittlere* Lager eines Reihenmotors am ungünstigsten betroffen. Durch den Fortfall der Beschleunigungskräfte, welche die von den Zünddrücken herrührenden Triebwerkskräfte vermindern, ist dabei die *langsamste* Drehzahl am bedenklichsten. Indessen besaßen (mit nur einer Ausnahme) alle Grundplatten unserer Antriebsmotoren im Bereiche des mittleren Kurbelwellenflansches eine kleine Zwischenabteilung (welche meist für den Steuerungsantrieb ausgenützt wurde) mit beiderseitigem (fast immer *normalbreitem*) Grundlager, so daß dort selbst bei ungünstiger Kurbelfolge sogar *geringere* Lagerdrücke und Querbalkenbeanspruchungen entstanden. — In dem Ausnahmefall eines einfachwirkenden Zweitaktmotors mit der Kurbelfolge 1-5-3-4 2-6 war der Kupplungsflansch *in einen Schenkel* des Hubstückes von Zylinder 3 verlegt und daher *keine* Zwischenabteilung eingefügt. Bei einem Kurbelwinkel von 60° zwischen Zylinder 3 und 4 ergaben sich daraus aber nur um ein paar Prozent höhere Belastungen.

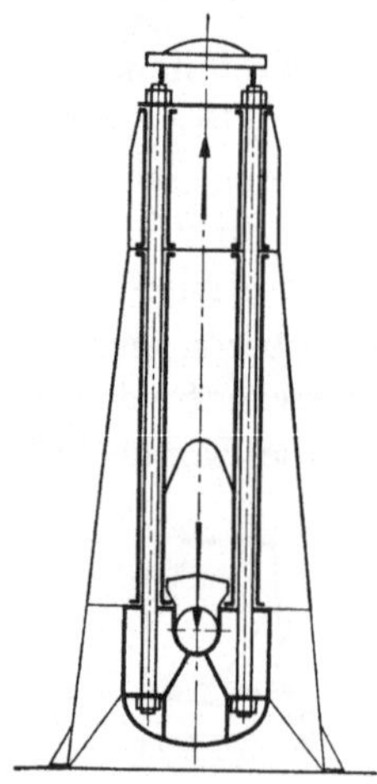

Abb. 15. An der Kraftübertragung beteiligte Motorteile bei Anwendung „durchgehender" Zuganker.

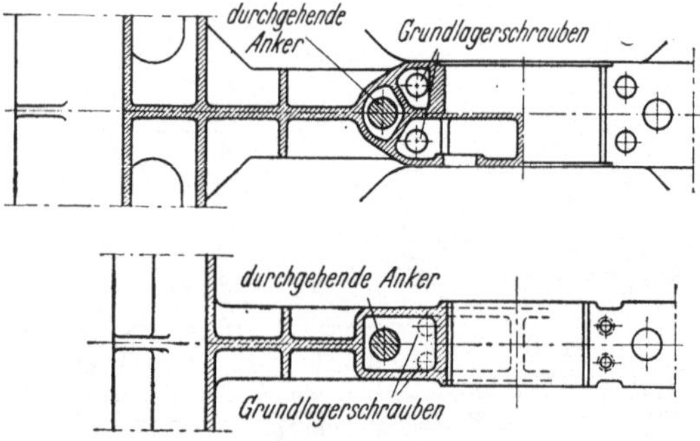

Abb. 16. Formgerechte Grundplatten-Querbalken für Ankerkonstruktionen. Oben: mit durchgehenden Schrauben, unten: mit Stiftschrauben für das Grundlager.

Die größten Grundplatten (bis zu acht Zylindern) waren *drei*teilig ausgeführt und teils *in* einem Querbalken, teils da*zwischen* geteilt. Es ergaben sich also Stücke, die nur von erfahrenen Gießereien einwandfrei hergestellt werden konnten. Das größte vertretene Grundplattenstück reichte über vier Zylinder des Motors von MT „Hanseat", es war 1,8 m hoch, 3,9 m breit, über 7 m lang und wog etwa 50 t! Als Übergangskonstruktion war es freilich trotz allen günstigen Voraussetzungen noch sehr dickwandig und stärker verrippt als nötig; zudem hatte es noch beiderseits doppelte Auflageflanschen. — (Die Herstellung geschweißter Grundplatten, welche bei Verwendung von Walzmaterial eine erhebliche Gewichtsverminderung bei größerer Gewähr allseitiger Festigkeit gehabt hätte, war damals in Deutschland für Handelsschiffsmotoren noch nicht eingeführt.)

Die neueren Ausführungen waren in ihren Abteilungen grundsätzlich unten geschlossen und die einzelnen („eingegossenen") Kurbelwannen — mit Durchbrechungen am Grund der Querbalkenwände unter sich verbunden — hatten größere oder kleinere Öffnungen für den Ölablauf. Diese waren durch stabile gelochte Bleche abgedeckt, welche das Durchfallen größerer Fremdkörper (etwa Muttern, Holzkeile oder Putzlappen nach einer Überholung) verhinderten, die aber auch zur teilweisen Auflösung von Ölschaum dienten. Alle Kurbelwannen besaßen Knaggen für die Auflage einer Holzbohle und mußten dem Begehen durch das Personal und sogar dem Absetzen von Lagerteilen (unteres Kurbelzapfenlager) standhalten.

Einige ältere Grundplatten waren unten *offen* (Abb. 7) und erforderten eine durchgehende Kurbelwanne aus *Blech*. Noch mehr als bei normalen Blechkonstruktionen bedurfte es hierfür absolut stabiler Konstruktionen, um Ölverluste zu verhindern, denen mit Bordmitteln nicht begegnet werden konnte. So hatte der große Siebenzylindermotor des MT „Hanseat" eine Wanne aus 8 mm Blech, stark versteift und natürlich mit kräftigen Randleisten zur einwandfreien Befestigung an der Grundplatte bei enger Schraubenteilung und Zugänglichkeit der Schrauben von innen her. Auch hier waren die nötigen Vorkehrungen für Demontagen von Triebwerksteilen getroffen.

Um die Tankdecke stets unter Kontrolle zu haben, sind auf einen Sonderwunsch für eine ganze Serie von Neubauten mit Motoren verschiedener Hersteller die Grundplatten wie bei Schiffsdampfmaschinen — also ohne Kurbelwanne — ausgeführt worden. Dies ergab für die Abdichtung die etwas verkrampfte Konstruktion nach Abb. 17, welche auf einigen Schiffen zu einer Quelle dauernder Nacharbeit wurde.

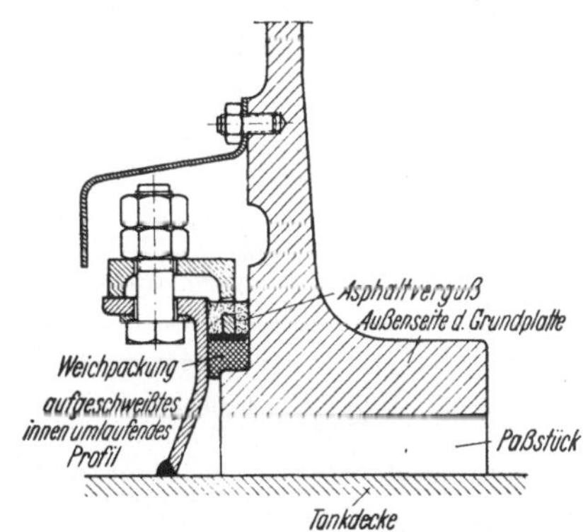

Abb. 17. Öldichte Abdichtung „heruntergezogener" offener Grundplatten mittels eingelegter und übergossener Weichpackung.

Bei der Größe und Kompliziertheit der Gußstücke war es erstaunlich, daß an so vielen Grundplatten nur ein paar vereinzelte Anrisse an Querbalken auftraten, die wohl auf Gußspannungen zurückgingen, und bei denen es mit dem Abbohren des Rißendes getan war. — Für das Neuausrichten der Grundplatte haben sich bearbeitete Stellen an der Außenwand, welche das Auflegen eines langen Lineals ermöglichen, sehr bewährt. — (Über Schäden an den Lagersätteln wird im nächsten Kapitel gesprochen, diejenigen an den unteren Auflageflächen im Zusammenhang mit den Paßstücken wurden unter „Fundamente" behandelt.)

3. Grundlager.

Bei der Bemessung der Grund(platten)lager wird den Kantenpressungen, die bei der Schrägstellung der Zapfen als Folge von Kurbelwellen-Verformungen auftreten können, dadurch Rechnung getragen, daß man ihnen von allen Triebwerkslagern den kleinsten spezifischen Flächendruck zumutet, obwohl sie am reichlichsten mit Schmieröl versorgt sind. Dies ist umso berechtigter, als zu den normalen Verformungen noch die weit gefährlicheren kommen können, die durch Verlagerungen erzwungen werden.

Die Lager der Motoren dieser Baujahre wiesen daher einen Flächendruck von 50—75 kg/cm² (berechnet mit einem Zünddruck von 50 at) auf, der sich bei voller Drehzahl durch die Massenkräfte auf 40—50 kg/cm² verringerte. Bei den üblichen Zapfendurchmessern von 400—500 mm war die tragende Lagerlänge im Höchstfall gleich dem Durchmesser — bei neueren Konstruktionen war sie nur das 0,8fache, was sowohl die Wärmeabfuhr verbesserte, als die Kantenpressungen verringerte. Dabei wurden meist auch die Lager an den Motorenden wie beiderseits der Wellenkupplung auf Motormitte in gleicher Länge ausgeführt.

Bei den geringen Betriebsdrehzahlen blieb die Zentrifugalkraft der rotierenden Massen mäßig, und so pendelte die Lagerbelastung in ihrer Richtung nur wenig um die Senkrechte. Daß sie beim einfachwirkenden Zweitaktmotor nur nach unten, beim einfachwirkenden Viertakt während des Doppelhubes Ausschieben — Ansaugen infolge der Massenkräfte auch etwas nach oben wie nach unten und beim doppeltwirkenden Zweitakt fast im vollen Maß nach oben wie nach unten wirkt, wird als bekannt vorausgesetzt. Wohl kann auch beim einfachwirkenden Zweitakt

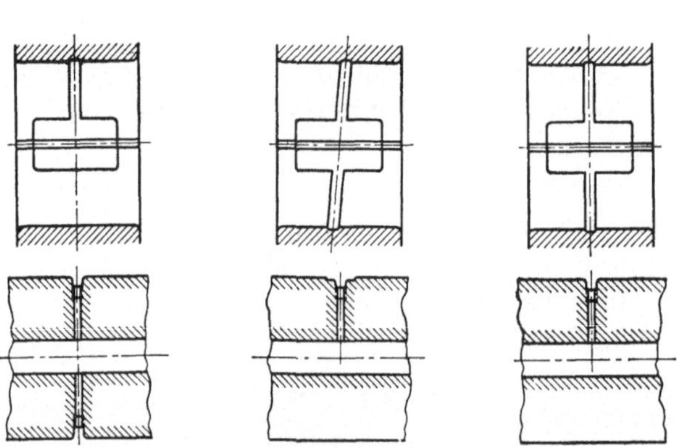

Abb. 18—20. Öltaschen und Ringnuten in den Grundlagern und zugehörige Ölaustritte aus den Kurbelwellen-Zapfen.

Schräge Ringnut erfordert gut abgerundete Längsnut an der Oberfläche des Wellenzapfens.

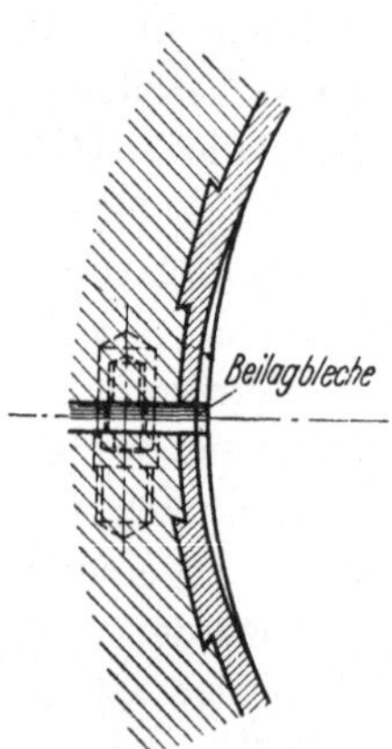

Abb. 21. Lagertrennfuge mit Beilagblechen zum Nachstellen des Lagerspiels. Beachte die flach auslaufenden Öltaschen!

eine Umkehr der Belastungsrichtung eintreten, wenn nämlich im Seegang bei erhöhter Drehzahl (herausschlagender Schiffsschraube!) vorübergehend die Massenkräfte (bei abgeschaltetem Brennstoff) die Drücke im Zylinder überschreiten, oder wenn aus irgendwelchem Anlaß ein Kolben frißt. Indessen genügten bei den eigenen einfachwirkenden Zweitakt-Motoren diese Kräfte offenbar nie zum Anheben der Welle, so daß stets nur die unteren Grundlager-Schalen die Laufspuren zeigten.

Die besonderen Verhältnisse des mittleren Lagers wurden schon im vorigen Kapitel besprochen.

Die halbrunden, zur Demontage herausdrehbaren Lagerschalen, meist aus GE, gelegentlich auch aus StG, waren durchweg mit dem hochwertigen WM 80 (Weißmetall mit 80% Sn, 10% Cu und 10% Sb) ausgegossen. Dabei wurde sowohl die Dicke, wie die Zahl der Schwalbenschwanz-Eindrehungen mit fortschreitender Entwicklung verringert. Mit höchstens 8 mm war diese WM-Schichtdicke zuletzt mehr durch die Tiefe der Ölnuten und Öltaschen als durch Gesichtspunkte der Abnützung bestimmt.

Zur Anwendung der neueren Erkenntnisse aus der Schmiertheorie für umlaufende Zapfen boten diese Lager die besten Voraussetzungen, und so besaßen die Grundlager schließlich keinerlei Nuten für die Ölverteilung mehr, sondern nur die in der Drehrichtung schlank auslaufenden, an den Seiten geschlossenen Öltaschen (Abb. 18—21). Die halb oder ganz umlaufenden rechtwinkligen oder schrägen Ringnuten (letztere zur Vermeidung eines im Laufe der Abnutzung entstehenden Wulstes auf den Zapfen) von etwa 6 mm Tiefe dienten der Weiterleitung des Drucköles in die einseitig oder doppelseitig austretende Bohrung der Kurbelwelle für die Schmierung der Treibstangenlager (vgl. das Kapitel „Kurbelwelle").

Zur Aufrechterhaltung des Druckes für die Weitergabe des Öles war u. a. wichtig, daß das Beilagepaket der Lagerfugen, bestehend aus einem starken Messingblech und mehreren dagegengeschraubten dünnen Regulierblechen (Abb. 21) *dicht bis an den Zapfen* heranreichte (Abb. 22).

Die Ölzufuhr zu den Grundlagern geschah der Einfachheit halber meist durch den Lagerdeckel. An älteren einfachwirkenden Zweitaktmotoren war sie aus naheliegenden Gründen in den unteren Teil verlegt (Abb. 26 und 27). Die Zufuhr von oben erwies sich aber als ebenso zuverlässig, selbst bei vergrößertem Lagerspiel. Die normale Umfangsgeschwindigkeit des Lagerzapfens betrug eben doch 2,5—3 m/sek, und dabei wurde das Öl sofort mitgenommen, um in der Öltasche verteilt zu werden.

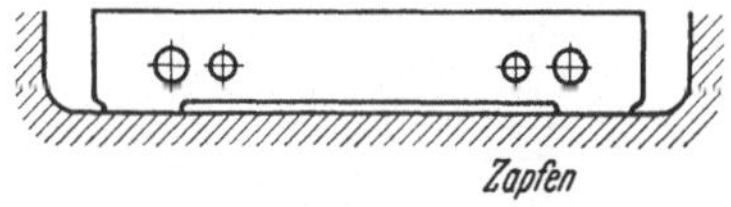

Abb. 22. Beilagbleche in der Lagertrennfuge (Messing). An beiden Enden der Nut an den Zapfen herangeführt und in dieser Lage fixiert.

Beim Neubau wurde dem Zapfen ein Spiel von rd. 1‰ des Durchmessers gegeben, betrug also bei den hier betrachteten Motoren 0,4—0,5 mm. Bei richtiger Ölpflege vergrößerte sich dieses Spiel dank den günstigen Schmierbedingungen nur ganz allmählich. An den einfachwirkenden Zweitaktmotoren genügte es, wenn die Lager einmal in 3 Jahren (dem Turnus des „continuous survey" von Lloyds Register) zur Besichtigung und zum Nachpassen aufgenommen wurden. Dabei fand man dann meist nur eine Lagerspielzunahme von 2½—3 Zehntel Millimeter.

Die Ermittlung des Lagerspiels im zusammengebauten Zustand war nur bei ganz geschmiedeten Wellen in dem seltenen Ausnahmefall möglich, daß sich durch eine dem Hubstück gegenüberliegende Nut in der Schenkelwurzel ein langer Spion einführen ließ. In allen anderen Fällen wurde das Lager „abgebleit", d. h. es mußte auseinandergenommen und unter Einlegen eines Bleidrahtes wieder zusammengebaut werden. Die Dicke des gepreßten Drahtes ergab das Lagerspiel.

Das „Aufnehmen" des Lagers war indessen durchaus keine überflüssige Arbeit; denn so richtig die Feststellung und Verfolgung der Lagerabnützung war, absolut notwendig war die Messung und gewissenhafte Registrierung der *Zapfensenkung*, um dauernd über die Lagerung der Kurbelwelle unterrichtet zu sein. Dazu war das Freilegen des Zapfens für die Benützung der „Lloyd-Lehre" (Abb. 23) erforderlich. Unterschieden sich die Senkungen aufeinanderfolgender Lager bei den erörterten Motoren um 0,5 mm und mehr, so bedurfte es dringend der Nachlagerung, um den Bruch der Welle in einem Kurbelschenkel zu verhindern. — Bei der Viertaktmotoren-Anlage, wo damals lange Zeit keine Gelegenheit zum Messen bestand, *brach* eine Kurbelwelle bei einer Lagerhöhendifferenz von nahezu 1 mm, und eine andere mit einer etwas geringeren Differenz zeigte einen Anriß, mußte also gleichfalls erneuert werden. — Die genannte Meßmethode, bei der ein sauber bearbeiteter Bügel auf den bearbeiteten Lagerbalken als unveränderliche Bezugsfläche gelegt und das Maß „a" durch Spion gemessen wurde, war die zuverlässigste. Andere Methoden, etwa durch Einführen eines Mikrometer-

Tiefenmaßes in die Ölzuführung des Lagerdeckels bis auf den Zapfen, waren wegen des verschiedenartigen Messens durch mehrere Organe schon ungenau und verloren ihre Gültigkeit mit jedem Nachstellen des Lagers.

Für die Anwendung der „Lloyd-Lehre" bedurfte es also der Ausgangsmaße vom Neubau her. Leider lagen bei älteren Motoren, wo man auf weniger geeignete Meßmethoden abgestellt hatte, keine Ausgangsmaße vor. Zum mindesten pflegten sie für die Wellenzapfen der Einblaseluft-Kompressoren, Spülpumpen und Druckwellenlager zu fehlen. Gerade diese gehörten aber zu den wichtigsten Unterlagen, weil sich die betreffenden Lager weniger abnützten als die Lager der Arbeitszylinder.

Es galt also oft nach Jahren, Versäumtes nachzuholen, um Wellenbrüche zu verhindern, also allenthalben Ausgangsmaße zu schaffen. Hierzu löste man am besten die Wellenflanschen an den Enden und schwenkte sämtliche Treibstangen aus, so daß die Welle unbelastet in den Lagern ruhte. So-

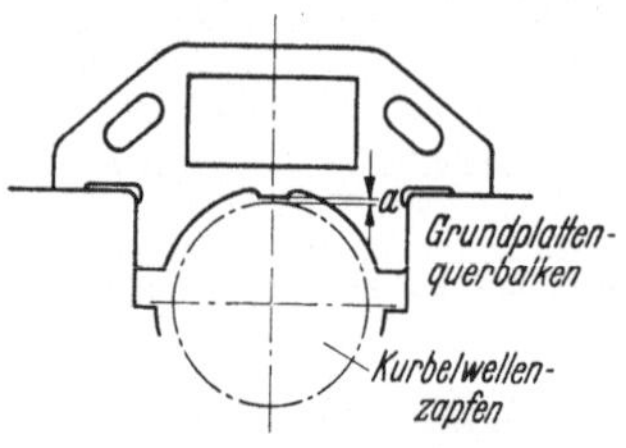

Abb. 23. „Lloyd"-Lehre zur Messung Kurbelwellen-Senkung.

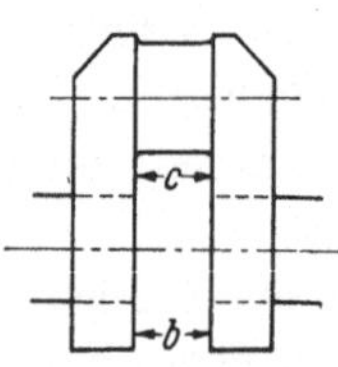

Abb. 24. Meßstellen zwischen den Kurbelschenkeln zur Kontrolle der richtigen Lagerung.

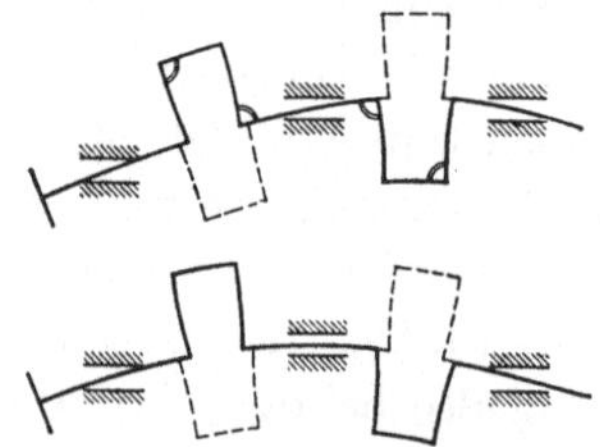
Abb. 25. Verformung der Kurbelwellen Hubstücke bei Verlagerung der Welle

dann drehte man die einzelnen Hubstücke nacheinander in die beiden Totpunktlagen, drückte jedesmal die einzelnen Zapfen kraftschlüssig auf die Unterschale (bei Verwendung der Oberschale, ohne die Beilagbleche in den Fugen), und verglich die Maße „b" und „c" in den beiden Totpunktstellungen (Abb. 24). Da sich selbst die großen Wellen bei verschieden hohen Lagern in den Hubstücken deutlich deformierten, erhielt man auf diese Weise ein einwandfreies Bild. (Abb. 25 gibt solche Deformierungen stark übertrieben wieder unter der Annahme, daß beim Verbiegen die angedeutete Rechtwinkligkeit an den Zapfenwurzeln erhalten bleibt.) Die Methode war zeitraubend und erforderte sorgfältiges Messen durch ausgewählte Fachkräfte, durfte aber nicht unterlassen werden. — In der eigenen Gesellschaft blieben durch solche Sorgfalt die Wellenbrüche auf den vorerwähnten Fall beschränkt. In der Hand geschulter Kräfte erwies sich die beschriebene Methode auch als ein wertvolles Hilfsmittel für eilige Teilmessungen. Galt es dann, Höhenunterschiede auszugleichen, so war es in der Regel einfacher, die zu hohen Lagerschalen herauszudrehen und nachzuarbeiten, als die zu niedrigen durch nachgearbeitete neue höher zu bringen.

Unbeeinflußt von der ebengenannten Meßmethode lohnte sich auf jeden Fall, grundsätzlich diejenige mit der „Lloyd-Lehre" lückenlos durchzuführen und zu registrieren. Dabei spielte es keine Rolle, wenn die Messungen zeitlich nicht übereinstimmten. Ein Blick auf eine laufend geführte Tabelle ergab durch Interpolation immer mit genügender Genauigkeit die momentan gültigen Werte.

An älteren Motoren glaubte man, noch immer unter dem Eindruck der Lagernacharbeiten bei Tropfschmierung, die runde herausdrehbare Unterschale in ein vierkantiges Sattelstück betten zu müssen, das man durch ein veränderliches Beilagblech (Abb. 26) oder gar durch einen von außen verschiebbaren Keil (Abb. 27) nachstellen konnte. Diese Konstruktionen bedeuteten nicht nur eine erhebliche Verteuerung durch die vermehrte Paßarbeit, sondern (wie später behandelt) geradezu eine weitere Störungsquelle. Nebenbei gesagt, ließen sich bei der zweiten Konstruktion die allmählich aufgerauhten Keile im belasteten Zustand gar nicht verschieben.

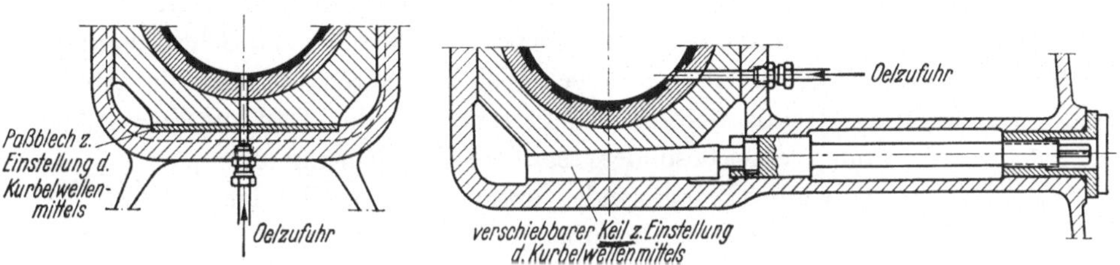

Abb. 26—27. Alte Konstruktionen für Grundlager mit Vierkant-Sattelstück für halbrunde, herausdrehbare Unterschale.

Für das Herausdrehen der unteren Lagerschale (mittels der Motor-Drehvorrichtung) erwies sich das Einschrauben eines Mitnehmerzapfens in die Ölbohrung des Kurbelwellenzapfens (Abb. 28) als einfachstes Mittel. Es bedurfte dabei nicht etwa des Anhebens der Welle.

Die Lager*deckel* der Viertaktmotoren und gar der doppeltwirkenden Zweitaktmotoren mußten natürlich widerstandsfähiger sein als die-

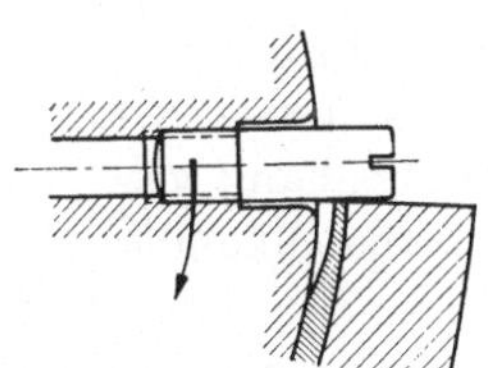

Abb. 28. Herausdrehen der unteren Grundlagerschale.
Mit Hilfe eines Mitnehmerzapfens, welcher in die Ölaustrittsbohrung der Welle eingeschraubt ist.

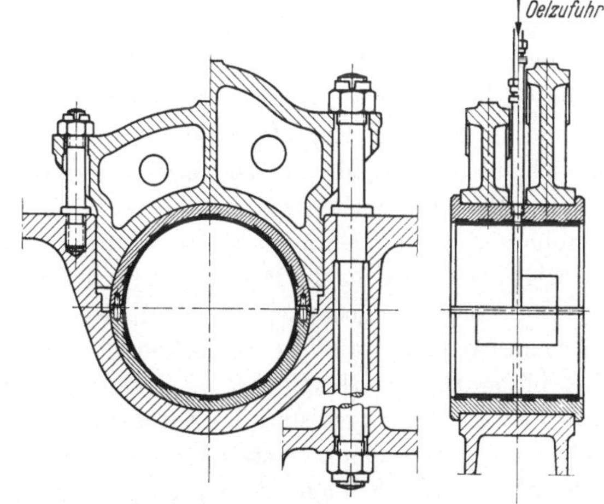

Abb. 29. Grundlager für Zweitaktmotoren.
Linke Hälfte für einfachwirkende, rechte Hälfte für doppeltwirkende Motoren.

jenigen der einfachwirkenden Zweitaktmotoren. (Die linke Hälfte der Abb. 29 stellt die MAN-Ausführung für einfachwirkenden Zweitakt, die rechte diejenige für doppeltwirkenden Zweitakt dar.) Vielfach war man dabei vom GE zum StG übergegangen. Die geteilten Deckel waren handlicher und verzogen sich weniger als die breiten einteiligen Deckel. Trotzdem verzichtete man auch hier nicht auf die Gradeinteilung an den Auflagen der Muttern, die ein gleichmäßiges Wiederanziehen ermöglichten (Abb. 30). — Bemerkenswert an den gezeigten Ausführungen sind die hochgezogenen Lappen für die Lagerschrauben, welche eine größere Dehnlänge für das obere Schraubenende ermöglichten. Der lange seitliche Einpaß aller neueren Deckelkonstruktionen befreite die Schrauben allerdings schon weitgehend von Biegungsbeanspruchungen.

Für die Beanspruchung der *Lagerschrauben* bei den verschiedenen Motorsystemen bedarf es keiner grundlegenden Hinweise mehr. Am ungünstigsten ist sie natürlich bei den doppeltwirkenden Zweitaktmotoren. Bekanntlich addiert sich dabei nicht, — ebensowenig wie bei den Zugankern (vgl. das einschlägige Kapitel) — die vom Wellenzapfen nach oben ausgeübte Kraft zu der Vorspannung, sondern führt nur zu einer verhältnismäßig kleinen übergelagerten Wechselspannung, deren Amplitude um so geringer ist, je elastischer die Schraube und je steifer die „Hülse" (Lagerkörper und -deckel) sind. Die rechte Hälfte der Abb. 29 zeigt, wie diesen Forderungen Rechnung getragen wurde. Daß zur Formgebung noch eine besonders saubere Bearbeitung der Gewinde (Feingewinde!) und eine ebensolche der Mutterauflagen kommen mußte, sei als Selbstverständlichkeit vermerkt. — Solche Schrauben nahmen natürlich gelegentlich erhebliche Dimensionen an (bis zu 3″ Durchmesser und 1700 mm Länge!).

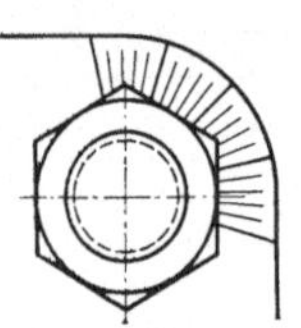

Abb. 30. Gradeinteilung für Grundlager- und Triebwerksmuttern zur Orientierung bei Überholungen.

Die Lagerschrauben der Viertaktmotoren waren leichter, mußten die erwähnten Gesichtspunkte aber ebenso berücksichtigen.

Für einfachwirkende Zweitaktmotoren konnte es bei einfachen Stiftschrauben bleiben. Indessen setzten sich auch dort neuzeitliche Gedankengänge durch, wie sie in Abb. 31 mit der Dehnschraube, dem im Grund aufsitzenden Gewindeende und dem abstehenden Bund für die Arretierung veranschaulicht sind.

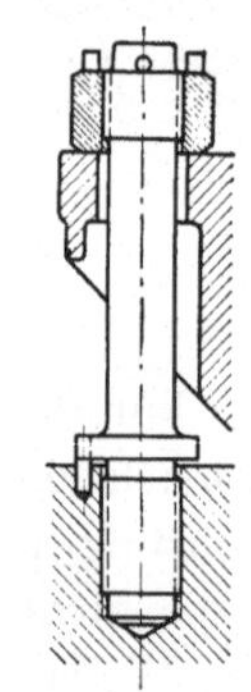

Abb. 31. Formgerechte Stiftschraube für Grundlager einfachwirkender Zweitaktmotoren. Dehnschraube im Grunde der Gewindebohrung aufsitzend, Bund abstehend.

Die Muttern wurden zuletzt nur noch als Kronenmuttern ausgeführt, wobei auf genügende Schlitzzahl in der Mutter und die richtige Zahl und Lage der Bohrungen für den Splint geachtet wurde.

Der vorher angedeutete Nachteil der alten Lagerkonstruktionen mit einem Vierkantsattel bestand in der schon in anderem Zusammenhang geschilderten Beschädigung der Oberfläche an atmenden Fugen durch die Ölkapillarwirkung. Die Vielzahl der Fugen und die Zuführung des Drucköles im belasteten Unterteil schuf dafür die bedenklichsten Voraussetzungen. — Für die Senkung der Lagerstellen kam also zur Lagerabnutzung noch der Abbau solcher Zwischenoberflächen hinzu, und ganz besonders schwierig gestaltete sich die Nacharbeit solcher aufgerauhter Flächen in Vierkantform! — Bei der Ölzufuhr von oben traten diese Zerstörungen weniger auf. Wie später noch ausgeführt werden wird, waren sie auch weitgehend von dem Zustand des Öles, also der Güte der Ölpflege abhängig.

4. Ständer.

Soweit nach der — allgemein frühzeitig erfolgten — Verlegung der Ständer in die Grundlagerebene von den Motorenkonstrukteuren *Einzel*ständer beibehalten wurden, waren sie zur Erreichung der nötigen Quersteifigkeit des Gestells natürlich gegenseitig verbunden (Abb. 32, GW). Meist waren aber an die Stelle von Einzelständern richtige Trägerwände getreten (Abb. 33, MAN und Abb. 34, Gebr. Sulzer).

Die drei Beispiele geben zugleich die drei Möglichkeiten der Kraftübertragung zwischen Arbeitszylinder und Grundplatte wieder. Die Ständer der GW mit ihren „*halblangen*“ Ankern, welche in erster Linie der Entlastung des Zylinderblockes

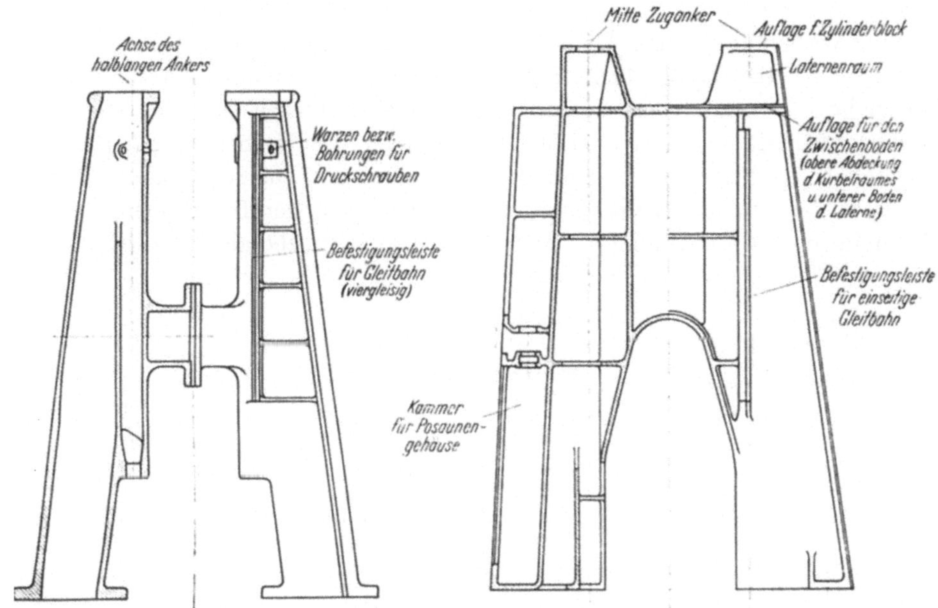

Abb. 32. Ständer der GW-Motoren. („Halblange“ Anker und viergleisige Geradführung.) — Die erwähnten Druckschrauben verhüten Schwingungen der Anker.

Abb. 33. Ständer der MAN-Motoren. („Durchgehende“ Anker und einseitige Gleitbahn.) — Links: Kammer für Kolbenkühl-Posaunengehäuse.

dienten, waren dadurch im unteren Teil ausgesprochen „schwellend“ beansprucht, während sie im oberen Teil nur einer mit geringer Schwankung überlagerten Druckbeanspruchung unterlagen (vgl. das Kapitel „Zuganker“). Die Ständer der MAN genossen durch die Anwendung *durchgehender* Anker *in der ganzen Länge* den Vorteil einer solchen geringfügig schwankenden, im wesentlichen konstanten Druckbeanspruchung und konnten daher relativ am leichtesten gehalten werden, während die Konstruktion von Gebr. Sulzer mangels Anker die vollen Zugbeanspruchungen als schwellende Belastung aufzunehmen hatte. — Die Biegefestigkeit gegen die Gleitbahndrücke wird durch Anker nicht beeinflußt, und so unterlagen die drei Ausführungen in dieser Hinsicht den gleichen Bedingungen.

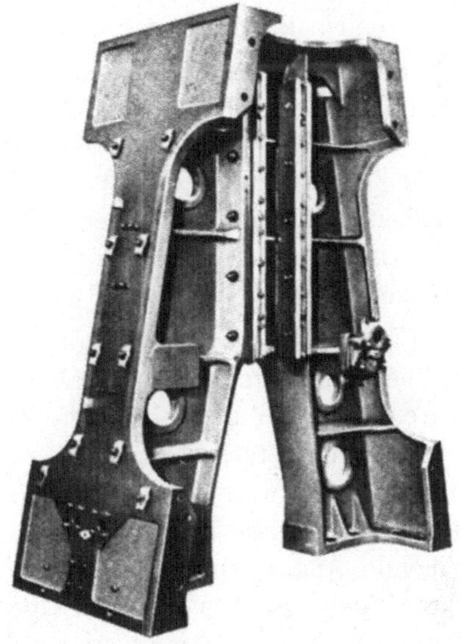

Abb. 34. Ständer der Sulzer-Motoren. Mit aufgeschraubten Gleitbahnen für viergleisige Geradführung.

Bei ihrer Größe wären auch die Ständer geeignete Schweißobjekte gewesen, und zwar vor allem zur Gewichtsersparnis.

Die Gleitbahn der MAN-Konstruktionen war, wie von dieser Firma grundsätzlich beibehalten, *einseitig*, die beiden anderen genannten Firmen bauten *viergleisige* Gleitbahnen.

Die Verbindung Grundplatte–Ständer–Arbeitszylinder — kurz das „Motorengestell" — hatte namentlich zusammen mit dem Fundament bei den neuzeitlichen hohen Grundplatten und den meist zu einem starken Obergurt vereinigten Zylindermänteln immer die nötige Steifigkeit gegen Verbiegung in der senkrechten Längsebene. Auch genügte allenthalben die Quersteifigkeit, sogar für die *Gesamt*-Kipptendenz aus der Summe der harmonischen Erregenden der Gleitbahnkräfte beim Reihenmotor. Sie reichte aber *nicht* überall aus gegenüber den

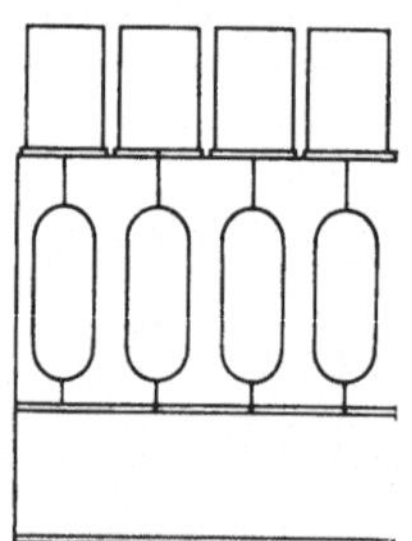

Abb. 35. Motorengestell Gebr. Sulzer. Einzelzylinder, kastenförmige Ständer von besonders großer Steifigkeit.

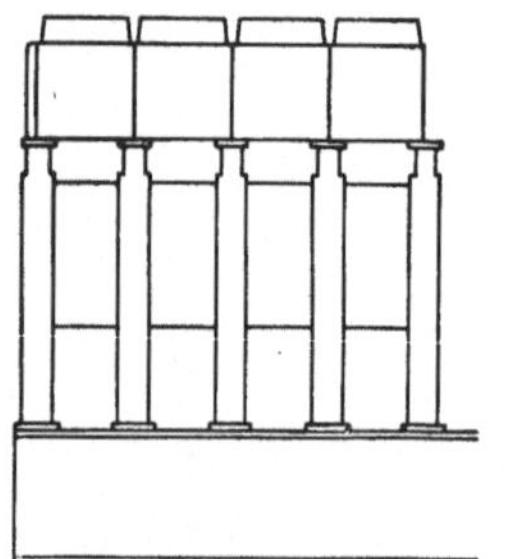

Abb. 36. Motorengestell MAN. Verschraubte Zylinderblöcke, Versteifung der Ständer durch einseitige Gleitbahnen.

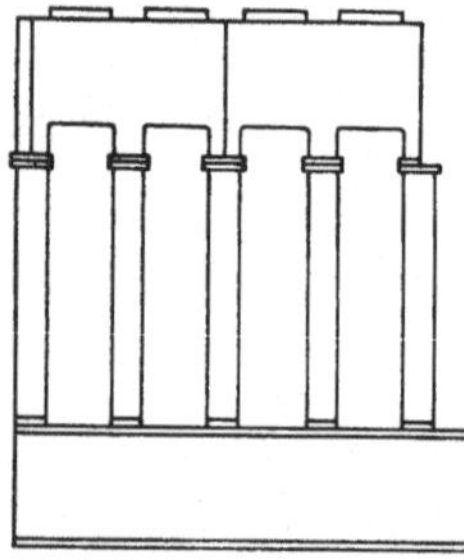

Abb. 37. Motorengestell GW. Verschraubte Zylinderblöcke, viergleisige Gleitbahnen bieten den Ständern keine Versteifung.

*Drehkipp*beanspruchungen, welche sich aus dem Zusammenwirken der genannten Harmonischen für die vordere und hintere Zylindergruppe *einzeln* ergab (vgl. die einleitenden Bemerkungen unter „Fundamente").

Hierzu gehörte auch eine gewisse Winkelsteifigkeit der Längswände des Gestells. Diese besaß die Konstruktion von Gebr. Sulzer in unübertrefflichem Maß, so daß hier ohne weiteres auf die Verbindung der Arbeitszylinder zu einem steifen Obergurt verzichtet werden konnte. — Die einseitige Gleitbahn schuf wenigstens auf ihrer Seite eine steife Gestellwand, während die Konstruktionen mit Einzelständern für viergleisige Gleitbahnen als reichlich weich hinsichtlich Winkelsteifigkeit bezeichnet werden mußten (Abb. 35, 36 und 37).

Eine ältere Doppelschraubenanlage hatte übrigens Zweitaktmotoren, deren Aufbau im Gestell den Viertaktmotoren von Burmeister & Wain ähnelte. Hier waren zwischen den einzelnen Zylindern oben auf die Ständerwände *Zusatzrahmen* aufgesetzt, welche zuoberst eine kräftige durchgehende Traverse trugen, und an dieser waren die Zylinder mit freier Ausdehnungsmöglichkeit nach unten angehängt. Diese Bauart, welche im Betrieb hinsichtlich des Gestells (durchgehende Anker, einseitige Gleitbahnen) weder Vorteile noch Nachteile hatte, erwies sich indessen bei den Überholungen, welche beim Zweitakt von selbst etwas häufiger nötig sind, und durch veraltete Ausbildung von Deckeln, Kolben und Laufbüchsen vermehrt anfielen, als recht unbequem.

Wie im Kapitel „Zuganker“ näher erörtert wird, genügen selbst bei langen Schraubverbindungen verhältnismäßig geringe Längenänderungen, um die Vorspannung aufzuheben und mit der Lockerung der Verbindung die Gefahr der Schlagbeanspruchung heraufzubeschwören. Daraus ergab sich für die Auflageflächen der Ständer wie der Füße von Grundplatten und Zylindern die Forderung nach sauberer Bearbeitung. Natürlich mußten die Ständer auch in der Höhe absolut übereinstimmen (etwaige Korrekturen durch Einlegbleche kamen keinesfalls in Frage), sie mußten daher in der Höhe weitgehend *gemeinsam bearbeitet* werden, wozu die Einrichtungen der Hersteller die nötigen Voraussetzungen boten.

Über die zweckmäßige Gestaltung der Anschlußleisten für die Verschalung des Kurbelgehäuses und die Auswirkung besonders dicht gehaltener Trägerwände siehe das Kapitel „Verschalungen, Spritzbleche“.

Die Formgebung der Ständer mußte im Bereich der Anker ermöglichen, daß diese angeschlagen wurden, um aus dem Ton die Spannung zu beurteilen. Meist war in halber Länge der Anker auch eine Warze für eine Druckschraube vorgesehen, mit welcher Ankerschwingungen niedriger Frequenz verhindert werden konnten (vgl. Abb. 32 und die Hinweise unter „Zuganker“).

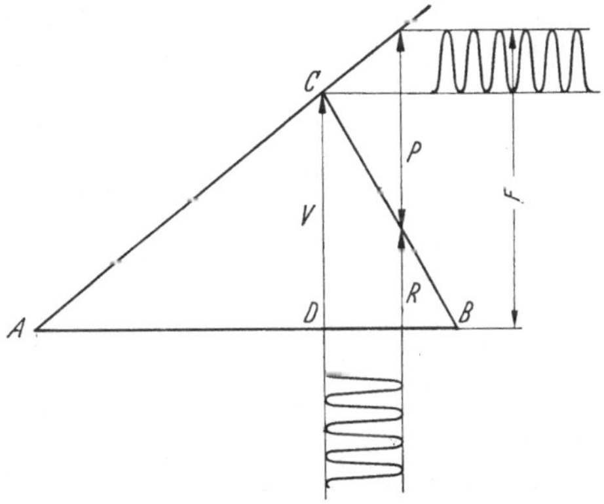

Abb. 38. Spannungsdiagramm für Zuganker.

5. Zuganker.

Die Vorspannungsverbindung des Gestelles mittels Zugankers stellt ein Musterbeispiel für die gegenseitige Ergänzung von handwerklicher Erfahrung und Theorie dar.

Das grundlegende Hilfsmittel ist dabei das bekannte Diagramm Abb. 38, in welchem mit den Kräften als Ordinaten und den Dehnungen als Abszissen ein Dreieck ABC aufgezeichnet ist, dessen Höhe CD gleich der Ankervorspannung V ist und dessen durch C gehende Dreiecksseiten Neigungen haben, welche durch die Fedrigkeit des Ankers und des eingespannten Gestells gegeben sind. Der flachere Strahl AC entspricht dabei der Dehnung des unter Zugspannung gesetzten elastischen Ankers, während der rückwärtsverlaufende steilere Strahl BC der Verkürzung der unter Druck gesetzten steiferen „Hülse“, nämlich der zusammengeschraubten Gestellteile (Grundplatte, Ständer, Zylinderblock, evtl. Traverse) entspricht. Eine hinzukommende Kraft P (Zünddruck gegen den Zylinderdeckel) längt den Anker, hebt dadurch einen Teil der Verkürzung der zusammengedrückten Hülse auf, und verringert somit die Vorspannung V auf den Rest R. Die Ankerspannung steigt also nur von V auf E. Der konstanten Ankervorspannung V überlagert sich also im Betrieb nur eine um so geringere Wechselkraft, je weicher der Anker und je steifer die „Hülse“ ist. Die Hülse selbst wird periodisch von der Druckspannung V auf R entlastet. In der Abbildung ist die periodische Ungleichförmigkeit der Ankerspannung als waagrecht verlaufende Wellenlinie eingetragen,

— während die nach unten gezeichnete Wellenlinie die periodisch veränderten Formänderungen des zusammengespannten Systems wiedergibt.

Neben der Forderung: „dehnbarer Anker und steife Hülse“ läßt das Diagramm die andere erkennen: die Restspannung R darf niemals gleich Null werden, da sonst der Kraftschluß aufgehoben wird und Schlagbewegung auftritt. Daher die bekannte Erfahrung, daß solche Verbindungen besser zu stark als zu wenig angezogen werden.

Als praktisches Beispiel seien Zahlenwerte für die durchgehenden Anker des einfachwirkenden Zweitaktmotors auf MT „Friedrich Breme“ genannt. Die Anker hatten bei einer Einspannlänge von rd. 6000 mm einen Durchmesser von 115 mm und waren durch die Vorspannung von etwa 50000 kg im Schaft mit rd. 500 kg/cm² belastet. Durch einen Zünddruck von 50 at stieg die Spannung auf etwa 63000 kg, indessen die Restkraft nur noch 21000 kg betrug. — Interessanter als die Kräfte sind die Formänderungen. Beim Anziehen wurde der Anker um etwa 1,3 mm gedehnt, indessen das Gestell um etwa die Hälfte zusammengedrückt wurde! Durch die Zündungen erhöhte sich die Ankerdehnung auf etwa 1,7 mm (die Ankerspannung auf etwa 600 kg/cm²) und als Gestellverkürzung blieben dabei noch 0,25mm. Die Gestellhöhe „atmete“ also um insgesamt 0,4 mm.

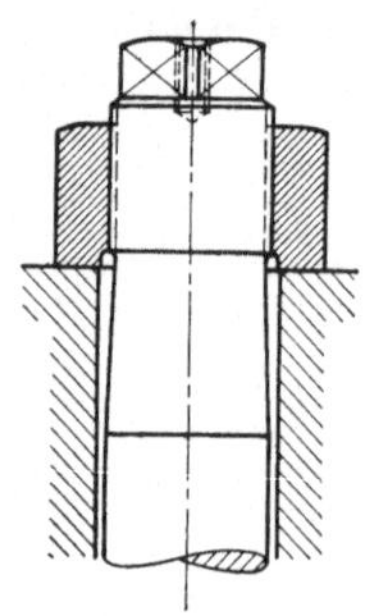

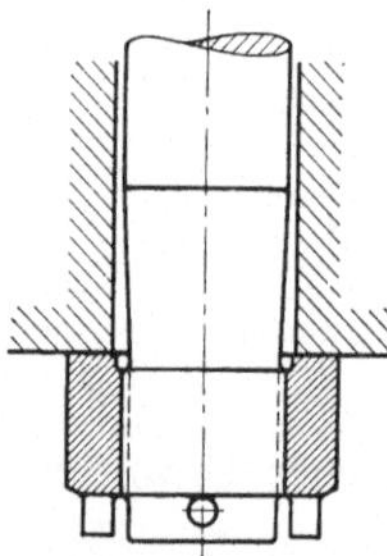

Abb. 39. Formgerechte Ausbildung der Zuganker-Enden.

Es war zunächst die richtige Wahl der Ankervorspannung entscheidend. (In dem Beispiel hätte eine um 0,55 mm geringere Vorspannungsdehnung der Anker zu einer Lockerung der Verbindung unter dem Zünddruck geführt). — Daneben kam es wesentlich darauf an, daß die im neuen Zustand herbeigeführten Bedingungen unverändert blieben. Hierzu gehörte — wie bei allen derart beanspruchten Verbindungen — eine saubere Bearbeitung der Gewinde, die Vermeidung der Überbelastung in den Gewindegängen nächst der Mutterauflage durch geeignete neuzeitliche Konstruktionsmittel (siehe Kapitel „Kolbenstangen“), die saubere und winkelgerechte Mutterauflage, und sauber bearbeitete Berührungsflächen aller verbundenen Teile. (Vgl. Abb. 39). Auch wenn man diese Forderungen erfüllt glaubte, bedurfte es, besonders in den ersten Betriebsmonaten, einer laufenden *Kontrolle* der Ankervorspannung, weil das Ankermaterial anfangs „alterte“, d. h. eine gewisse bleibende Verformung zeigte.

Die einfachste Methode war dabei das Abhorchen des angeschlagenen Ankers, wobei dieser im Ton mit einem (bei der Ausrüstung eigens mitgegebenen) aufgehängten Eisenstück übereinstimmen mußte.

Die halblangen Anker der GW-Motoren wurden in den letzten Jahren hydraulisch vorgespannt. Hierzu befand sich unter den Sonderwerkzeugen jeder Anlage eine kleine hydraulische Pumpe, welche mit Hilfe der Abspritzvorrichtung für die Brennstoffventile betätigt wurde. (Maximaler Druck etwa 350 at). Damit ließ sich die gewünschte Vorspannung eindeutig einstellen. — Die MAN hielt an der hergebrachten Methode fest, wonach die bis zum Kraftschluß angezogene obere Ankermutter um einen bestimmten Winkel weitergedreht wurde. Um den

Anker dabei nicht in sich zu verdrillen, besaß er ganz oben einen Vierkant zum Gegenhalten.

Im eigenen Betrieb ereigneten sich bei stark verbreiteter Anwendung von Ankern nur anfangs ein paar vereinzelte Brüche. Sie erfolgten im untersten Gewindegang der oberen Mutter, waren indessen nicht auf die normale Beanspruchung zurückzuführen, sondern auf Ankerschwingungen. Druckschrauben, welche in halber Ankerlänge gegen den Ankerschaft gepreßt wurden, beseitigten die Schäden endgültig (vgl. Abb. 32).

Die Anker der hier beschriebenen Motoren waren durchweg einteilig und erreichten eine Länge bis zu 8000 mm. Die bis obenhin durchgeführten weiten Schächte der Motorräume gestatteten fast überall den ungehinderten Ausbau aller Anker. Nur in vereinzelten Fällen hätte es hierzu des Zylinderabbaues bedurft. Die anfänglichen Ankerbrüche wurden daher nicht so unangenehm empfunden, wie dies z. B. bei einem Passagierschiff mit einem engen Oberteil des Maschinenschachtes der Fall gewesen wäre.

6. Arbeitszylinder.

Der verfügbare Raum gestattet leider nur, von den zahlreichen interessanten Zweitakt-Konstruktionen je ein Beispiel zu zeigen.

Gebr. Sulzer als die traditionellen Erbauer von Zweitaktmotoren wandten von jeher die Querspulung mit Nachladung an (doppelte Spülschlitzreihe, deren oberer selbsttätige Plattenventile vorgelagert sind, Abb. 40 und 5, normales p_i bis 6,6 kg/cm²), die Germaniawerft zunächst die Gleichstromspülung (gesteuerte Spülventile im Zylinderdeckel) später eine Querspülung mit Absaugschlitzen (Abb. 41/42 und 3) und die MAN ihre Umkehrspülung (mit Auspuff- und Spülschlitzen auf der gleichen Seite, Abb. 43, 2 u. 4). Die Fiatmotoren besaßen eine einfache Querspülung.

Auch der Schichau-Sulzermotor auf MT „Paul Harneit" hatte noch Einzelzylinder, während die übrigen Erbauer ihre prismatischen Zylinder zu einem kräftigen Obergurt für das Motorgestell vereinigten. Nicht zuletzt ergab sich dies aus der Ankerbauart, auf welche Sulzer aus den bekannten Gründen nicht angewiesen war. — Die GW faßte die Zylinder teilweise sogar zu zweizylindrigen Blöcken zusammen (Abb. 41), was an die Gießerei besonders hohe Anforderungen stellte. Daß sich hierbei wie auch bei anderen komplizierten Formen die gußtechnischen Schwierigkeiten im Betrieb so gut wie gar nicht auswirkten, stellte den Herstellern ein hervorragendes Zeugnis aus.

Die Zylinder der Viertaktmotoren auf MT „Prometheus" (Abb. 117) waren sogar zu dreizylindrigen Blöcken zusammengefaßt (ohne Entlastung durch Anker), sie waren nur im oberen Teil des Wasserraumes verrippt, aber sonst einfach gestaltet.

Beim Zweitakt brachten die um den ganzen oder den halben Umfang des Einsatzes reichenden Spül- und Auspuffkanäle mit ihrem Einpaß im Bereich der Schlitze und den großen Anschlußöffnungen nach außen eine außerordentliche Komplizierung der Form. Zur Weiterleitung der Zugkräfte der Deckelschrauben genügte also nicht allein die Zylinderwand, sondern es bedurfte einer sinnvollen Verrippung, welche bei der ankerlosen Bauart bis zum unteren Auflageflansch reichen mußte (vgl. Abb. 40). Bei der Anwendung von Zugankern galt es nur die

Kräfte vom Ring der Deckelschrauben mittels sternförmiger Rippen geschickt zu den Kanonen zu führen, welche die Anker umschlossen, wobei freilich die Zylinderwände trotzdem mit herangezogen wurden.

Zu den Abbildungen sei im Einzelnen noch Folgendes bemerkt:

An der Sulzer-Konstruktion Abb. 40 erforderte der weite Einpaß im Bereich der Schlitze auch eine weite Öffnung am oberen Ende des Zylindermantels, was wiederum einen weit ausladenden Bund am Einsatz bedingte (siehe nächstes Kapitel). Für eine intensive Kühlung der heißen oberen Partie waren bei den ältesten Motoren noch keine besonderen Maßnahmen getroffen. Das Wasser stieg mit geringer Geschwindigkeit in dem weiten Zylinderraum bis zu den Austritten hoch. Spätere Anlagen besaßen dann oben zwei tangentiale Zusatzdüsen, welche eine Drehbewegung der Wasserfüllung einleiteten

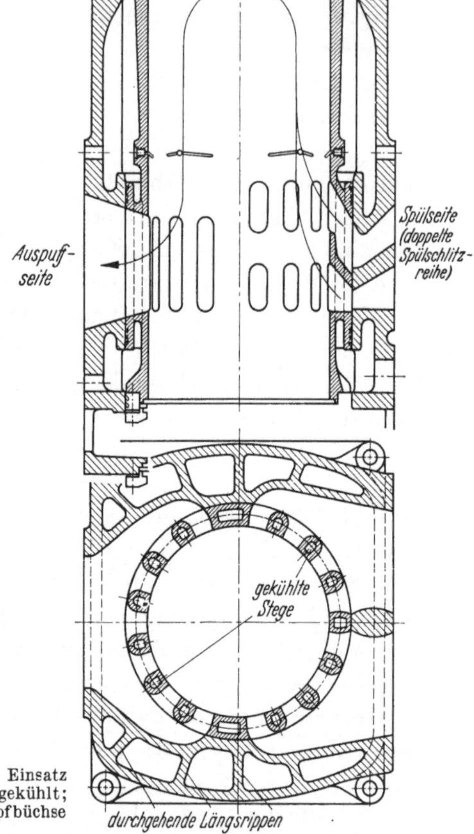

Abb. 40. Älterer Sulzer-Arbeitszylinder.
Freistehend, ankerlos, mit doppelter Spülschlitzreihe; Einsatz auf die ganze Länge einschl. der Stege direkt wassergekühlt; Hohlräume der letzteren nach Abbau der unteren Stopfbüchse durchstoßbar.

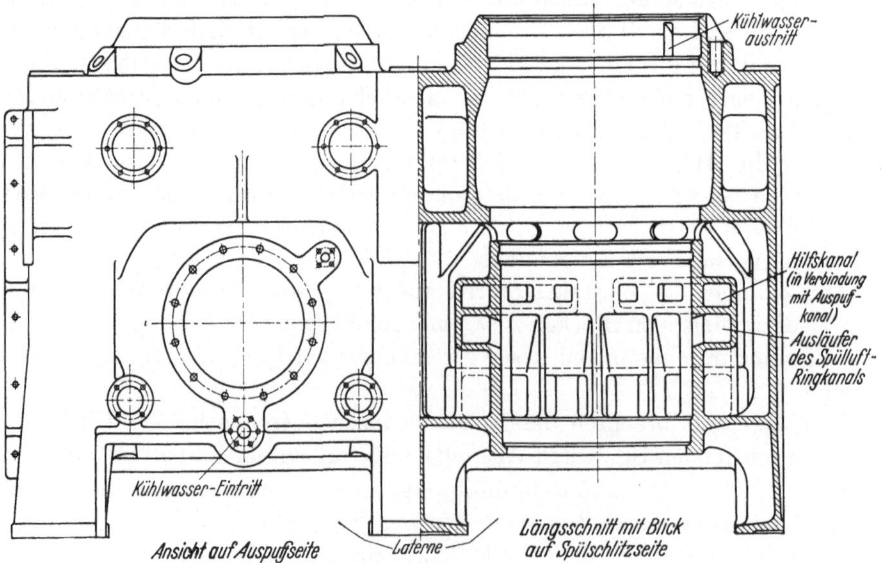

Abb. 41—42. GW-Zylinderblock für zwei Zylinder.
Mit Kanonen für halblange Anker; Einsatz nur oberhalb der Steuerschlitze direkt wassergekühlt, im oberen Bereich mit erhöhter Wirkung durch eingebauten Kammerring (dieser später ersetzt nach Abb. 54).

und dadurch die Kühlung wesentlich verbesserten (Abb. 44, siehe auch „Motorkühlung"). — Bei späteren Sulzer-Motoren war auf die Kühlung der Schlitzstege verzichtet.

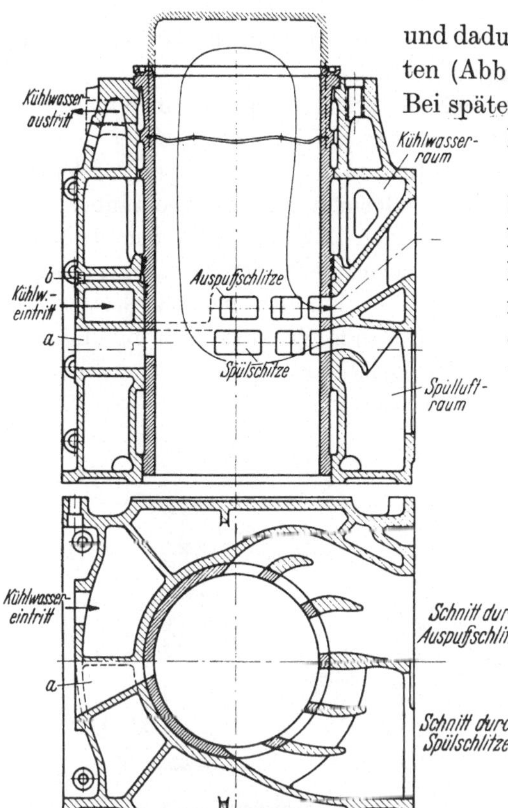

Abb. 43. MAN-Zylinderblock für einfachwirkenden Zweitaktmotor. (Detail zu Abb. 2). Mit Ankerkanonen; MAN-Umkehrspülung: Auspuffschlitze über Spülschlitzen; Zylindereinsatz nur oberhalb der Steuerschlitze wassergekühlt.

Abb. 41/42 zeigt einen GW-Zylinderblock Baujahr 1930, sie ist im wesentlichen auch für spätere Ausführungen kennzeichnend. Der Spülluftkanal reicht mit niedrigen Ausläufern bis dicht an den Auspuffkanal heran, und von diesem läuft ein niedriger Kanal

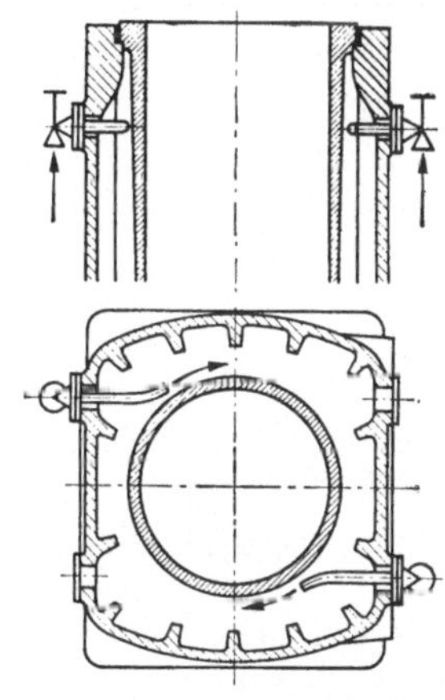

Abb. 44. Tangential gerichtete Zusatzdüsen zur Verbesserung der Kühlwirkung im oberen Bereich älterer weiträumiger Zylinderkonstruktionen.

auch um den Spülschlitzbereich herum. Er bewirkt durch niedrige Schlitze oberhalb der Spülschlitze das Heransaugen der Spülluft an die Zylinderwand. — Die heruntergezogenen Füße umschließen die „Laterne" (siehe später).

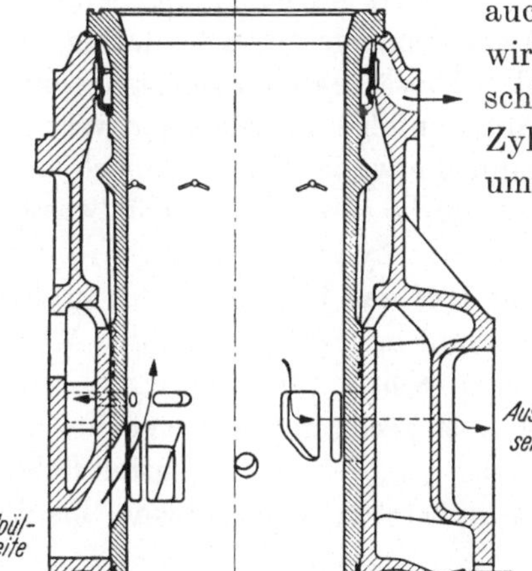

Abb. 42.

An der MAN-Konstr. für einen einfachwirkenden Zweitaktmotor Baujahr 1936 ist der (in der linken Hälfte der Abb. 43 gestrichelte) Boden zwischen den beiden Schlitzreihen bemerkenswert. Der Raum darunter diente als Spülluftaufnehmer; das Kühlwasser trat oberhalb des Bodens ein und umspülte den Einsatz im oberen Teil in engen Ringkanälen. — Große Fenster „*a*" gegenüber den Spülschlitzen ermöglichten nach Herausnahme eines Verschlußstückes eine gewisse Kontrolle, ob die Kolbenringe noch lose und die Schlitze etwa verschmutzt waren. — Durch den darüber liegenden kleinen Kanal „b“ konnte eine evtl. Undichtheit der Gummiringe im Bereich des Einpasses festgestellt werden.

Der Zylinder der doppeltwirkenden MAN-Motoren Abb. 4 mit seinen vier übereinander liegenden Kanälen trägt fast durchweg die Kennzeichen der einfachwirkenden Konstruktion. Als Gußstück gehörte er zu den schwierigsten Problemen.

Natürlich werden die Deckelschrauben allgemein als Dehnschrauben mit Feingewinde ausgeführt. Beim doppeltwirkenden Zweitaktmotor der MAN erforderte der Ausbau der unteren Zylinderdeckel nach der Seite eine Unterteilung der langen Schrauben nach Abb. 45. — Bei der eigenen Gesellschaft wurde Wert darauf gelegt, daß das obere Gewinde grundsätzlich bündig mit der Mutter endete, um keine herausragenden Bolzengewindegänge zu haben, die bei Überholungsarbeiten leicht beschädigt werden konnten.

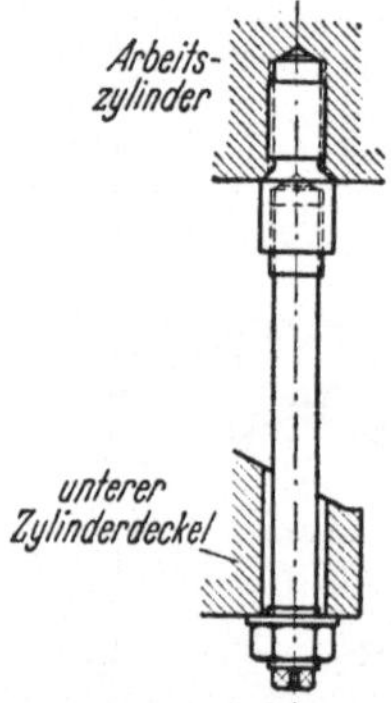

Abb. 45. Unterteilte Deckelschrauben an doppeltwirkenden MAN-Motoren.
Ermöglichen den seitlichen Ausbau des unteren Zylinderdeckels und des unteren Zylindereinsatzes.

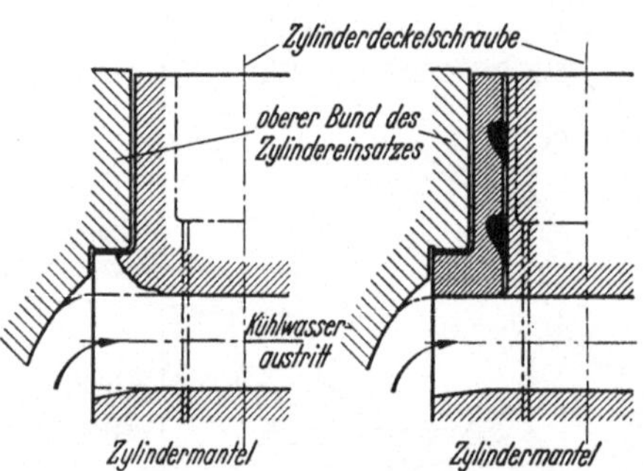

Abb. 46. Links: Durch Auswaschung des Kühlwasseraustritts unbrauchbar gewordene Abdichtungsfläche für den Bund des Zylindereinsatzes.
Rechts: Behebung des Schadens durch eingebauten GE-Winkelring mit Gummi-Abdichtungsringen.

Die Zylinderkühlung der behandelten Motoren erfolgte lange Zeit mit Seewasser, richtiger: mit Außenbordwasser. Die bei unzweckmäßiger Wasserführung verkrustenden und danach praktisch fast ungekühlten Einsätze älterer Konstruktionen sprengten dann gelegentlich die Zylindermäntel infolge übermäßiger Wärmedehnung des oberen Bereiches. Die Risse begannen etwa im Schraubenloch einer Deckelschraube oder in einem (durch Korrosion mürbe gewordenen) Kühlwasseraustritt und verliefen über schwache Stellen in der Zylinderwand nach unten. Leider erlaubten die betr. Zylinder in keinem Fall das Umlegen eines großen Schrumpfringes; man war also beispielsweise darauf angewiesen, um den Wulst eines angerissenen Reinigungsloches einen kleinen Schrumpfring zu legen, wenn die Wulststärke ausreichte. Meist war man aber recht hilflos, versuchte den Riß durch Abbohren am Fortschreiten zu hindern, was in den seltensten Fällen gelang, und behalf sich für einige Zeit mit aufgesetzten Kupferflicken, bis die Erneuerung des Zylinders unumgänglich war.

Die Seewasserkühlung brachte als weiteren Nachteil die raschere örtliche Zerstörung des Materials, die häufig so weit ging, daß man das GE buchstäblich mit dem Messer schneiden konnte. Das Seewasser bot mit seinem Salzgehalt die beste Voraussetzung für elektrolytische Wirkungen; denn Kupfer- und Kupferlegierungen waren ja durch die angeschlossenen Rohrleitungen, die Schmierstutzen usw. in nächster Nähe. Bearbeitete Oberflächen waren natürlich gefährdeter als solche mit Gußhaut; im übrigen wurden die Zerstörungen weitgehend durch erhöhte Temperaturen und mitgeführte, bzw. ausgeschiedene Luft begünstigt. Hierzu gerade trug die Versorgung durch *Kolben*pumpen wesentlich bei (vgl. das Kapitel ,,Angehängte Hilfspumpen"). — Frischwasser war begreiflicherweise günstiger; ihm konnten ja bei dem geschlossenen Kreislauf auch Schutzmittel (etwa Korrosionsschutzöl oder Kaliumchromat) zugefügt werden (siehe hierzu unter ,,Motorkühlung"). — Kühlwasseraustritte gehörten — wie sonstige Stellen mit Wirbelbildung oder Auftreten von Unterdruck — zu den gefährdetsten Stellen, und so begannen an gewissen Motortypen etwa nach 10 Jahren die oberen Abdichtungen der Zylindereinsätze zu lecken, weil sich die ursprünglich 8—10 mm darunterliegenden Abläufe durch Korrosion zersetzt und nach oben erweitert hatten (Abb. 46 links). Deswegen die teuren Zylinder auszuwechseln, widerstrebte selbstverständlich, und so suchte man zunächst nach örtlichen Behelfslösungen. Es gelang aber z. B. nicht, eine kurze Brücke dicht einzusetzen; auch ein Ring, welcher nach Tieferbohren der Auflage eingelegt wurde, erwies sich als ungenügend. Eine endgültige Lösung wurde aber schließlich in einem Winkelring gefunden, dessen senkrechter Schenkel zwei Gummiringe besaß (Abb. 46 rechts). Auf diese Weise wurden ein paar Dutzend Zylinder (bei Nacharbeit im eingebauten Zustand) gerettet. — Der senkrechte Schenkel verlangte allerdings eine gewisse Mindeststärke, und dazu durften die Deckelschrauben nicht zu dicht am Einpaß sitzen. — Die Möglichkeit, nachträglich eine solche Reparatur auszuführen, sollte nach diesen Erfahrungen eigentlich von vornherein konstruktiv berücksichtigt werden, selbst wenn Frischwasserkühlung vorgesehen ist.

An den Zylindern auf MT ,,Wilhelm A. Riedemann" fand man nach etwa 15jährigem Betrieb andere auf Korrosionen zurückgehende Schäden vor. Dort war die zylindrische Einpaßfläche im Bereich der Schlitze an den Rändern sehr morsch geworden und nach innen stark mit Narben bedeckt. Als Notbehelf wurden diese zur Aufrechterhaltung der Abdichtung bei jedem Ausbau der Einsätze mit Eisenkitt verschmiert, wobei der Erfolg immer fragwürdiger wurde. Letzten Endes ging dies auf einen konstruktiven Fehler zurück; die Gummi-Abdichtungsringe wurden nicht genügend gekühlt und hielten daher nur kurze Zeit stand, so daß Wasser und aggressive Auspuffgase eindringen konnten. Der Ausbruch des letzten Krieges verhinderte die unerläßliche Abhilfe; sie hätte in der Erneuerung der Zylinder bestehen müssen. Denn das Nachdrehen des Einpasses bis auf das gesunde Material hätte, selbst wenn die Wandstärke hierzu ausreichte, mit der Verdickung der Schlitzpartie am Einsatz eine Erweiterung der oberen Öffnung des Zylinders verlangt, die aber die Abdichtung für den Einsatz in Frage gestellt hätte.

Übrigens wurde durch unsachgemäße Abdichtung an ein paar Zylindern doppeltwirkender Motoren der Einpaß *im Bereich der Schlitze* örtlich gesprengt. (Hierüber Näheres im folgenden Kapitel).

An den Viertaktmotoren mit Kreuzkopfbauart war die Trennung der Arbeitszylinder vom Motorengehäuse durch eine ,,Laterne" selbstverständlich. Bei den einfachwirkenden Zweitaktmotoren hielt man sie zunächst wegen des langen Kolbenunterteiles, welches ein Durchschlagen von Zündungen in das mit Öldunst gefüllte Motorengehäuse verhinderte, für überflüssig. Indessen sah man bald ein, daß auch hier eine klare Trennung zweckmäßig war, einmal um Wasserleckagen aus der unteren Abdichtung des Einsatzes vom Öl fernzuhalten, dann aber auch, um das Spritzöl aus der Triebwerkschmierung vom Kolbenunterteil abzustreifen und abzuführen. Mit seinem niedrigen Flammpunkt neigte es ja zum Verschmieren und Verkoken der Schlitze. Andrerseits wollte man auch das dicke, evtl. verrußte und angesäuerte Zylinderöl vom Schmierölumlauf fernhalten. Nicht zuletzt hatte man den Wunsch, mit dem Aussehen des Kolbenunterteiles den Schmierzustand der Kolben und die Verbrennung unter Kontrolle zu haben und notfalls bei der Zylinderschmierung vorübergehend von Hand (mit dem „Quast") nachzuhelfen. Alles dies gestattet eine Bauart mit „Laterne" über dem „Zwischenboden".

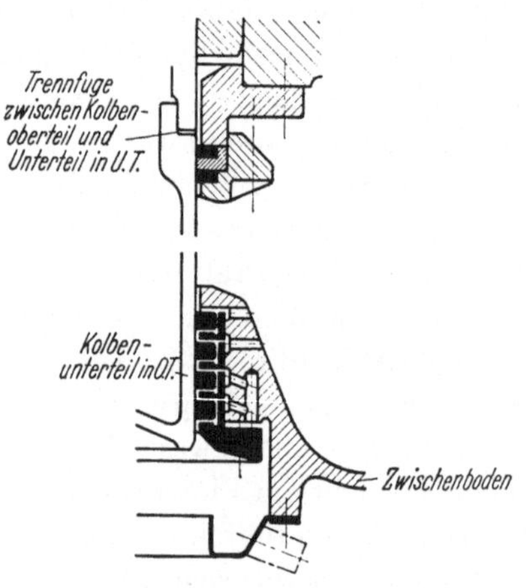

Abb. 47. Laterne zwischen Arbeitszylinder und Motorgehäuse.
Mit Gasabdichtungsringen am unteren Ende des Arbeitszylinders und Ölabstreifringen nach Abb. 104 gegen das Motorgehäuse. (Vgl. hierzu auch die Abb. 2, 3 u. 5.)

Bei den *doppeltwirkenden* Motoren der MAN waren besonders hohe Laternen vorgesehen; denn abgesehen von der Beobachtung der Stange mußte ja in diesem Raum der Ausbau der Kolbenstangenstopfbüchse und des unteren Deckels ermöglicht sein, und sogar der Ausbau des unteren Zylindereinsatzes ohne Entfernung andrer Teile als des Kolbens mit seiner Stange.

Der Laternenraum war teils durch Füße an den Zylindern teils durch hochgezogene Ständer geschaffen. Bei den einfachwirkenden Zweitaktmotoren trug der Arbeitszylinder als obere Begrenzung ein paar nach innen spannende Gasabdichtungsringe, das Gestell bzw. der eingeschobene „Zwischenboden" enthielt zweierlei Abstreifringe (Abb. 47). Über deren Gestaltung wie auch die Abführung des abgestreiften Öles nach außen siehe das Kapitel „Kolbenringe". —

An neueren Motoren war die Überwachung der Kolbenunterteile bzw. der Kolbenstangen innerhalb der Laterne von beiden Seiten durch den Einbau öldichter, dauernd brennender Lampen in die Laternen erleichtert.

7. Zylindereinsätze.

Wie alle wärmebelasteten, den Verbrennungsraum umschließenden Teile erleiden die Zylindereinsätze (Laufbüchsen) durch die unvermeidliche Kühlung Wärmespannungen, welchen sich die von den Gasdrücken herrührenden Spannungen überlagern. Die heiße innere Wand wird gedrückt, weil sie sich nicht so ausdehnen kann, wie sie möchte, und die kalte Außenwand wird zwangsweise zugbeansprucht. Abb. 48 zeigt, daß diese Wärmespannungen praktisch linear mit steigender Wandstärke zunehmen, während diejenigen aus den Gasdrücken bei dickerer Wand sinken, und wie sich hieraus ein günstigstes Minimum ergibt. Die Spannungen aus den Gasdrücken schwanken periodisch, während sich für die Wärmespannungen stationäre Verhältnisse einstellen. (Auf der Gasseite treten nämlich die Temperaturschwankungen des Arbeitsspieles nur sehr stark verringert auf und dringen nur bis zu einer ganz geringen Tiefe ein). Bedauerlicherweise treten gerade auf der wasserberührten, also der korrosionsgefährdeten Außenfläche die bedenklichen *Zug*spannungen auf.

Bei den klaren geometrischen Formen der Einsätze ergeben sich — etwa im Gegensatz zu den vielfach zerklüfteten Zylinderdeckeln — kaum Spannungsspitzen; indessen verlangt die Aufrechterhaltung eines einwandfreien Schmierfilms auch im heißen oberen Teil eine viel intensivere Kühlung, als es die Festigkeit des Materials erfordern würde, und somit größere Wärmespannungen.

Es leuchtet ein, daß die Zweitaktkonstruktionen wegen des höheren Temperaturdurchschnitts ihres Arbeitsspiels hier ganz besonders im Nachteil sind. Bei ihnen überwiegt klar der Anteil der Wärmespannungen über diejenigen aus den Gasdrücken. Mit etwa 350 kg/cm² für die ersteren und etwa 200 kg/cm² für die letzteren, also max. 550 kg/cm² insgesamt, dürften für die obere Einsatzpartie zutreffende Werte genannt sein. Wie sich bei einer mittleren Gastemperatur von

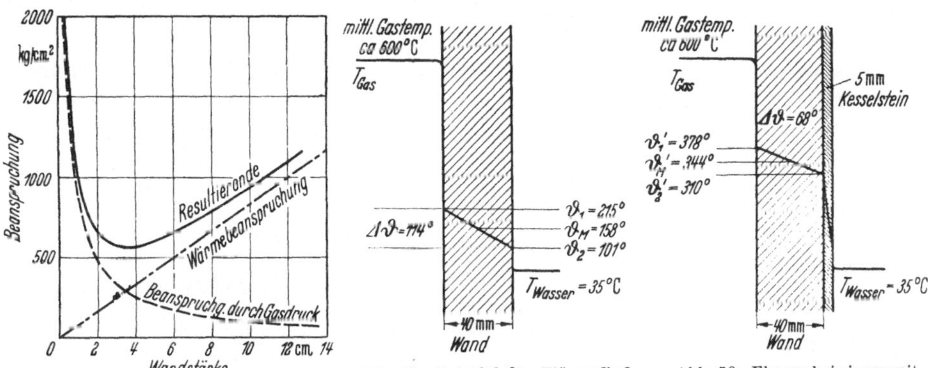

Abb. 48. Beispiel für die Beanspruchung der obersten Einsatzpartie in Abhängigkeit von der Wandstärke.

Abb. 49. Beispiel für Wärmefluß von Zylinderlauffläche zum Kühlraum im oberen Einsatzbereich bei sauberem Zylindereinsatz.

Abb. 50. Ebenso bei einem mit 5 mm Kesselstein auf der Wasserseite belegten Zylindereinsatz.

etwa 600° C und einer Kühlwassertemperatur von 35° C der Wärmefluß vermutlich einstellt — saubere Oberflächen vorausgesetzt! — ist in Abb. 49 veranschaulicht.

In dieser Verbindung sei kurz auf die spezifische Belastung, also den mittleren indizierten Druck p_i eingegangen, weil er die vorher erwähnte mittlere Gastemperatur ja maßgeblich beeinflußt.

Mit einem p_i von 7,2 kg/cm² erreichten natürlich die vertretenen Viertaktmotoren den Höchstwert. Unter den einfachwirkenden Zweitaktmotoren standen die ältesten Sulzer-Motoren mit 6,55 kg/cm² an der Spitze, gefolgt von späteren Motoren der gleichen Bauart und dem „Hanseat"-Motor mit 6,3 kg/cm². Für die übrigen einfachwirkenden Zweitaktmotoren lagen die mittleren Drücke zwischen 5,4 und 5,8 kg/cm². Bei den doppeltwirkenden MAN-Motoren war die Oberseite mit 5,4, die Unterseite mit 5,1 kg/cm² belastet.

Wie im vorigen Kapitel erwähnt, ließen alte Konstruktionen in bezug auf die Kühlung der obersten Partie oft zu wünschen übrig. Eine Lage des Verbrennungsraumes zu dem träge durchflossenen Wasserraum wie in Abb. 51 muß als sehr ungünstig bezeichnet werden, trotzdem die große Wandstärke unterhalb des Einsatzbundes sicher eine günstige Wärmeabfuhr nach unten bewirkte. Die Abb. 52—54 zeigen, wie die GW durch ihre „Wasserkammer" bzw. ihren heruntergezogenen Deckelboden (vgl. das folgende Kapitel) die obere Einsatzpartie von jeher schützte und deren Kühlung durch Ringkanäle wirksam verbesserte.

In Abb. 55 ist die Schichau-Sulzer-Konstruktion dargestellt, bei welcher die Ausbildung des Deckels einen Schutz gegen Feuerberührung des Einsatzes oberhalb des Kühlwasseraustrittes unmöglich macht und daher ein hochhitzebeständiger Schutzring eingesetzt ist, über dessen Einführung noch berichtet wird.

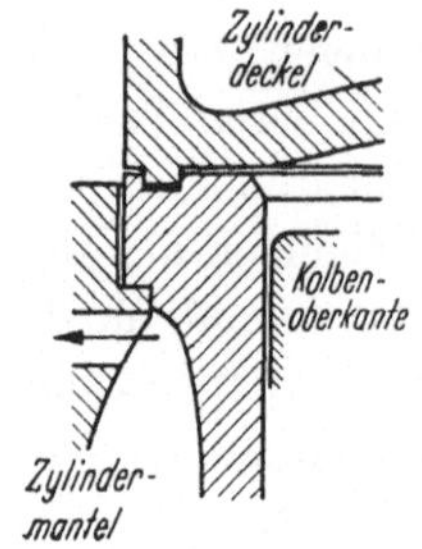

Abb. 51. Mangelhaft gekühlte obere Partie des Zylindereinsatzes. Kühlwasseraustritt liegt unterhalb des Verbrennungsraumes. Weiter Kühlraum; träge Wasserströmung.

Mit der Verlegung des Verbrennungsraumes in den Zylinderdeckel (Abb. 56), welche übrigens schon bei dem „Hanseat"-Motor angewandt war, schuf die MAN für den Zylindereinsatz die günstigsten Bedingungen. Prüfstands-Messungen am obersten Bereich des Einsatzes ergaben bei mittleren indizierten Drücken von 6,3 bzw. 5,8 kg/cm² nur max. Laufflächentemperaturen von 135 bzw. 100° C!

Bei Seewasserkühlung verschlechterte sich — namentlich mit ungenügendem Wasserumlauf — die Kühlwirkung um so eher, je mehr schlammige Reviere befahren wurden, und dies war in der eigenen Gesellschaft leider nur zu häufig

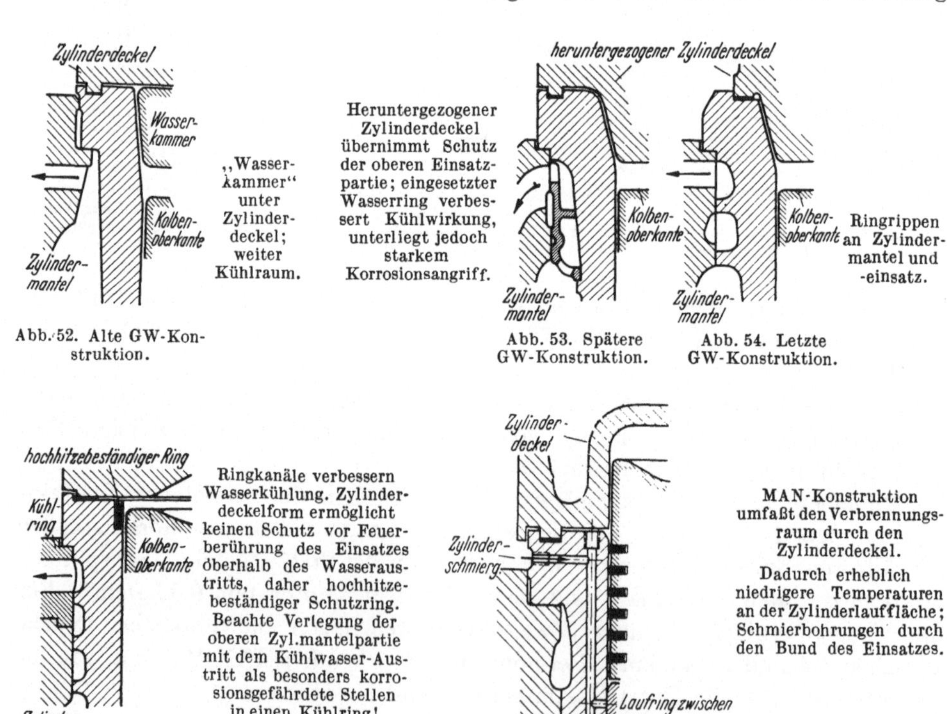

„Wasserkammer" unter Zylinderdeckel; weiter Kühlraum.

Abb. 52. Alte GW-Konstruktion.

Heruntergezogener Zylinderdeckel übernimmt Schutz der oberen Einsatzpartie; eingesetzter Wasserring verbessert Kühlwirkung, unterliegt jedoch starkem Korrosionsangriff.

Abb. 53. Spätere GW-Konstruktion.

Ringrippen an Zylindermantel und -einsatz.

Abb. 54. Letzte GW-Konstruktion.

Ringkanäle verbessern Wasserkühlung. Zylinderdeckelform ermöglicht keinen Schutz vor Feuerberührung des Einsatzes oberhalb des Wasseraustritts, daher hochhitzebeständiger Schutzring. Beachte Verlegung der oberen Zyl.mantelpartie mit dem Kühlwasser-Austritt als besonders korrosionsgefährdete Stellen in einen Kühlring!

Abb. 55. Neuzeitliche Schichau-Sulzer-Konstruktion.

MAN-Konstruktion umfaßt den Verbrennungsraum durch den Zylinderdeckel. Dadurch erheblich niedrigere Temperaturen an der Zylinderlauffläche; Schmierbohrungen durch den Bund des Einsatzes.

Abb. 56.

der Fall. So wurden bei Überholungen an den heißesten Stellen nicht selten Kesselsteinschichten bis zu 10 mm, wenngleich in ihrer Dicke nach unten rasch abnehmend, festgestellt. Wie ungünstig sich dadurch die Verhältnisse verschieben, veranschaulicht Abb. 50 für den mutmaßlichen Wärmefluß bei 5 mm Kesselsteinschicht auf der Wasserseite unter den für Abb. 49 geltenden sonstigen Bedingungen. Die erhebliche Steigerung der Mitteltemperatur vermag dem Material zwar nichts anzuhaben, und die geringe Temperaturdifferenz zwischen Innen- und Außenfaser verringert sogar die Wärmespannungen. Aber die Lauffläche nimmt nun eine Temperatur an, welche für den Schmierfilm schon sehr bedenklich ist, und die erhöhte Mitteltemperatur begünstigt Sprengwirkungen.

Eine solche Kesselsteinschicht vom eingebauten Einsatz zu lösen, erwies sich als praktisch unmöglich. Chemische Lösungsmittel, in der Hauptsache aus Salzsäure bestehend, mit einem Zusatzmittel, welches den Angriff reiner Eisenoberflächen verhindern sollte, brachten nur Erfolge, wenn der Kesselstein wenige schwer lösliche Bestandteile enthielt, was ganz selten zutraf. Auch eine mehrmalige Wiederholung führte nicht zum Ziele. (Dabei mußten in nächster Umgebung alle blanken Eisenteile eingefettet werden, damit sie durch die entstehenden Gase nicht anrosteten.) — Im eigenen Betrieb wurden daher solche Versuche später gar nicht mehr unternommen, sondern die Einsätze für die Reinigung rücksichtslos ausgebaut. Je nach dem befahrenen Revier mußte dies oft alle 3 Jahre geschehen. — Die chemische Reinigung war übrigens auch für die Abdichtungsringe im Bereich der Schlitze recht unzweckmäßig.

Die Frischwasserkühlung, auf die man seit 1935 überging, beseitigte natürlich diese Verschmutzungsgefahr, beschwor aber die Verölungsgefahr herauf (vgl. die Kapitel „Kolbenkühlung“ und „Motorkühlung“).

Weit bedenklicher als Kesselstein ist ja ein Belag mit Öl auf der Wasserseite, denn schon eine Schicht von 0,1 mm verschlechtert den Wärmedurchgang ebenso wie 2 mm Kesselstein oder 50 mm GE Wand. — Diese Gefahr ergab sich tatsächlich, als zwei ältere Anlagen von Seewasser- auf Frischwasserkühlung umgebaut wurden, um die außergewöhnliche Verschmutzung der Zylinderdeckel abzustellen. Das Rohrleitungsnetz und die Pumpen-Anlage gestatteten keine Trennung zwischen Zylinder- und Kolben-Kühlsystem, und aus diesem gelangte Schmieröl ins umlaufende Kühlwasser (vgl. das Kapitel „Kolbenkühlung“). Störungsanzeichen an den Zylinderdeckeln verhinderten damals irgendwelche Auswirkungen auf die Einsätze; aber es blieb nichts anderes übrig, als wieder zur Seewasserkühlung zurückzukehren.

Solange die Wärmebeanspruchung der oberen Partie gleichmäßig am Umfang auftrat, erlitten die Einsätze auch bei ungenügender Kühlung keine Schäden (abgesehen natürlich von der erhöhten Abnützung durch verschlechterten Schmierfilm). Bei den Sulzer-Lufteinspritzmotoren trat aber durch die exzentrische Lage des Brennstoffventils (mit Einlochdüse) nach Abb. 155 offenbar eine einseitige Verformung bei nicht zentriertem oberen Bund (also entsprechend Abb. 57/58) auf, welche nach mehreren Jahren zu typischen Einrissen von oben führte. Bis zum Bereich der Kolbenringe herabreichend, waren sie auch durch starke Abrundung der oberen Kante nicht zu verhindern und erst ein eingelegter Nicrotherm-Ring (entsprechend Abb. 55) gestattete den Gebrauch des Einsatzes bis zu seinem maximalen Verschleiß.

So vorteilhaft sich in dem eben beschriebenen Fall eine obere Zentrierung ausgewirkt hätte, die vor allem auch bei Ausführungen nach Abb. 57 die Entstehung eines Luft- oder Dampfpolsters verhütete, so nachteilig konnte sie sich bei außergewöhnlicher Temperatur des Einsatzes zeigen. Im Kapitel „Arbeitszylinder" ist bereits von der daraus entstehenden Sprengwirkung gesprochen worden. Wenn neuere Konstruktionen eine solche Zentrierung trotzdem vorsahen, so konnte dies unbedenklich geschehen, weil die verbesserte Wasserführung oder die Anwendung von schmutzfreiem Frischwasser solche Temperatursteigerungen gar nicht entstehen ließen. Im Fall des Zweitakts erscheint übrigens eine obere Zentrierung ziemlich überflüssig, weil ja der untere Einpaß im Bereich der Schlitze nur ein Durchmesserspiel von etwa 0,3 mm hat und das Zentrieren an ungefährlicher Stelle besorgt.

Das besonders bei ankerlosen Konstruktionen begreifliche Streben nach möglichst kleinen Kräften auf die Zylinderdeckel, also enger Deckelnut, rief bei weit ausladenden oberen Auflagebunden, wie sie gekühlte Stege mit sich brachten, gelegentlich die in Abb. 57 dargestellte sehr ungünstige Beanspruchung hervor. Bei ungenügender Bundstärke führte sie zum Bruch bzw. Einriß, welcher von der dem Korrosionsangriff ausgesetzten Wurzel ausging. Unbeschädigte und neue Einsätze konnten in solchem Fall nach Abb. 58 für die Einlage eines Dichtungsringes aus Weicheisen eingedreht werden und eine Änderung am Zylinderdeckel blieb dadurch erspart. — Wie die übrigen Abbildungen zeigen, wurde eine derartige Beanspruchung tunlichst vermieden oder der Bund wesentlich verstärkt. — Bei dem Fiat-Einsatz mit seinem Oberteil aus StG (Abb. 64) konnte sie freilich in Kauf genommen werden.

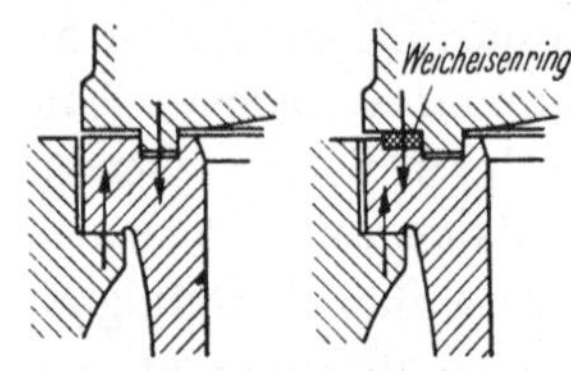

Abb. 57—58. Ungünstige Beanspruchung des oberen Bundes bei größerem Durchmesserunterschied der Dichtungsflächen, welche bei ungenügender Bundhöhe zu Einriß und Bruch führte und Abhilfe durch eingelegten Weicheisenring bei ungeändertem Zylinderdeckel.

Die Abdichtungen des Zylinderdeckels gegen den Einsatz durch einen (ab und zu auszuglühenden) Kupferring und diejenige des Einsatzbundes gegen den Zylindermantel mittels gleichmäßig aufgetragenen Eisenkittes boten keine Schwierigkeit. — Undichte Deckel in betriebswarmem Zustand nachzuziehen, bedeutet bekanntlich eine ernsthafte Gefährdung der Deckelschrauben.

Besonders bemerkenswert ist noch die *Unterteilung* des Einsatzes bei den doppeltwirkenden Motoren der MAN derart, daß der obere Teil sämtliche Schlitze, also auch diejenigen für die Zylinderunterseite enthält, was für den kurzen unteren Teil den Ausbau nach unten ermöglicht. — Beide Teile sind am Stoß mit einem Spiel von 1 mm aneinandergefügt und zwar wellenförmig mit Rücksicht auf den Überlauf der Kolbenringe.

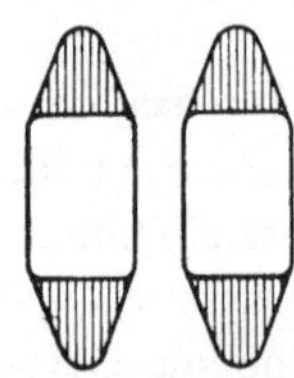
Abb. 59. Allmählicher Auslauf an den oberen und unteren Rändern der Spül- und Auspuffschlitze.

Je nach der Formgebung waren die Auspuff- und Spülschlitze nur sauber gegossen oder mechanisch eingearbeitet. Auf jeden Fall mußten die Ränder sauber (mit nicht zu kleinem Radius) abgerundet und bei fortschreitender Abnützung immer wieder so nachgearbeitet werden. Der Überlauf ungesicherter Ringschlösser forderte außerdem seichte, keilförmig verlaufende Taschen über und unter den Schlitzen nach Abb. 59.

Die Verschmutzung der Schlitze — infolge schlechter Verbrennung, ungenügender Abstreifung hochgezogenen Lageröles, aber auch bei dickem Zylinderöl — war eine recht unerwünschte Erscheinung. Abgesehen von der Beeinträchtigung der Spülung, welche die Verbrennung fortlaufend verschlechterte, konnte Ölkoks, der sich bei Anfahrmanövern oder Belastungsänderungen aus den Auspuffschlitzen löste und aus dem Schornstein ins Freie gelangte, zur Feuersgefahr werden. (Vgl. das Kapitel „Abgaseinrichtungen".) Auch konnten sich „weiche" Einsätze während des Ausglühens der Rückstände in den Auspuffschlitzen derart verziehen, daß die Kolben fraßen, und dies ereignete sich bei einer Anlage tatsächlich mehrmals. Näheres darüber ist in den Kapiteln „Gleitschuhe, Gleitbahnen" und „Verschalungen, Spritzbleche" berichtet.

Für die Wasserabdichtung im Bereich der Schlitze erwies sich als die zweckmäßigste Lösung der Rund-Gummiring, welcher genau dimensioniert in einer nach Schablone hergestellten Nut eingelegt bereits an den frühesten Sulzer-Konstruktionen allenthalben zu finden war (Abb. 60). Profilierte Gummiringe (Abb. 61) hatten den Nachteil, daß sie im Notfall nicht überall erhältlich waren. — Die Gummiringe mußten allerdings gut gekühlt liegen, besonders in früheren Jahren, wo das Material noch nicht so hitzebeständig war wie das später verwendete Buna, und zu ihrem Schutz gegen die Auspuffgase bedurfte es vorgelagerter Kupfer- oder Weicheisenringe. Nach einer gewissen Betriebszeit übernahm der eingedrungene Ruß diesen Schutz in willkommener Weise.

Abb. 60. Abdichtung des Einpasses im Bereich der Steuerschlitze durch Rundgummiringe.

Abb. 61. Verwendung von Flachgummi statt Rundgummi.

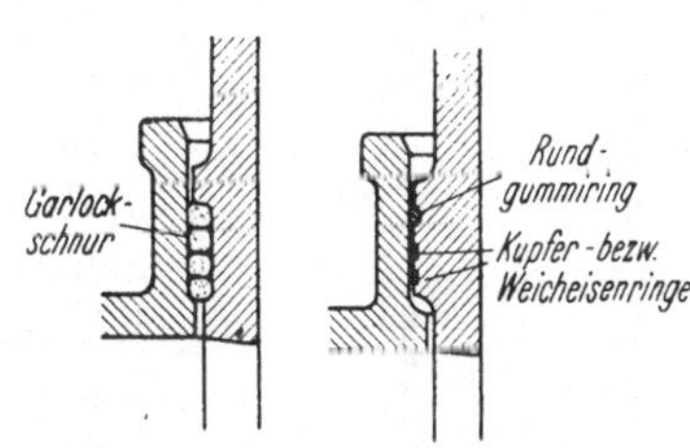

Abb. 62. Abdichtung des Einpasses mittels Garlockschnur.

Abb. 63. Abänderung der Konstr. nach Abb. 62 für Rundgummi.

Die MAN benützte an Stelle der Gummiringe die hitzebeständigere Garlock-Packung (auf Asbest-Basis), welche wegen der geringen Elastizität ebenfalls nach Größe und Zahl der Zopflagen genau vorgeschrieben wurde (Abb. 62). Richtig angewandt erfüllte sie ihren Zweck nicht minder. War indessen der Reservebestand aufgebraucht, oder versäumte man sich über die Vorschrift genau zu unterrichten, so konnte es — wie im eigenen Betrieb wiederholt — geschehen, daß die umgelegten Zöpfe das Packungsvolumen überschritten. Da aber der Zylindereinsatz zur Abdichtung bis auf den oberen Bund heruntergezogen werden mußte, wurde auf den Zylinder-Einpaß die im vorigen Kapitel erwähnte Sprengwirkung ausgeübt. Im eigenen Betrieb wurde die Garlockpackung daher weitgehend gemieden bzw. nachträglich ausgeschieden unter Änderung der Form von Austauscheinsätzen nach Abb. 63.

Auch für die unterste Abdichtung der Einsätze gegen den Zylindermantel wurden mit Vorteil Rundgummiringe verwendet. — Die neueren Konstruktionen einfachwirkender Zweitaktmotoren entbanden überhaupt von einer besonderen Abdichtung an dieser Stelle (vgl. unter „Arbeitszylinder").

Die verwendeten Viertakt-Einsätze waren von einfachster Form, stellten also zumal bei der geringeren Wärmebelastung festigkeitsmäßig und konstruktiv gar keine Probleme dar.

Abgesehen von der Notwendigkeit, an den älteren Motoren die Einsätze wasserseitig regelmäßig zu reinigen, waren die erwähnten Mängel gering im Vergleich zur ständigen Sorge, die *Abnützung* der Lauffläche in tragbaren Grenzen zu halten. Bei den großen Abmessungen waren ja die Anschaffungskosten der Einsätze beträchtlich, besonders bei gekühlten Stegen.

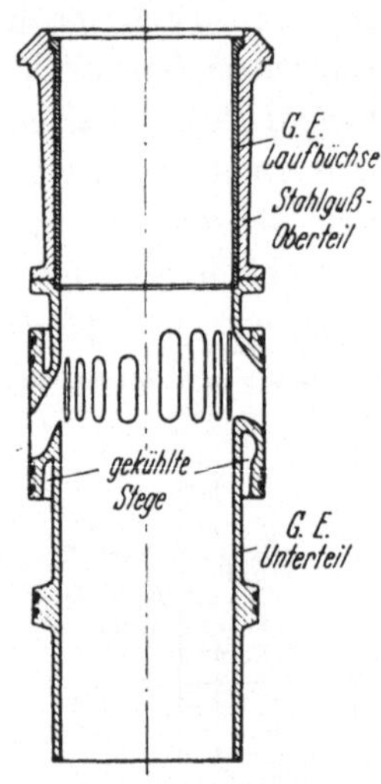

Abb. 64. Unterteilter Fiat-Zylindereinsatz. Oberteil aus StG mit weit ausladendem, ungünstig beanspruchtem Bund (Verbindungsflansch und gekühlte Schlitzstege erfordern weite Öffnung im oberen Boden des Zylindermantels); eingezogene GE-Laufbüchse; Unterteil aus GE.

Es galt also zunächst durch ausreichende und richtig angeordnete Schmierstellen und Schmiernuten und durch intensive Kühlung die Bildung des Schmierfilms zu gewährleisten. Aus den Abbildungen des Abschnitts: „Arbeitszylinder“ sowie Abb. 56 ist auch hier eine fortschreitende Verbesserung festzustellen.

Das veraltete Ideal, in der unteren Totpunktstellung des Kolbens „zwischen die Ringe“ zu schmieren, war noch bei den Viertaktmotoren angestrebt. Dabei war die Möglichkeit, dieses Ideal zeitlich exakt zu verwirklichen, höchst fragwürdig. Auch bei dem Zylinder nach Abb. 40 ist noch die obere heiße Zone von den Schmierbohrungen gemieden — bei der mangelhaften Kühlung der oberen Einsatzpartie mit gewissem Recht. Lagen aber Schmierstellen unmittelbar über den Schlitzen, wurde mehr Öl als erwünscht in diese gestreift. Das Öl durch einen als „Abstreifring“ ausgebildeten unteren Kolbenring besser nach oben zu bringen, gelang nur mangelhaft. (Vgl. hierzu die Bemerkungen über Abstreifringe in dem Kapitel „Kolbenringe“.)

Bei dem Zylinder nach Abb. 42 lagen die Schmierstellen schon höher, und bei den neuesten Konstruktionen wurde dort geschmiert, wo es am notwendigsten war, nämlich im obersten Einsatzbereich (Abb. 56). Die gute Kühlung gestattete dies und verhinderte jegliche Störung, die man etwa durch Verkokung von Ölbohrungen hätte befürchten können.

Natürlich war von ausschlaggebender Bedeutung das *Material* des Einsatzes. In dieser Hinsicht gingen die Bemühungen der Erbauer ständig dahin, durch Sonderzusätze das allenthalben gewählte perlitische Spezial-Gußeisen zu verbessern. — Die Beurteilung einer neuen Legierung war durch die Kugeldruckprobe leider nur bedingt möglich. Ein endgültiges Urteil gestattete erst der Dauerbetrieb, und dabei galt es, eine ganze Reihe von Einflüssen zu beachten, wie sich noch zeigen wird.

Für die Lauffläche kam überhaupt nur GE in Betracht, und so fütterte Fiat das StG-Oberteil seines zweiteiligen Einsatzes nach Abb. 64 mit einer GE-Büchse aus. Die Abnützung trat hauptsächlich an dieser einfachen und billigen oberen GE-Büchse auf, was für die Reparaturkosten vorteilhaft war. Aber auch das teure Einsatzunterteil mit der Schlitzpartie blieb von Abnützung nicht frei.

Eine obere Ersatzbüchse mußte also mit größerem Innendurchmesser geliefert werden, entsprechend dem Abnützungszustand der unteren Einsatzhälfte. Natürlich war die Erstanschaffung solcher mehrteiligen Einsätze verhältnismäßig teuer. Zudem war die im Wasserraum liegende Trennfuge nicht sehr begrüßenswert, und so bürgerte sich diese Konstruktion nicht allgemein ein.

Der Versuch, abgenützte Laufbuchsen — besonders die teueren Einsätze mit gekühlten Stegen nach Abb. 40 — durch Einziehen von Chromstahl-Büchsen wieder verwendbar zu machen, zeitigte recht widersprechende Ergebnisse. Sicher waren hier die Störungen des Wärmeübergangs an der Fuge zwischen der äußeren und der eingezogenen Buchse von Nachteil.

Kurz vor Ausbruch des letzten Krieges sollte an solchen Einsätzen ein Versuch mit Verchromung der Lauffläche, wie sie die Firma Stork, Hengelo, ausführte, gemacht werden. Hierfür lagen von anderer Seite recht günstige Ergebnisse vor, bei denen vor allem auch die geringe Abnutzung der Kolbenringe auffiel. Der Versuch kam nicht mehr zustande. Er wäre jedenfalls nicht billig geworden, denn die Verchromung durfte sich beim Zweitakt nicht nur auf die Lauffläche beschränken, sondern mußte auch die Ränder der Spül- und Auspuffschlitze einbeziehen.

Die Lauffläche der eigenen Einsätze war nicht gehont, sondern nur mit einem breiten Span geschlichtet, erhielt aber durch die Kolbenringe bald einen glatten Spiegel.

Über die Faktoren, welche den Verschleiß begünstigen, wird noch ausführlich im Kapitel „Kolbenringe“ gesprochen. Selbstverständlich bedurfte es eines guten Schmieröles und der richtigen Ölmenge (vgl. unter „Schmierung“). Die Verbrennung mußte einwandfrei sein, der Brennstoff durfte nur ein bestimmtes Maß von Asche haben, und vor allem sollte ein bestimmter Schwefelgehalt nicht überschritten werden. Gerade dieser erwies sich als einschneidend wegen der Bildung schwefligsaurer Dämpfe, vor allem wenn es bei niedrigeren Temperaturen zu deren Kondensation kam. Manöver und Betrieb mit *geringer* Belastung waren daher wegen der niedrigen Temperaturen besonders nachteilig. — Im eigenen Betrieb mußten an Lufteinspritzmotoren zeitweise Brennstoffe mit mehr als 2% Schwefelgehalt verarbeitet werden. Mit diesen erhöhte sich die Abnützung derart, daß z. B. bei einer Anlage nach 7 Reisen von Europa nach der Nordamerikanischen Westküste die Einsätze ausgewechselt werden mußten. Auch hier hatten Manöver und reduzierte Fahrt nachteilig mitgewirkt (Panama-Kanal). Preislich lag dieser Brennstoff aber so günstig, daß sich schon nach 5 Reisen eine neue Garnitur von Einsätzen einschließlich Aus- und Einbau bezahlt gemacht hatte. Ein erstrebenswerter Dauerzustand war dies freilich nicht, so daß von allen unmittelbar Beteiligten die Senkung der Preise für besseren Brennstoff begrüßt wurde. Leider gestatteten damals die Einrichtungen der Bunker nicht, wie im Schema Abb. 208 eine kleine Menge schwefelarmen Brennstoffs mitzuführen, mit welchem der Betrieb bei kleiner Belastung hätte durchgeführt werden können. Auf diese Weise hätte sich die Abnützung in ganz erheblich geringeren Grenzen halten lassen (vgl. hierzu das Kapitel „Brennstoffversorgung“).

Das Fortschreiten der Abnützung war sehr verschieden. Neben Einsätzen mit einer Lebensdauer von nur 3 Jahren fanden sich solche, die auch nach 6 Jahren noch verbleiben konnten. Bemerkenswert gering war der Verschleiß an den doppeltwirkenden MAN-Motoren (trotz Seewasserkühlung); z. B. mußten an einer 8-zylindrischen Anlage im Verlauf von 7 Jahren nur 3 obere und 2 untere Laufbüchsen erneuert werden. Dies war wohl sicher zur Hauptsache dem Umstand zuzuschreiben, daß man für diese Anlagen wegen der Auswirkung auf die Kolbenstangen nur einen Schwefelgehalt des Brennstoffes unter 1% zuließ. (Vgl. das Kapitel „Kolbenstangen".) — Außergewöhnlich stark war trotz günstigen allgemeinen Voraussetzungen die Abnützung bei den eigenen Viertaktmotoren. Sie war dadurch begründet, daß die im Bereiche der Zylinder-Lauffläche liegenden Stopfbüchsen für die Kolbenkühlposaunen (Seewasser) kaum dicht zu halten, waren sodaß Seewasser an die Laufflächen sprühte.

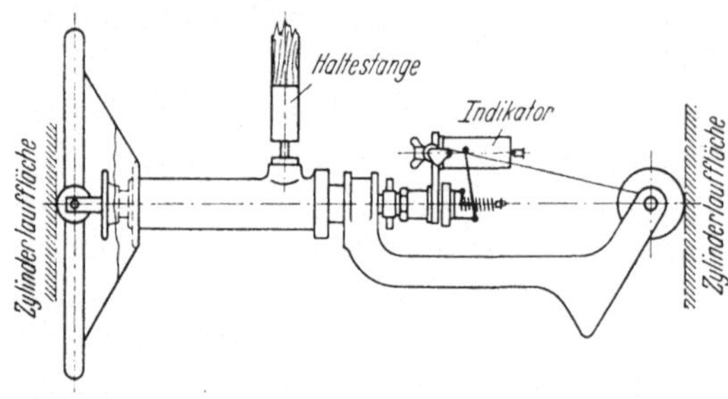

Abb. 65. „Meßroller" zur Aufzeichnung der Zylinderabnützung mittels Indikator.

Als Durchschnittswert für die größtzulässige Abnützung ergaben sich etwa 0,8 % des Zylinderdurchmessers, also 5—6 mm Durchmesservergrößerung. Bei stark belasteten Motoren empfahl sich die Auswechslung schon früher.

Für die Feststellung des Verschleißes bediente man sich lange Zeit der Messungen mit Stichmassen oder Mikrometer in verschiedenen Richtungen und Höhen. Ihre Zuverlässigkeit war aber oft recht fragwürdig. Hierin schuf der „Meßroller" (Abb. 65), welcher innerhalb der eigenen Rhederei entwickelt wurde, einen willkommenen Wandel; er ermöglichte nämlich unter Benützung eines Indikators eine laufende Aufzeichnung des ganzen Abnützungszustandes.

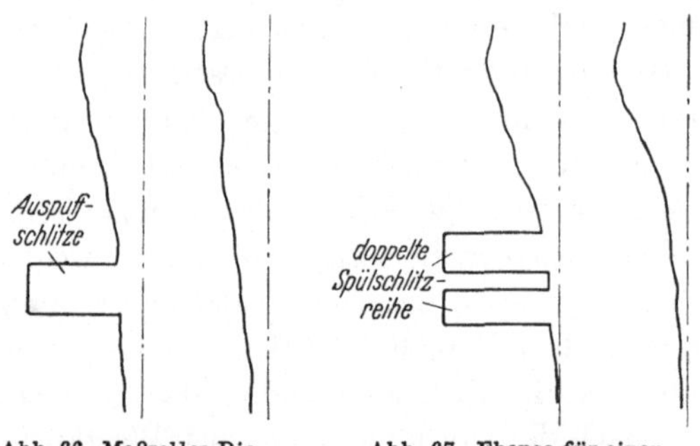

Abb. 66. Meßroller-Diagramme in Längs- und Querachse eines GW-Zylindereinsatzes.

Abb. 67. Ebenso für einen älteren Sulzer-Zylindereinsatz mit gekühlten Stegen.

Das Gerät, welches auf einer Seite einen Schlitten (in der Abbildung links) und auf der anderen eine durch Federkraft angedrückte Rolle besitzt (in der Abbildung rechts), wurde mittels eines Stieles von oben durch den Zylinder abwärts geführt. Der Indikator, dessen Feder unter Vermittlung einfacher Gestänge eine zwischen den Schlittenkufen liegende zweite Rolle andrückte, zeichnete dabei die Veränderung des inneren Büchsendurchmessers, hiermit also die Abnützung der Zylinderlaufflächen auf. Die Abb. 66/67 stellen durch das Indikator-Schreibzeug im Verhältnis 6:1 vergrößert zwei typische Diagramm-Paare dar. (Die rechteckigen Ausbuchtungen rühren von den Steuerschlitzen her.)

8. Zylinderdeckel.

An den älteren Motoren waren bereits Deckelkonstruktionen zu finden, welche selbst mit der üblichen Seewasserkühlung den beim Zweitaktverfahren besonders starken Beanspruchungen anstandslos gewachsen waren.

Die GW erreichte dies durch eine „Wasserkammer", welche dem Deckelboden vorgelagert war (Abb. 68 u. 69). Diese Anordnung erwies sich als so zweckmäßig, daß man darauf auch bei neueren Motoren zurückgriff. Da die alten GW-Zweitaktmotoren Spülventile besaßen, deren Größe statt eines zentralen *zwei* exzentrische Brennstoffventile bedingten, ergab sich mit den zusätzlichen Aussparungen für das Anlaß- und das Sicherheitsventil eine recht zerklüftete Form dieser Wasserkammern. Außen vollkommen bearbeitet und natürlich in bezug auf Abrundungen und Übergänge sorgfältig durchgebildet, aus einer GE-Sonderlegierung mit etwa 20 mm Wandstärke hergestellt, besaßen sie eine erstaunliche Lebensdauer. Die geringe Höhe führte zu großen Wassergeschwindigkeiten, die zusammen mit der Tatsache eindeutig erzwungener Strömung einen Kesselsteinansatz fast gänzlich verhinderten; aufgeschnittene Kammern mit langer Betriebszeit zeigten tatsächlich kaum einen Belag auf der Wasserseite des dem Verbrennungsraum zugekehrten Bodens. Hatte sich etwa bei längerer Flußfahrt Kesselstein angesetzt, so platzte er offenbar durch die Formänderungen bei Belastungsübergängen ab. Hierbei konnte es an den älteren Ausführungen noch vorkommen, daß sich der durch den Zylinderdeckel geführte Hohlanker für den

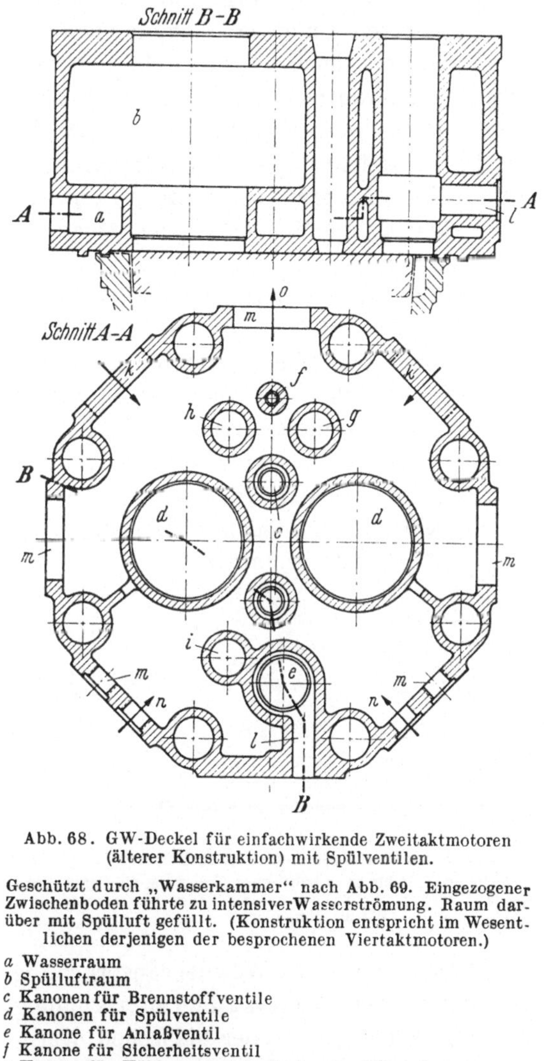

Abb. 68. GW-Deckel für einfachwirkende Zweitaktmotoren (älterer Konstruktion) mit Spülventilen.

Geschützt durch „Wasserkammer" nach Abb. 69. Eingezogener Zwischenboden führte zu intensiver Wasserströmung. Raum darüber mit Spülluft gefüllt. (Konstruktion entspricht im Wesentlichen derjenigen der besprochenen Viertaktmotoren.)

a Wasserraum
b Spülluftraum
c Kanonen für Brennstoffventile
d Kanonen für Spülventile
e Kanone für Anlaßventil
f Kanone für Sicherheitsventil
g Kanone für Kühlwasser-Zulaufanker der Wasserkammer
h Kanone für Kühlwasserablaufanker der Wasserkammer
i Kanone für Blindanker
k Spüllufteintritt
l Anlaßluft-Eintritt
m Kernöffnungen
n Kühlwasserzulauf zum Deckel
o Kühlwasserablauf vom Deckel

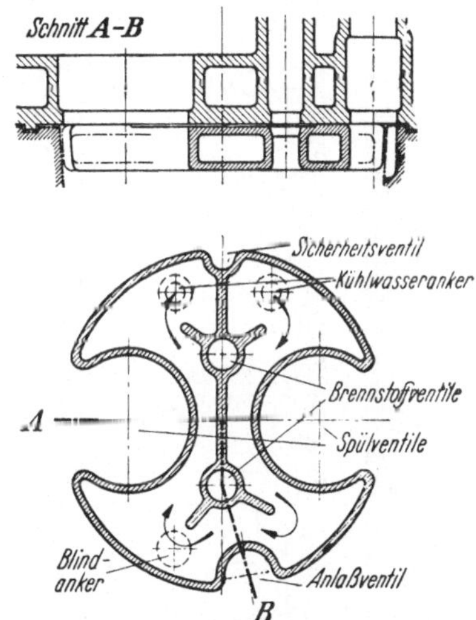

Abb. 69. „Wasserkammer" zu Abb. 68. Trotz zerklüfteter Form eindeutige Wasserströmung.

Ablauf (ein ebensolcher war für den Zulauf neben einem Blindanker vorgesehen) verstopfte. Der Ablauf mußte daher sichtbar in einen Sammeltrichter geführt werden. Der Übergang auf Mischwasserkühlung (vgl. das Kapitel „Motorkühlung“) mit ihrer intensiven Strömung verbesserte die Verhältnisse ganz erheblich, sodaß von dem für Fälle der geschilderten Art vorgesehenen Anschluß zum Durchblasen mit Druckluft, der am oberen Ende des Ablaufankers saß, kaum noch Gebrauch gemacht werden mußte. Neuere Motoren hatten dann Frischwasserkühlung und überdies größere Ankerquerschnitte. — In Abb. 70 ist im Querschnitt ein Hohlanker mit seiner Hülse wiedergegeben, welche die Abdichtung der Verbrennungsgase und die Einstellung des Abstandes zwischen Wasserkammer und Deckel ermöglichte. Dieser Abstand betrug in kaltem Zustand einige Zehntel Millimeter; im Betrieb lag die Wasserkammer gegen den Deckelboden an.

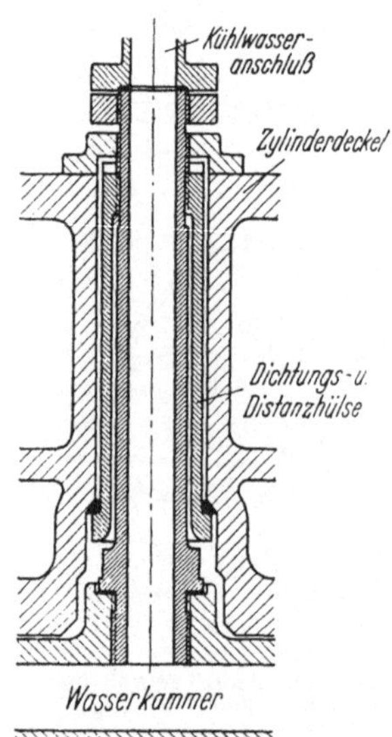

Abb. 70. Hohlanker für Kühlwasserzulauf und -ablauf zur „Wasserkammer“.

Der Schutz durch die Wasserkammer war so wirksam, daß der Deckel selbst, bei welchem nach Art bekannter Viertaktkonstruktionen ein Zwischenboden eingegossen war, auch ohne Wasser gefahren werden konnte. — (So wertvoll diese Vorlage für die Lebensdauer der Deckelkonstruktion und die Betriebssicherheit war, für die Wärmebilanz wirkte sich die unwillkommen starke Wärmeabfuhr hier ungünstig aus, denn sie erhöhte den Brennstoffverbrauch.)

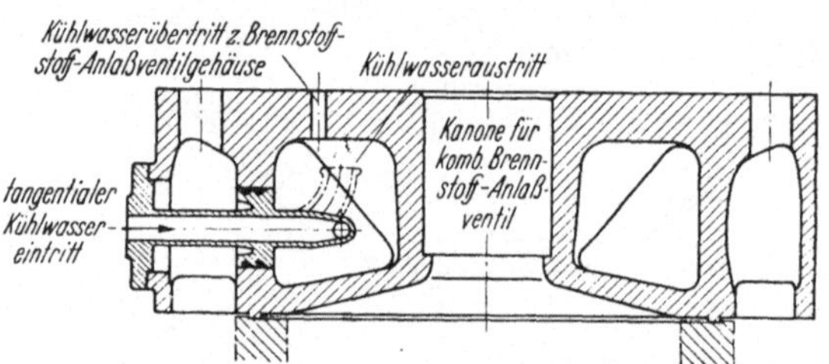

Abb. 71. Sulzer-Deckel für Lufteinspritz-Motoren.
Klare Rotationsform ermöglichte trotz hoher spez. Belastung die Verwendung von Spezial-Gußeisen. Schwacher unterer Boden verringerte Wärmespannungen.

War so für diese Art von Deckeln die Beherrschung der Wärmebeanspruchung zwar erfolgreich gelöst, so stellte doch ebenso wie beim Viertakt die Unterbringung aller Ventilkanonen und Anschlußstutzen im Innern, sowie der Flanschen, Kernstopfen und Reinigungsöffnungen außen, an die Konstruktion wie an die Gießerei ganz außergewöhnliche Ansprüche.

Die Deckel der besprochenen Viertaktmotoren stimmten praktisch völlig mit den eben beschriebenen der Zweitaktmotoren mit Spülventilen überein. Trotz der geringeren Wärmebelastung war auch ihnen eine Wasserkammer vorgelagert.

Sämtliche Sulzer-Lufteinspritzmotoren hatten die in Abb. 71 gezeigte, für den Zweitaktmotor ideale Deckelform. Die Zusammenfassung des Brennstoffventils und des Anlaßventils in einem zentralen Einsatz, der zugleich eine Bohrung für ein kleines Alarmventil (an Stelle des sonst üblichen größeren Sicherheitsventiles) enthielt, gestattete eine völlige Rotationsform, wobei besonders der Boden frei von allen störenden exzentrischen Bohrungen war. Seine Verformung konnte sich daher weitgehend gesetzmäßig und symmetrisch vollziehen. Um die Wärmespannungen klein zu halten, war seine Wandstärke gering, wogegen der obere Boden, der nicht wärmebeansprucht wird, sehr kräftig ausgebildet war. — Die Form erlaubte eine Herstellung in Spezialgußeisen. Dabei war die Lebensdauer bei den Motoren mit 600 mm Zyl.-Durchmesser und einem mittleren indizierten Druck von 6,3 kg/cm² erstaunlich lang. Von 24 in Betrieb befindlichen Deckeln mußte im Verlauf von 13—14 Jahren nur die Hälfte ausgewechselt werden. An ihnen hatten sich allmählich radiale Risse in dem elastischen Teil des heißen Bodens entwickelt. — An den Motoren mit 680 mm Zyl.-Durchmesser und einem p_i von 6,6 kg/cm² hielten die Deckel nicht so lang; sie überstanden indessen gleich während des ersten Jahres einen abnormalen Kesselsteinbelag bis zu 10 mm Stärke (der sich infolge einer im Kühlwasserkreislauf zur Verhütung der Unterkühlung während des Stillstandes eingebauten Drossel gebildet hatte), mit Ausnahme von zweien ohne Schaden.

Als weiteres Beispiel eines „Großraumdeckels" ist in Abb. 72 derjenige der Zweitakt-Fiat-Motoren Baujahr 1930 dargestellt. In Stahlguß ausgeführt, war der

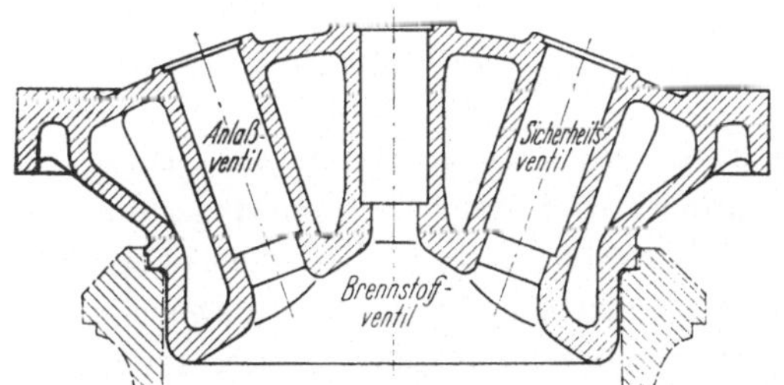

Abb. 72. Fiat-Deckel aus Stahlguß.
Die Form des unteren Bodens führte zu starken Ablagerungen und Verformungen.

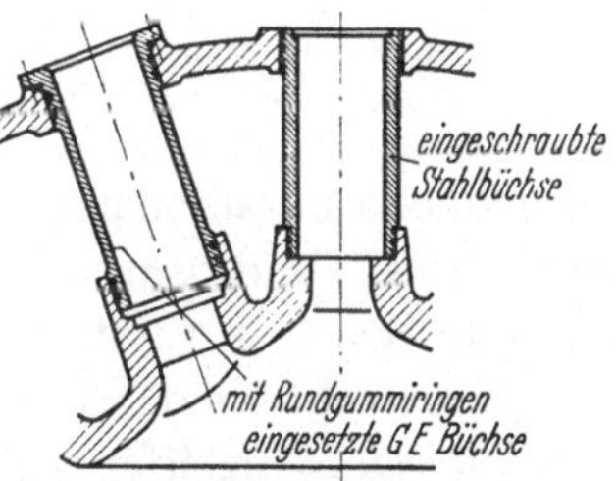

Abb. 73. Instandsetzung beschädigter Deckel nach Abb. 72 durch eingezogene Büchsen.

untere Boden stärker als der obere und zum Schutze des Zylindereinsatz-Bundes weit herunter gezogen. Soweit die Ventile eine Symmetrie ermöglichten, war sie verwirklicht. Indessen belehrte gerade diese Konstruktion recht eindringlich über die Verformung des unteren Bodens im Betrieb. Bei einer tangentialen Eintrittsströmung des Seewassers und einem Austritt an der höchsten Stelle neigte der tiefgezogene ringförmige Teil des Wasserraums sehr zur Verschmutzung. Mit fortschreitender Verkrustung wuchs die Tendenz des heißen Bodens, sich unter Zugbeanspruchung der zentralen Brennstoffventil-Kanone zu verflachen, und schon nach wenigen Jahren riß diese, begünstigt durch Korrosionseinflüsse. Durch eine kräftige Stahlbüchse konnte der Schaden auf einfache Weise behoben werden (Abb. 73). Als gleichzeitig oder bald darauf die Kanonen für das Anlaß- und das Sicherheitsventil unter den Biegungsbeanspruchungen einrissen, die sich aus der wärmeausdehnungsbedingten gegenseitigen Verschiebung der Einspannenden ergaben, wurden mit Erfolg Büchsen mit Rundgummiabdichtungen eingesetzt, die den Dehnungen frei nachgeben konnten. Nach diesen Änderungen bewährten sich diese Deckel derart, daß sie als Vorbild für andere Umkonstruktionen benützt wurden. Allerdings vermied man dabei den tiefgezogenen Boden (Abb. 74), um die unerwünschten Ablagerungen zu verhüten, und die konische

Bodenform, die höhere Wärmespannungen erleidet als eine weitgehend ebene Ausbildung.

Auch bei den Deckeln überwogen die stationären Wärmespannungen und ihre Verformungen über die periodischen Beanspruchungen, welche sich aus dem wechselnden Druck im Zylinderraum ergaben. Ebene Deckelböden beulten sich im Betriebszustand gegen den Verbrennungsraum aus, kegel- und kugelförmige waren bestrebt, sich zu verflachen. Je weniger sie daran durch Ventilkanonen gehindert wurden, um so dauerhafter war die Konstruktion.

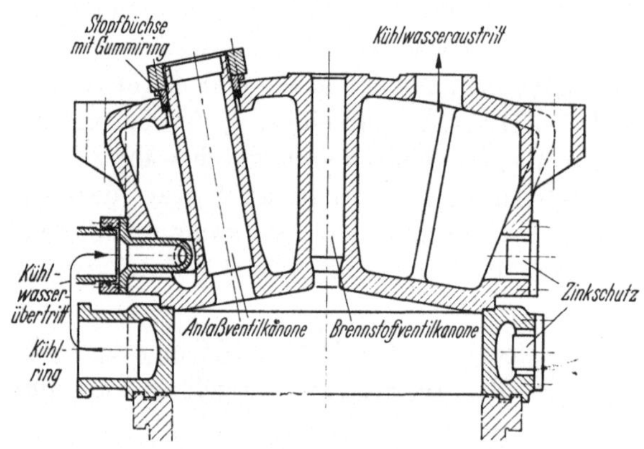

Abb. 74. Nach den Merkmalen der Abb. 72 und 73 geänderter Deckel für MAN-Motoren.

Die älteren Zweitaktmotoren der MAN und des Bremer Vulkan (Lizenz MAN) hatten *getrennten* Stahlgußvorlagen mit Ringkanälen (zur intensiven Kühlung und einwandfreien Reinigung), welche in der Mitte an der Brennstoffventilkanone zusammengehalten und durch ein kräftiges Gußeisen-Druckstück gegen den Zylindereinsatz gepreßt wurden. Der dem Verbrennungsraum zugewandte Boden war nur an den Rändern heruntergezogen, aber sonst eben. Alle diese Konstruktionen verursachten viel Nacharbeit durch die Auswaschungen und Korrosionsangriffe, denen die Auflagen der Ringrippen ausgesetzt waren.

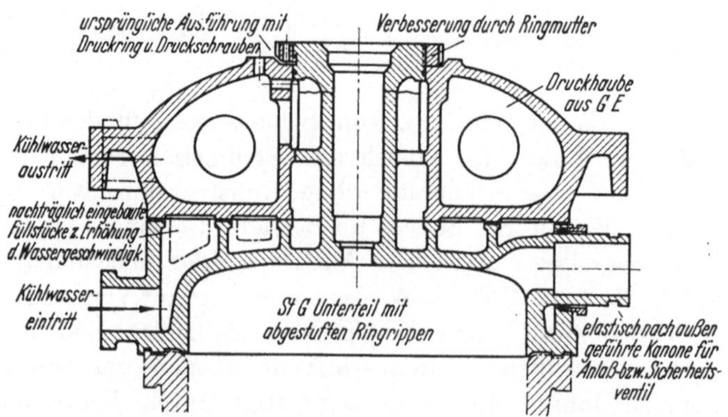

Abb. 75. Zweiteiliger MAN-Deckel für MT „Hanseat“.
Unterteil aus Stahlguß mit abgestuften Ringrippen umfaßt den Verbrennungsraum und entlastet den Zylindereinsatz wärmetechnisch. Druckhaube aus GE, ebenfalls gekühlt.

Denn das Ausbeulen des heißen Bodens und das Abheben der ringförmigen Stützflächen ließ sich offenbar nicht vermeiden.

Der Siebenzylindermotor des MT „Hanseat“ besaß dann erstmals den für alle folgenden MAN-Konstruktionen kennzeichnenden Deckel mit dem heruntergezogenen, gekühlten äußeren Rand, welcher den Zylindereinsatz wärmetechnisch so sehr entlastete (Abb. 75). Das wärmebelastete, *oben offene* Unterteil mit Ringrippen war aus Stahlguß, die kräftige Druckhaube aus Gußeisen. Beide waren an der Brennstoffventilkanone zusammengehalten und erhielten ihren vollen Kraftschluß durch die Zylinderdeckelschrauben. Da die Ringrippen nach außen um einige Zehntelmillimeter abgestuft waren, wurde das Unterteil beim Anziehen der Deckelschrauben durchgebogen, also in dem gleichen Sinne vorgespannt, wie es im Betrieb durch den Temperaturunterschied zwischen Außen- und Innenfläche des Bodens erfolgte. Der Zweck war eine Entlastung der Ventilkanone, welche sonst die ganze Beanspruchung hätte aufnehmen müssen, die aus der Wärmeverformung des Bodens entstand. Die Ringrippen richtig abzustufen, war natürlich bei der großen Zylinderbohrung und dem hohen p_i sehr schwierig, und so entstanden in der Brennstoffventilkanone und ihrer Verschraubung im Laufe des Betriebes doch unvorhergesehene Spannungen, welche zu den konstruktiven Änderungen führten, wie sie durch die linke und rechte Form der Verbindung in Abb. 75 u. schließlich durch die Abb. 76 gekennzeichnet sind. Mit zunehmendem Alter wurde die Stahlgußoberfläche allenthalben angegriffen, und das geschwächte Unterteil mußte dementsprechend stärker vorgespannt werden, — aus einem

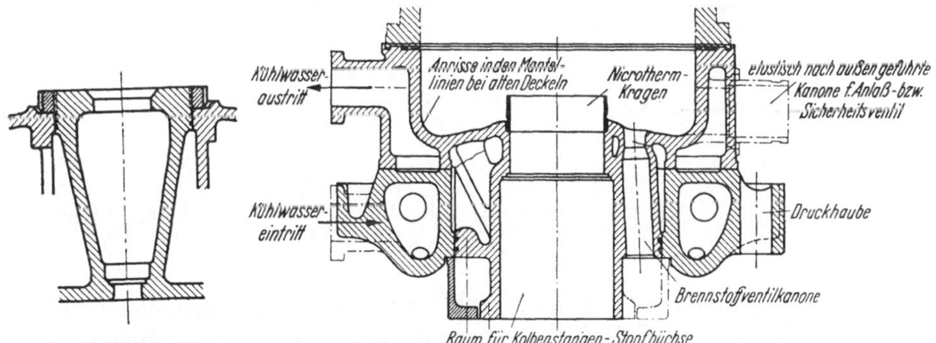

Abb. 76. Dauerhafte Lösung für die Verschraubung des zentralen Halses nach Abb. 75.

Abb. 77. Unterer Deckel für doppeltwirkende MAN-Motoren auf MT „Franz Klasen". Dem Verbrennungsraum zugekehrter Teil aus Stahlguß, Druckhaube aus Gußeisen.

Höhenunterschied von 0,7 mm zwischen der innersten und der äußersten Ringrippe wurden schließlich 1,5 mm!

Mit kleinerem Zylinderdurchmesser und kleinerem mittleren Druck verringerten sich diese Schwierigkeiten; sie waren bei einer Anlage mit 700 mm Zyl.-Durchmesser und $p_i = 5{,}25$ kg/cm² schon erträglicher und verschwanden praktisch vollkommen bei den doppeltwirkenden Motoren mit 600 mm Zyl.-Durchmesser, soweit es sich um die mit $p_i = 5{,}5$ kg/cm² belastete Oberseite handelte. Für die mit $p_i = 5{,}2$ kg/cm² belastete Zylinderunterseite, wo die viel komplizierteren Deckel nach dem gleichen Gesichtspunkt gestaltet waren (Abb. 77), mußten auch die Schwierigkeiten größer sein. Immerhin mußten im Verlauf von 7 Betriebsjahren von 16 unteren Zylinderdeckeln von Original MAN-Motoren nur 8 erneuert werden. Die unteren Deckel besitzen ja den großen Vorteil, daß der bei Belastungsänderungen von den beheizten Wandteilen abplatzende Kesselsteinbelag von diesen Wänden weg nach unten fällt, so daß sie sich laufend selber entsteinen. In der genannten Abbildung ist angedeutet, wie bei den schadhaften Deckeln die Risse verliefen.

Die Deckelunterteile der einfachwirkenden Motoren von 720 und 700 mm Zyl.-Durchmesser rissen vielfach an der Einmündung der beiden seitlichen Ventilkanonen, obwohl diese nach außen nachgeben konnten. Daneben war durch das Seewasser der Stahlguß einem ständigen Materialabbau durch Korrosion unterworfen, besonders auch am Kopf der Ringrippen, auf deren sichere Abdichtung es mehr oder weniger ankam. Die Rippen mußten also ständig nachgedreht werden, und die Risse an den Ringwurzeln und Ringköpfen mußten ausgeschweißt werden. — Bis zu einem gewissen Grade ließ sich auch das Ausschweißen der Risse bei den Ventilkanonen erfolgreich vornehmen.

Weit schlimmer als diese Nacharbeit war je nach dem befahrenen Revier die *Reinigungsarbeit* auf der Wasserseite. Die Deckel des MT „Hanseat" konnten selten länger als eine Werftperiode von 9 Monaten ungereinigt bleiben. Daran änderten auch die nachträglich eingebauten Füllstücke (in der Abb. 75 strichpunktiert) wenig. Die äußerste Ringkammer, in welche das aufsteigende Kühlwasser zunächst

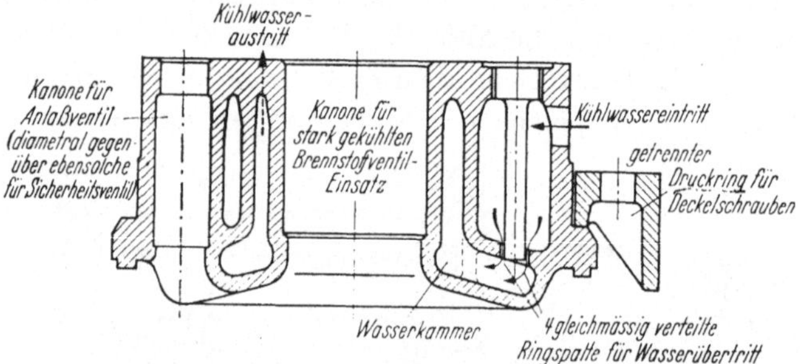

Abb. 78. GW-Deckel mit eingegossener Wasserkammer aus GE.
Ungleiche Auswaschung der Ringspalte für Wasserübertritt beeinträchtigte systematische Kühlung der Wasserkammer. Beachte den getrennten Druckring, welcher den Deckel von ungünstigen Beanspruchungen aus den Deckelschrauben befreite!

eintrat, war ursprünglich im Grunde recht eng gehalten und der Wasserumlauf durch Ventilkanonen und Indikatorbohrung stark behindert. — Spätere Konstruktionen waren in dieser Hinsicht zweckmäßiger gestaltet. Bei den Motoren mit 700 mm Zyl.-Durchmesser wurde der Kühlwasserstrom nachträglich umgekehrt; man legte den Eintritt in die Druckhaube und den Austritt an die äußere Ringkammer des Unterteiles, spülte also Schlamm und etwa abgesprungenen Kesselstein aus. (Damit wurde das Prinzip des ständigen Wasseranstiegs bis zum Austritt durchbrochen. Eine wirksame Entlüftung an der höchsten Stelle wurde wichtig, um eine Heberwirkung auf den ganzen Deckel zu unterbinden). — Diese Maßnahme brachte eine gewisse Besserung, aber nicht die Abhilfe, welche man erwartete..

Der Versuch, mit Rücksicht auf die Deckelkühlung speziell bei diesen beiden Anlagen auf Frischwasserkühlung überzugehen, mißlang wegen der Verölung aus dem Kolbenkühlsystem (vgl. das Kapitel „Kolbenkühlung"). Ein Großraumdeckel, welcher nach Art der Fiatkonstruktion versuchsweise eingebaut war, verformte sich in den schrägen Ventilkanonen infolge der verölten Innenfläche derart, daß sich u. a. auch das ganze Anlaßventil verzog und der Ventilkegel nicht mehr schloß (was die Luftanschlußleitung rotwarm werden ließ!).

Auch der neue einfachwirkende Achtzylinder-Zweitaktmotor des MT „Friedrich Breme" hatte an einigen Zylindern zunächst noch die frühere Deckelkonstruktion mit dem oben offenen Unterteil aus Stahlguß und der gleichfalls gekühlten Druckhaube aus Gußeisen. Sie waren dort durch 6 kräftige Dehnschrauben in der Mitte zusammengehalten. — Der Zylinderdurchmesser von nur 650 mm, der niedrigere mittlere Druck und nicht zuletzt die Frischwasserkühlung sicherten hier einen einwandfreien Betrieb. Die MAN baute aber gleichzeitig an den anderen Zylindern bereits *geschlossene* Unterteile mit einer Ringführung für das Wasser ein, die wegen der größeren Festigkeit aus Spezialgußeisen sein konnten (Abb. 2). Diese Konstruktion bewährte sich so gut, daß sie weiterhin bei den einfachwirkenden Motoren und der Oberseite der doppeltwirkenden Motoren grundsätzlich angewandt wurde.

Die GW hatte an den besprochenen Motoren im weiteren Verlauf der Entwicklung zunächst auf die vorgelagerten Wasserkammern verzichtet und Gußeisendeckel mit einem eingegossenen Zwischenboden verwendet (Abb. 78). Mit einem konischen, außen stark heruntergezogenen unteren Boden führte diese Konstruktion der „F. H. Bedford"-Klasse (Seewasserkühlung) zu Anrissen in den Ventilkanonen und dem äußeren Bodenrand. Durch eine nachträgliche Verstärkung verschwanden zwar die ersteren fast ganz, aber die letztgenannten bedingten zahlreiche Deckelerneuerungen. Vor allem gestattete die Konstruktion auf die Dauer nicht, den Deckelboden gleichmäßig zu kühlen.

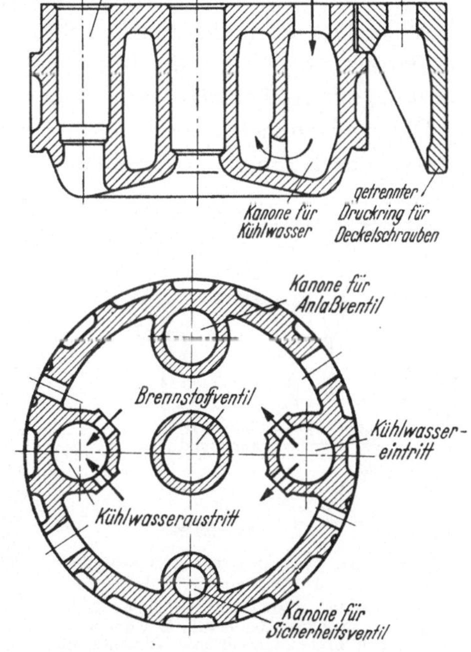

Abb. 79. GW-Deckel aus Stahlguß mit weitgehend symmetrisch angeordneten Ventil- und Kühlwasserkanonen. Auch hier getrennter Druckring für Deckelschrauben.

Die letzten GW-Motoren waren dann mit Stahlgußdeckeln nach Abb. 79 ausgestattet, zum Teil auch mit ebenen (nicht heruntergezogenen) Boden und vorgelagerter Wasserkammer. Wie der Grundriß für die Ausführung ohne Wasserkammer zeigt, wurde eine weitgehende Symmetrie verwirklicht. Beide Ausführungen bewährten sich schon bei Seewasserkühlung und ganz besonders bei der schließlich eingeführten Frischwasserkühlung bestens. Bemerkenswert war auch hier der abgetrennte Druckring für die Deckelschrauben, durch welchen jede zusätzliche Verbiegung des Deckels verhütet wurde. Seine Auflage lag nämlich genau über der Abdichtung zwischen Deckel und Zylindereinsatz.

Der Schichau-Sulzer-Motor Baujahr 1936 besaß bei Frischwasserkühlung einen zweiteiligen Deckel, von dem nur das geschlossene Unterteil gekühlt war (Abb. 5 Zusammenstellung des Motors). Aus Gußeisen mit einem dünnwandigen, nahezu kugelförmigen unteren Boden war dieses bei ziemlicher Höhe sehr widerstandsfähig. Ringrippen im Innern sorgten für eine rasche Strömung; leider störte eine exzentrisch sitzende senkrechte Kanone für das Anlaßventil die Gleichmäßigkeit der Form, und an ihrer Einmündung in den unteren Boden traten dann auch nach ein paar Jahren vereinzelt Anrisse auf. Der Ausbruch des 2. Weltkrieges verhinderte die weitere Verfolgung dieser Störung; es ist nicht ausgeschlossen, daß die von der Kolbenkühlung bzw. Kreuzkopfzapfenschmierung herrührende Verölung des Kühlwassers (vgl. die Bemerkungen gegen Ende des Kapitels „Treibstangen") hierbei erschwerend mitwirkte. Die zugehörige, kräftige Druckhaube war aus Stahlguß. — Gebr. Sulzer haben bei späteren Konstruktionen diese Deckelausführung wieder verlassen und auf die bewährte vollkommene Rotationsform mit einem zentralen gemeinschaftlichen Brennstoff- und Anlaßventil zurückgegriffen.

Die Abbildungen neuerer Konstruktionen lassen deutlich erkennen, daß man mit Glück durch einen tiefer liegenden Rand bestrebt war, die empfindliche untere ringförmige Dichtungsfläche vor einer Beschädigung beim Abstellen im ausgebauten Zustand zu schützen.

9. Arbeitskolben.

Angesichts des umfangreichen Stoffes, welchen die Arbeitskolben bieten, sind die Betrachtungen über die Kolben*ringe*, die Kolben*stangen* und die Konstruktionsteile zur Kolben*kühlung* besonderen Kapiteln vorbehalten.

Die rundsymmetrische Form und die vorzügliche Planschwirkung des Kühlwassers (als Kühlmittel wurde stets Wasser benutzt) lassen beim Kolbenboden die Beanspruchungen verhältnismäßig leicht beherrschen, die ihm durch die Erhitzung und durch die periodischen Druckschwankungen zugemutet werden. Insbesondere war dies bei der Ausführung als allseitig bearbeiteter Drehkörper aus *geschmiedetem Stahl* der Fall, welche sehr bald fast ausschließlich verwendet wurde. Das Kolbenoberteil war hohl geschmiedet, der Boden freitragend. Der zylindrische Teil mit den Ringnuten übertrug den Verbrennungsdruck auf den unteren Flansch, der (mit einer mehr oder weniger weiten Öffnung) zentriert auf der Kolbenstange festgeschraubt war.

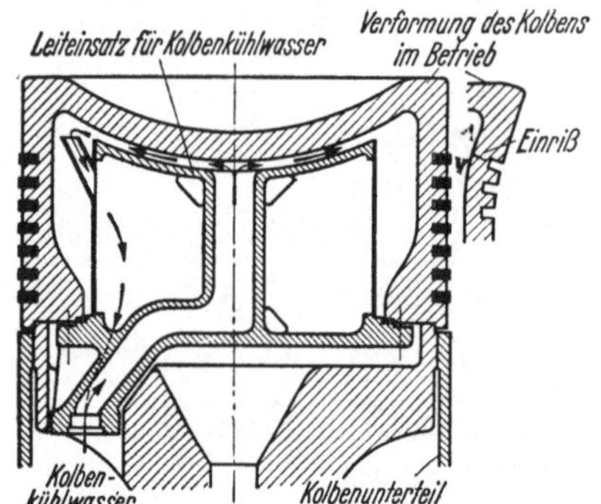

Abb. 80. Alter GW-Stahlkolben mit Leiteinsatz für Kühlwasser.
Weite Öffnung im unteren Auflageflansch; dünnwandiges zylindrisches Mantelteil. Beachte weite Aussparung im Kolbenstangenflansch für Anschluß der Kolbenkühlrohre!

Schon das Kolbenoberteil des „Wilh. A. Riedemann" war derart ausgebildet. Sein unterer Flansch besaß zur Erzielung eines kleinen Kolbenstangenflansches eine kleine zentrale Öffnung, deren Abschlußdeckel zugleich als Leiteinsatz für das Kühlwasser ausgebildet war, ähnlich der Abb. 80. Das Kühlwasser trat also in der Mitte dicht unter dem Boden ein und wurde durch einen schmalen Ringspalt allseitig radial verteilt, um schließlich durch hochgezogene Ablaufstutzen an den Rändern abgeführt zu werden. Von den dicken, annähernd quadratischen Kolbenringen saß der erste weit oben, im Gegensatz zur späteren Entwicklung.

Die Sulzer-Lufteinspritzmotoren hatten ursprünglich Kolben-Oberteile aus *Gußeisen*, das an sich sowohl gegen Korrosionen wie gegen Verschleiß in den Ringnuten der geeignetere Werkstoff war. Für die Kraftübertragung vom oberen Boden auf den Kolbenstangenflansch waren Stützrippen, zunächst mit Doppel-T-Profil, vorgesehen, der zylindrische Mantel übertrug daher keine Kraft (Abb. 81).

Diese Stützrippen waren aber auf die Dauer der Verformung bei der Erwärmung des oberen Bodens nicht gewachsen und rissen auf der Zugseite beginnend an der Wurzel. Der Übergang auf weniger steife Rippen (geringeres Trägheitsmoment und bei späteren Konstruktionen *längere* Rippen) verminderte diese Schäden, behob sie aber nicht völlig.

Damit wurde recht sinnfällig das Verhalten des Kolbenbodens im Betrieb demonstriert. Auch hier überwiegt der Einfluß der Wärmeverformung über denjenigen der wechselnden Gasdrücke. Der je nach den Erfordernissen der Spülung und der Gestaltung des Verbrennungsraumes ebene oder hohl gewölbte Kolbenboden dehnt sich auf größeren Durchmesser aus, er beult sich überdies gegen den Verbrennungsraum hin und atmet als Membran periodisch unter den Zylinderdrücken.

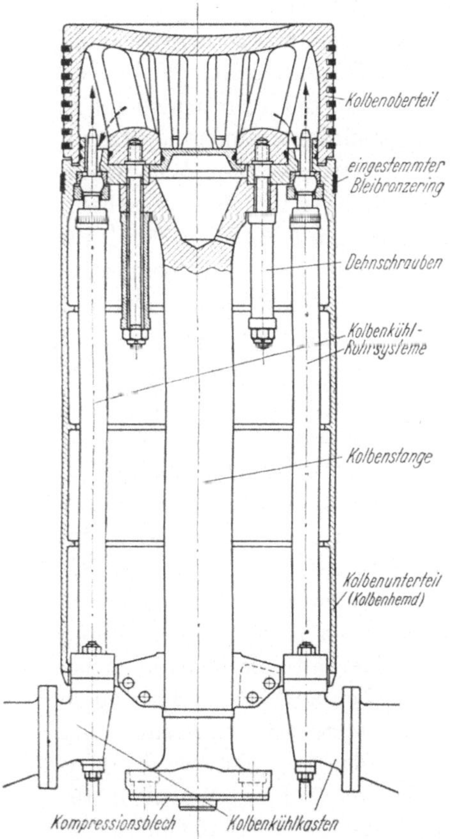

Abb. 81. Sulzer-Kolben für „Phoebus“-Motoren. (Ursprüngliche Ausführung des Oberteils in Gußeisen.)
Boden des gußeisernen Oberteils durch kräftige Rippen unmittelbar gegen unteren Auflageflansch abgestützt; dünnwandiger zylindrischer Mantel des Oberteils mit zahlreichen, bis hoch oben angeordneten Kolbenringen; gemeinschaftliche Verbindung von Oberteil, Unterteil und Kolbenstange in der oberen Partie.

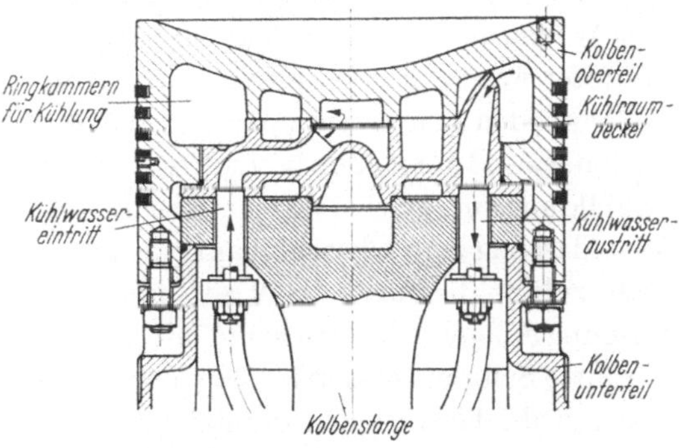

Abb. 82. Alte MAN-Konstruktion.
Geteiltes Kolbenoberteil, Stahlgußboden und Kühlraumdeckel aus GE; Ringkammer zur Erzeugung zwangsläufiger Wasserströmung; hohe quadratische Kolbenringe; Kolbenunterteil am oberen Ende angeschraubt, wobei sich die kurzen Verbindungsschrauben auf die Dauer nicht widerstandsfähig genug erwiesen.

Durch dieses Verhalten des Bodens bildete sich bei der Konstruktion nach Abb. 82, die an einer älteren Zweitaktmotoren-Anlage vertreten war und an Viertakt-Ausführungen erinnerte, an den im Kühlraum gelegenen Ringrippen ein ständig atmender Spalt, und damit ein fortwährender Materialabbau, um so mehr als für das Oberteil Stahlguß verwendet war. Allerdings war dieser Vorgang weiter nicht von Belang; denn die Rippen beteiligten sich an der Kraftübertragung nach dem Vorhergesagten ohnedies nicht und ein gewisser Kurzschluß in der ringförmigen Wasserdurchführung wurde ohne Schaden für die Kühlwirkung durch das Planschen der Füllung wett gemacht. — Da der ganze Aufbau etwas kompliziert war, wurde diese Konstruktion ebenso wie die vorher erwähnte Sulzerkonstruktion frühzeitig zugunsten *rippenloser* geschmiedeter Kolben verlassen.

Beim geschmiedeten Stahl blieb es dann fast durchweg, wenngleich er gegen Korrosionen wasserberührter Wände und gegen den Verschleiß in den Ringnuten nicht sehr widerstandsfähig war. Nur die Fiatmotoren blieben beim Stahlgußkolben, und die Form der Kolben doppeltwirkender MAN-Motoren erforderten solche in gleicher Weise. Der Stahlguß hatte ebenfalls die geschilderten Nachteile. Geschmiedete wie gegossene Stahlkolben hatten jedoch den großen Vorteil, daß die Korrosionsschäden und die Abnützung in den Nuten weitgehend durch Schweißung behoben werden konnten, neben dem Vorzug größerer Festigkeit, und beim geschmiedeten Stahl außerdem denjenigen völliger Gleichmäßigkeit.

Die Festigkeit erlaubte im Interesse der Wärmespannungen eine geringe Dicke des Bodens, und diese war an älteren Konstruktionen bis außen durchgeführt (Abb. 80). Selbst der zylindrische Mantelteil war dünn gehalten, um die Kolbenringe gut zu kühlen. Diese Maßnahme war angesichts der schlecht gekühlten Zylindereinsätze gewisser älterer Konstruktionen sehr angebracht. Bei den gut gekühlten Zylindereinsätzen neuerer Motoren wurden Kolbenformen gewählt, deren Wände augenscheinlich zum Vorteil der Kolbenkühlung bei langsamer Drehzahl (ohne Planschen!) für eine Wärmeableitung aus dem Kolbenboden über den zylindrischen Kolbenmantel gestaltet waren (wie bei ungekühlten Kolben) — vgl. die Abb. 83—86. — War der Kolbenboden zum Schutz gegen das Auftreffen der Brennstoffstrahlen gegen die Zylinderwand am Rande besonders stark hochgezogen, so trat dort nicht selten eine Rißbildung auf, welcher durch Einschlitzen des Umfangs begegnet werden mußte. — Veranlassung zum Übergang auf einen stärkeren Mantel im Bereich der Ringe war nicht zuletzt die durch die Ausdehnung der Bodenscheibe erzwungene starke Verformung *dünner* zylindrischer Mäntel (Nebenskizze Abb. 80). Eine solche, die wasserberührte Seite unter heftige Zugspannungen setzende Verformung begünstigte im Inneren die Korrosionen dermaßen, daß regelrechte Ringkerben entstanden, die dann gelegentlich zum völligen Bruch nach den benachbarten Ringnuten zu führten. Als letzter Anlaß für das Eintreten des dermaßen durch Kerben vorbereiteten Bruches brauchten nur noch die ungünstigen Kühlverhältnisse im Kolben bei langsamer Fahrtstufe hinzuzukommen, wo das Planschen aufhörte und der obere Teil des Kolbens ohne Wasserberührung blieb. Es ereignete sich nicht selten, daß man bei Überholungen von solchen älteren Motoren den losgeplatzten Kolbenboden abhob, wenn man den Kolben ausbauen wollte. Sofern man nicht annimmt, daß der Bruch im letzten Augenblick bei langsamster Fahrt eingetreten sei, so war der vielleicht schon einige Zeit abgeplatzte Boden vermutlich im Betrieb durch den dauernden Druck von oben haften geblieben.

Hinsichtlich der Öffnung im unteren Auflageflansch des Kolbenoberteils waren zwei verschiedene Ausführungen bis zuletzt vertreten: eine weite Öffnung mit großem Einsatz (GW, Abb. 83, 84) und eine engere mit einem einfachen Verschlußdeckel (MAN und neuere Sulzermotoren, Abb. 85, 86, 5). Die größere Öffnung erleichterte die Bearbeitung des Kühlraumes, also das Ausdrehen bei der Herstellung und das Ausschweißen bei späteren Reparaturen. Der Kolbenstangenflansch mußte freilich verhältnismäßig weit ausladen. — Die kleinere Öffnung gestattete kleinere Abschlußdeckel und kleinere Kolbenstangenflanschen, war allerdings für die Bearbeitung unzweckmäßiger.

Je nach der Ausführung des Kolbenoberteiles und des Kolbenstangenendes atmete die Berührungsfuge zwischen Kolben und Kolbenstange unter den periodischen Belastungsschwankungen mehr oder weniger, und da in ihrem Bereich stets Öldampf und Schwitzwasser waren, und zu ihr evtl. auch Verbrennungsgase gelangen konnten, wurde sie durch die zerstörende Wirkung der in den atmenden Spalt eindringenden Flüssigkeit laufend angegriffen. Man fand besonders bei der Überholung älterer Motoren immer wieder

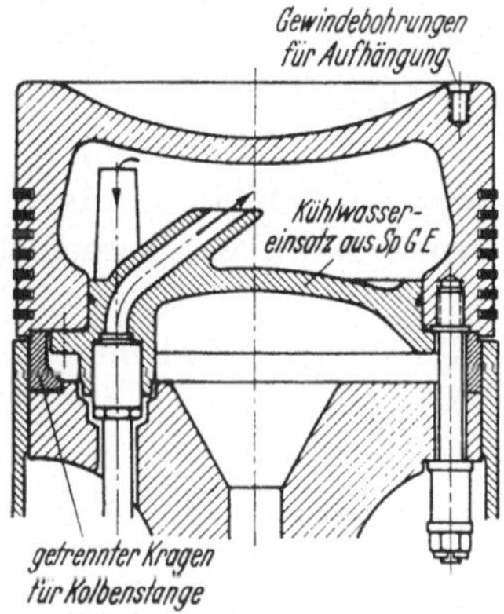

Abb. 83. GW-Stahlkolben der „F. H. Bedford"-Klasse. Beachte den großen Abstand des obersten Kolbenringes von Kolbenoberkante!

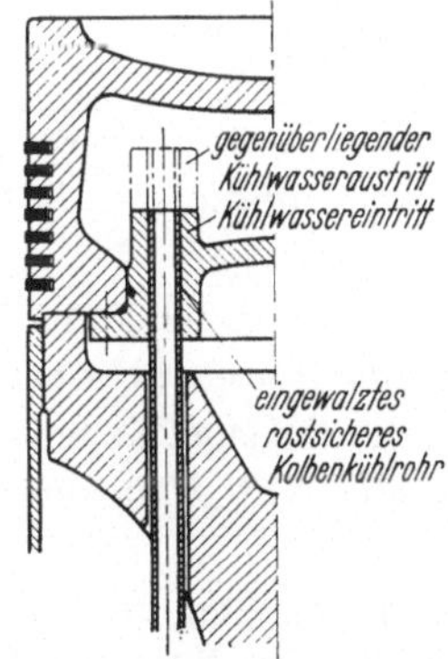

Abb. 84. Neue GW-Konstruktion. Mit großem Kühlwasser-Einsatz aus SpGE, in welchen die oberen Enden der Kolbenkühlrohre (nichtrostender Stahl) eingewalzt sind.

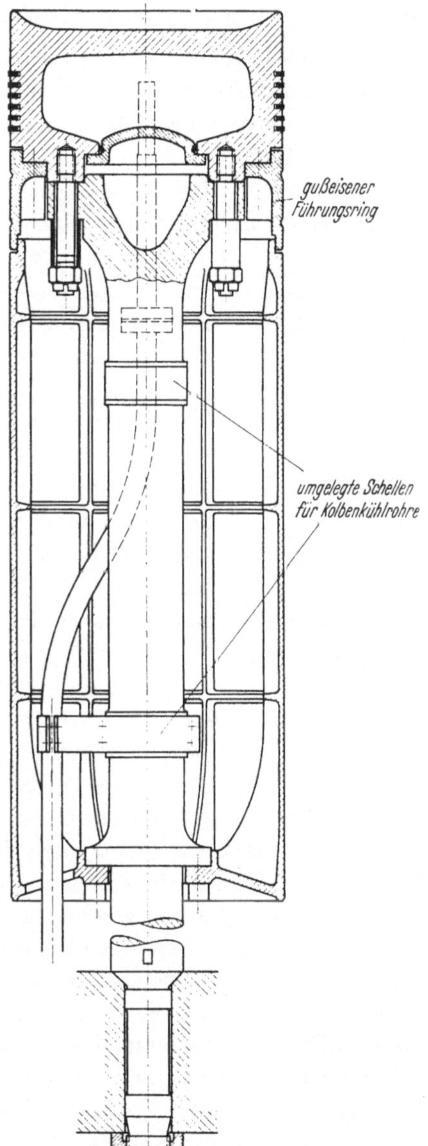

Abb. 85. MAN-Kolben für „Friedrich Breme"-Motor. Stahl-Oberteil mit kleiner Öffnung im Auflageflansch; Verbindung des Kolbenunterteiles mit der Kolbenstange am unteren Ende; breiter GE-Führungsring unterhalb des Kolbenoberteils. Beachte Halterung der Kolbenkühlrohre!

Pockennarben an den Auflagen, die natürlich bei stärkerem Ausmaß durch Überdrehen beseitigt werden mußten. — Fiat bekämpfte diese Störung wirksam durch Einlegen eines 0,5 mm starken Kupferbleches (das von Zeit zu Zeit ausgeglüht werden mußte). Auch bei anderen Konstruktionen erwies sich diese Maßnahme als sehr wirksam und wurde deswegen lebhaft begrüßt, weil z. B. am Kolbenoberteil vor dem Überdrehen der Auflage erschwerenderweise die Stiftschrauben herausgedreht werden mußten. —

Ein solches Blech konnte allerdings selbst beim Zweitakt nicht überall und beliebig angewandt werden, wie später noch besprochen wird.

Das Atmen, der durch die Narbenbildung bedingte Materialabbau und die Kupferbeilage erforderten für die Verbindung des Oberteiles mit der Kolbenstange lange Dehnschrauben. Als Muttern wurden stets Kronenmuttern angewandt, die bei einigen Konstruktionen mittels gemeinschaftlichen Drahtes gesichert wurden.

Die Abbildungen zeigen hinsichtlich Anordnung und Bemessung der Kolbenringe grundsätzliche Unterschiede zwischen alten und neueren Konstruktionen. Saßen früher bis zu 8 beinahe quadratische Ringe hoch oben (bei 600 mm Zyl.-Durchmesser oft nur 60 mm unter dem Kolbenrand), so saß bei neueren Konstruktionen der erste Ring (Anzahl höchstens 6) in flachrechteckiger Ausführung mindestens 120 mm von oben, so daß er im oberen Totpunkt wirklich dem heißen Bereich des Zylindereinsatzes entzogen war.

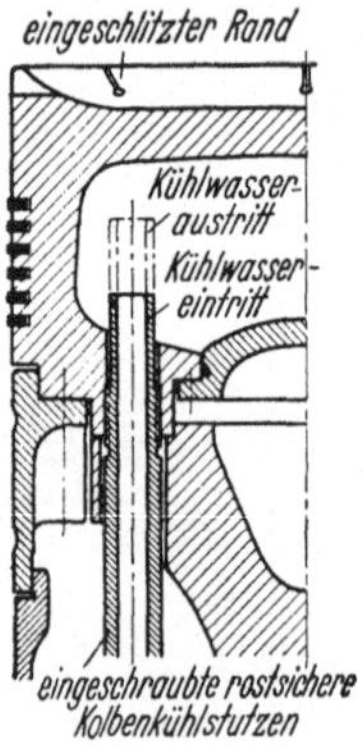

Abb. 86. Detail zu Abb. 85. Schlitze am schlecht gekühlten äußersten Kolbenrand zur Verhinderung von Einrissen.

Die rasche Abnützung der Ringnuten, vor allem der oberen, als unerwünschte Folge der *Stahl*kolben, steigerte sich durch die Einflüsse, welche bereits bei der Zylinderabnützung aufgezählt wurden. Auch hier machte sich ein hoher Schwefelgehalt des Brennstoffes besonders unangenehm bemerkbar. In ungünstigen Fällen fand man nach 2 Jahren die oberste Ringnut um 1 mm, — also um das Doppelte des zulässig erachteten Maßes, — ausgeschlagen, genauer gesagt: auf der dem Verbrennungsraum abgelegenen Auflage abgenützt. Die unteren Nuten wurden natürlich weniger, u. U. gar nicht beeinträchtigt. Bis zu einem gewissen Grad konnte dieser Schaden durch Anwendung stärkerer Ringe nach dem Egalisieren der Nuten behoben werden. Wurden solche Ersatzringe aber zu hoch, so mußten die Auflageflächen der Nuten elektrisch aufgeschweißt werden; besonders verschlissene Nuten wurden gelegentlich ganz dicht geschweißt und neu eingedreht.

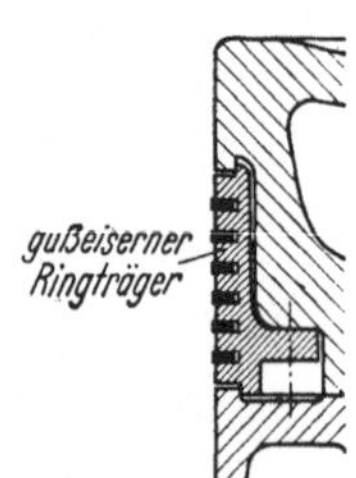

Abb. 87. Gußeiserner Ringträger für Stahlkolben zum Schutz gegen Ausschlagen der Kolbenringnuten.

Versuchsweise wurden, um diese Schwierigkeiten zu umgehen, gußeiserne Ringträger (entsprechend dem Junkring bei Dampfmaschinenkolben) nach Abb. 87 auf Stahlkolben aufgesetzt. Diese Ringträger konnten aber, wenn sie stramm aufgezogen waren, nicht stark genug ausgeführt werden, um den Verformungen des Kolbens standzuhalten. Aber auch ein Spalt zwischen Ringträger und Kolbenkörper brachte keine Abhilfe. Er verschmutzte allmählich, und die Ringträger wurden schließlich doch gesprengt.

Weitere Einzelheiten über Zahl und Form der Ringe, deren Abstand untereinander u. dgl. sind im Kapitel „Kolbenringe" wiedergegeben.

Aus dem Kapitel „Kolbenkühlung" sei hier vorweggenommen, daß die erörterten Motoren zunächst ausschließlich mit Seewasser gekühlt wurden. Frischwasser wurde erstmalig für die doppeltwirkenden Zweitaktmotoren aus Rücksicht auf die Kolbenstangen angewandt, später dann auch für die einfachwirkenden Zweitaktmotoren. Veranlassung dazu war nicht etwa die Verschmutzung des Kühlraumes im Kolben; denn eine solche trat auch bei Seewasser höchstens in den äußersten

Ecken und dort nur sehr mäßig auf. Das Planschen der Wasserfüllung und die dauernde Verformung ließen einen Belag einfach nicht zustandekommen. Das Frischwasser war aber weniger lufthaltig und daher unschädlicher im Hinblick auf Korrosionen, und es konnte zudem im geschlossenen Kreislauf durch Zusatzmittel weiter verbessert werden.

Das Planschen des Wassers war auch für die Kühlwirkung wertvoller als seine umständliche Wasserführung am Boden entlang. Es benötigte keinen zentralen Wasserzutritt und ermöglichte Eintritt wie Austritt am Rand, wie dies schon bei älteren Sulzerkonstruktionen in richtiger Einschätzung der Planschwirkung verwirklicht war (Abb. 81). Im Laufe der Jahre wurde diese Anordnung der Kühlstutzen allgemein, wobei zur Aufrechterhaltung einer großen Wasserfüllung der Austrittsstutzen möglichst hoch geführt wurde.

Im Bereich der Kühlrohrmündungen traten im Wasserraum örtliche Anfressungen ein, bei Seewasser stärker als bei Frischwasser; sie mußten natürlich rechtzeitig ausgeschweißt werden.

Der Versuch, den Wasserraum durch Verzinken oder Verbleien gegen Korrosionen zu schützen, gelang nur bei den Viertaktmotoren, deren Wärmebelastung geringer war. — Auch diese Kolben (Abb. 117 — Baujahr 1923) waren übrigens bereits Stahlkolben, die sich natürlich festigkeitsmäßig bestens bewährten. — In bezug auf die Abdichtung war es freilich anders; selbst mit 9 Ringen schlugen sie nur zu leicht durch. Die Ursache ist schon im Kapitel „Zylindereinsätze“ aufgezeigt worden; sie wirkte sich ebenso ungünstig auf den Verschleiß in den Ringnuten wie auf denjenigen der Ringe selbst aus.

Für die Aufhängung des Kolbens zum Ein- und Ausbau waren häufig Gewindelöcher (natürlich an den Rändern gut abgerundet) für Augbolzen oder Laschen vorgesehen. Sie stellten mit dem feuerberührten Gewinde und den verschmutzenden Löchern keine besonders glückliche konstruktive Lösung dar, waren aber bequemer als z. B. umgelegte Schellen, welche mit einem umlaufenden Vorsprung in die obersten Ringnute griffen; denn um diese anbringen zu können, mußte der Kolben nach Lösen der Verbindung mit dem Kreuzkopf unter Zwischenlage eines Holzklotzes über den oberen Rand des Zylindereinsatzes herausgedreht werden. — In dieser Hinsicht war die Deckelkonstruktion der MAN sehr zweckmäßig; denn hier ragte das Kolbenoberteil nach Abbau des Deckels bereits so weit aus dem Zylinder heraus, daß man eine Schelle in zwei Paaren von seitlichen Einfräsungen am Kolbenoberteil befestigen konnte.

Das Kolben-Unterteil der einfachwirkenden Zweitaktmotoren (auch Kolbenhemd genannt) erreichte eine recht beträchtliche Länge. So betrug sie bei der Ausführung nach Abb. 85 das $2\frac{1}{2}$fache des Durchmessers. Um bei diesen Abmessungen das Gewicht in erträglichen Grenzen zu halten, wurde die Wandstärke möglichst gering gehalten und die erforderliche Steifigkeit gegen Verziehen durch entsprechende Verrippung erzielt.

Die Verbindung mit dem Kolbenoberteil bzw. der Kolbenstange erfolgte entweder am oberen oder am unteren Ende (Abb. 81 und 82 bzw. Abb. 80, 83—86, 88 und 89), wobei das freie Ende eine Ausdehnungsmöglichkeit gewähren mußte. Die Befestigung am unteren Ende hatte den Vorzug, daß die Verbindungsschrauben von dem Oberteil mit der Kolbenstange sowie alle Verbindungen für die Kolbenkühlung bequem und einwandfrei vor dem Anbringen des Unterteiles hergestellt werden konnten. Bei der Ausführung nach Abb. 81 mußten diese Arbeiten an dem auf dem Kopf stehenden Kolben mühsam über den unteren Rand des Unterteiles hinweg vorgenommen werden. Die ältere Konstruktion nach Abb. 82 sollte die zuletzt genannten Schwierigkeiten umgehen. Sie hatte aber den Nachteil, daß die Stiftschrauben für die Verbindung zwischen Oberteil und Unterteil mit Rücksicht auf die Baulänge nur verhältnismäßig kurz gehalten werden konnten. Die Nischen für die Muttern durften ja nicht in den Bereich der Abdichtungsringe in der Laterne kommen. Die kurzen Schrauben rissen daher bei den unvermeidlichen Bewegungen, weshalb sich diese Ausführung nicht einführen konnte.

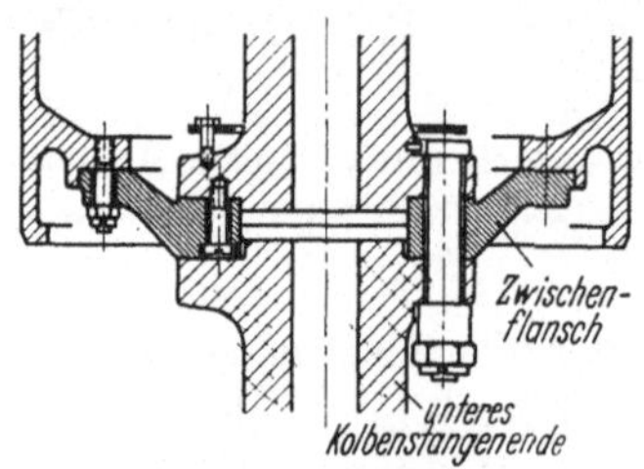

Abb. 88. Befestigung des Unterteils mit der Kolbenstange bei den Kolben der „F. H. Bedford"-Klasse. Beachte die zahlreichen Berührungsfugen!

Das Kolbenunterteil nahm eigentlich an der Kraftübertragung in keinem Falle teil. Trotzdem verursachten der ständige Wechsel in der Richtung des Gleitbahndruckes, die quer gerichteten Auspuff- und Spülströmungen, die Ungenauigkeiten bei der Montierung und die Abnützung der Zylindereinsätze und Gleitschuhe im Laufe des Betriebes einen fortgesetzten Zwang und Drang zwischen Kolbenunterteil und Kolbenstange und damit ein dauerndes Atmen der Auflagestellen. Durch das Vorhandensein von Schwitzwasser und Öldämpfen traten daher auch hier die zerstörenden Kapillarwirkungen in allen Fugen auf. Es hieß also auch hier die Fugen auf ein Mindestmaß beschränken, wie dies in Abb. 85 geschehen ist, und weitgehend Schrauben mit großer Dehnlänge anwenden. — Eine Ausführung nach Abb. 88 mußte von diesem Gesichtspunkt als sehr unzweckmäßig bezeichnet werden. An Stelle einer Trennfuge mit 2 Berührungsflächen sind es deren drei mit 6 Berührungsflächen, die also von Zeit zu Zeit überdreht werden mußten und diese Zahl vermehrte sich auf vier bzw. 8, als nach mehrjährigem Betrieb die Dicke des Kompressionsbleches am Treibstangenfuß nicht mehr erhöht werden konnte und daher eine Beilagscheibe an der Verbindung des Unterteils mit der Kolbenstange eingefügt wurde, um zur Wiederherstellung des richtigen Kompressionsraumes die Kolbenlänge möglichst dem Ursprungsmaß anzugleichen. — Die Behebung der Schäden war so kostspielig, daß man sich bei ein paar Anlagen zu einer radikalen, allerdings nur beim einfachwirkenden Zweitakt möglichen Abhilfe nach Abb. 89 entschloß; man tat dies um so lieber, als auch die ursprüngliche Verbindung der Kolbenstange mit dem Kreuzkopf zu wünschen übrig ließ (vgl. das Kapitel „Kolbenstange"). — Der Versuch, an der ursprünglichen Ausführung durch Einlegen von Kupferblechen in die verschiedenen Fugen Abhilfe zu schaffen, mißlang bei deren Vielzahl. Er führte eher zu vermehrtem Brechen von Verbindungsschrauben, die allerdings in ihrer unzureichenden Länge beibehalten worden waren.

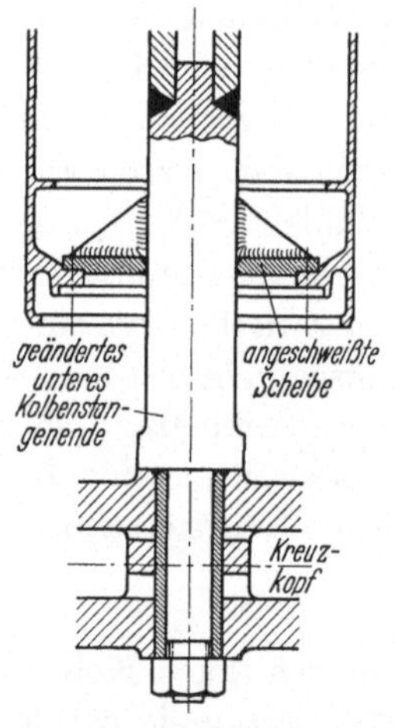

Abb. 89. Behelfsmäßige Änderung für die Konstruktion nach Abb. 88.

Ganz allgemein zog man, da die mehrmals nachgedrehten Flanschen auch eingerissen bzw. gebrochen waren, daraus die Lehre, daß an solch gefährdeten Stellen reichliche Flanschstärke vorgeschrieben werden mußte, die auch mehrmals nachgedreht noch die erforderliche Festigkeit besaß.

Das Unterteil mußte wegen der Abnützung im Triebwerk ein ziemlich reichliches Spiel im Zylindereinsatz erhalten. Es betrug bei den besprochenen Motoren 1 mm im Durchmesser oder wenig darunter. Wegen der Verbindung mit der Kolbenstange und deren Verbindung mit dem Kreuzkopf war ein so großes Spiel un-

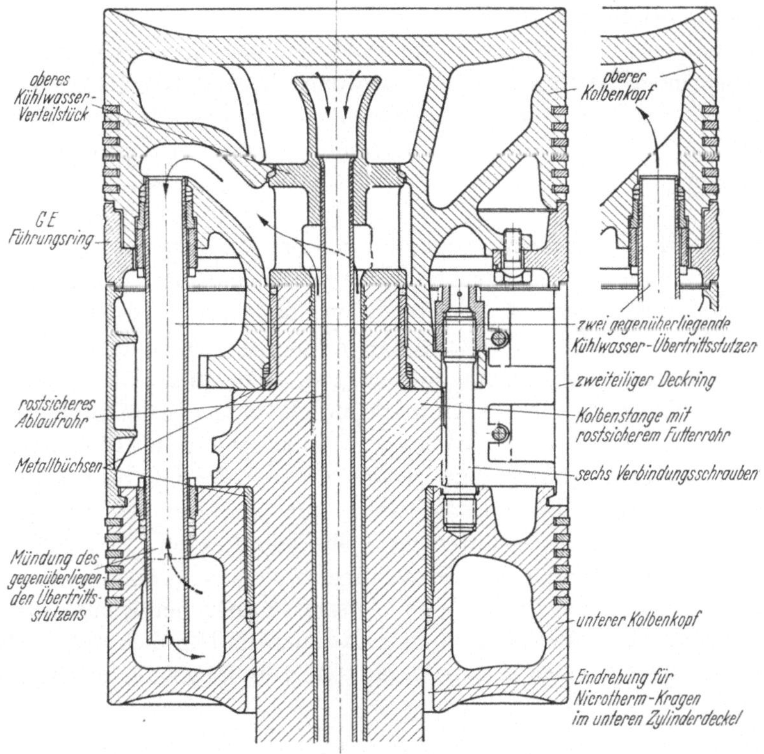

Abb. 90. MAN-Kolben für doppeltwirkende Zweitaktmotoren.
Oberer und unterer Kolbenkopf aus Stahlguß, Führungsring und zweiteiliger Deckring aus Gußeisen.

erwünscht; denn der Kolben wechselte die Lauffläche unter dem Wechsel des Gleitbahndruckes und unter dem seitlichen Drang von Auspuff und Spülung. Nicht selten machte sich im Bereich des unteren Totpunktes unter diesen Einflüssen ein deutliches Klopfen bemerkbar.

Schon die älteren Sulzermotoren hatten daher am oberen Ende des Unterteiles einen Ring eingestemmt, der zur Erzielung besonders guter Lauffähigkeit aus einer Legierung von Kupfer und Blei bestand. Mit 0,6 mm Spiel im Durchmesser nützte er sich indessen rasch ab und erfüllte dann die ihm zugedachte Aufgabe nicht mehr. An den neueren MAN-Motoren waren demgegenüber breite gußeiserne Ringe, oben und unten schlank angeschrägt und mit rundherumlaufenden Ölnuten, vorgesehen. Erstmals zeigten die doppeltwirkenden Motoren solche

Ringe; denn diese besaßen, wie die Abb. 90 zeigt, zwischen den Kolbenköpfen ein Mittelstück, das nur als Verschalung anzusprechen ist, aber nicht als Führung dienen konnte. Bei den guten Erfahrungen mit solchen Führungsringen wurden diese auch für die neueren einfachwirkenden Zweitaktmotoren übernommen (Abb. 85), obwohl sie die Bauhöhe vergrößerten. (Sie durften im unteren Totpunkt ja nicht in den Bereich der Laternen-Abdichtung kommen). Ihr Spiel betrug im Durchmesser rd. $1^0/_{00}$. — Solche Führungsringe ließen sich leichter in einem richtigen Schmierzustand erhalten und bargen daher auch nicht die Gefahr des Fressens wie die langen Unterteile, die sich trotz steifer Verrippung und Ausglühung der Gußspannungen nur zu leicht verzogen und dann alle Voraussetzungen zur Steigerung der Störung boten.

Unterteile, die gefressen hatten, weiter verwendbar zu machen, war nur durch Überschleifen möglich; durch die außergewöhnlich harte Oberfläche im Bereich der Freßstellen blieb ihre Verwendung immer ein gewisses Risiko. Vielfach bildeten sich an der Freßstelle Risse, und damit erübrigte sich in dieser Hinsicht jede Überlegung.

Die Kolben der doppeltwirkenden Motoren der MAN, deren Ausführung mit geringfügigen Abweichungen der Abb. 90 entsprach, waren schon in jeder Hinsicht bestens durchkonstruiert. Der obere und der untere „Kolbenkopf" waren Stahlgußausführung. Hiervon bedurften nur einige untere Kolbenköpfe der Auswechslung, aber nur eines Sonderfalles wegen. Sie waren nämlich im inneren zylindrischen Mantelteil noch dünnwandiger als in der Abbildung dargestellt und wurden zu schwach, als der nachträglich zum Schutz der Kolbenstange vorgesehene hochhitzebeständige Kragen des unteren Zylinderdeckels eine Eindrehung verlangte. An dieser Stelle rissen dann unter der bei Erwärmung auftretenden Zugspannung die betreffenden Kolbenköpfe durch. Die in diesem Bereich ordnungsgemäß verstärkten Ersatzkolbenköpfe hielten ohne weiteres stand. (Auch der Verschleiß der Ringnuten hielt sich in sehr mäßigen Grenzen, was nicht zuletzt darauf zurückzuführen war, daß man im Hinblick auf die Kolbenstangenabnützung nur einen sehr beschränkten Schwefelgehalt des Brennstoffes zuließ.)

10. Kolbenringe.

Neben der Zahl und Anordnung der Ringe — wovon bereits die Rede war — unterschieden sich alte und neuere Konstruktionen noch in der Ring*form*, in der Ausbildung des *Schlosses* und hinsichtlich der *Arretierung*.

Am schwierigsten ist der Verschleiß zu beherrschen. Festigkeitsmäßig liegen die Verhältnisse einfacher. Das Überstreifen beim Einbau stellt die größte Anforderung an die Festigkeit des Ringes und bestimmt die größtzulässige Ringbreite zu etwa $^1/_{27}$ des Außendurchmessers. (Die neueren Ringe der besprochenen Motoren mußten beim Einbau um rund 100 mm am Schloß gespreizt werden!) — Die Beanspruchung bei laufendem Motor, die aus einer Biegespannung mit übergelagerter Wechselspannung infolge der Federung besteht, ist im Vergleich dazu gering, selbst wenn die Federung — bei einer Zylinderabnützung von 5 mm im Durchmesser — rund 15 mm (gemessen am Schloß) beträgt. Schon im neuen Zustand atmet übrigens der Schloßspalt (der bei kaltem Motor 1 mm beträgt), weil sich der

Zylindereinsatz im oberen Teil durch die Erwärmung leicht kelchförmig erweitert. — Abnormale Beanspruchungen und häufige Bruchursachen sind: Klemmen der Ringe in den Nuten, Behinderung durch unzweckmäßige Arretierungen, oder Schläge beim Passieren unrichtig gestalteter Schlitzränder.

Beim Ringverschleiß an der Lauffläche (der natürlich in der Nähe des Schlosses die größten Werte erreicht), ist die Vorspannung des federnden Ringes selber mit ihren 0,25—0,35 kg/cm² am wenigsten beteiligt. Den stärksten Anteil übt der Gasdruck aus, der durch das Schloß und den über dem Ring rundherum laufenden Nutspalt hinter den Ring treten kann. Ring und Nut (wie im vorigen Kapitel beschrieben) nützen sich ja allmählich in der Höhe ab, vor allem beim einfachwirkenden Zweitakt und Stahlkolben, so daß sich der dem Brennraum zugekehrte Spalt über dem Ring vergrößert. — Der oberste Ring ist offensichtlich den ungünstigsten Bedingungen unterworfen; er arbeitet im höchsten Temperaturbereich des Zylindereinsatzes, wo auch die Schmierbedingungen am schlechtesten sind. — Wie kraß an diesem die Verhältnisse werden können, möge Abb. 91 veranschaulichen, wo bei einem durch Montage oder Gleitbahndruck einseitig anliegenden kalten Kolben an dem gerade ungünstig liegenden Schloß dem Gasdruck ein Spalt von 5 mm Breite und 20 mm Länge, also von 100 mm² Querschnitt freigegeben ist. Dabei ist die durchaus nicht seltene Abnützung von 5 mm im Durchmesser des Zylindereinsatzes und von 1,5 mm in der Ringbreite angenommen. Der kalte Zustand, besonders die ersten Manöver, sind also auch hier wegen des kleineren Durchmessers des kalten Kolbens am nachteiligsten; zudem ist beim ersten Anfahren häufig der Schmierzustand und noch nicht vollwertig, und die langsame Drehzahl läßt den Leckagen so recht Zeit zur Auswirkung. — Die sonstigen für die Abnützung nachteiligen allgemeinen Betriebsbedingungen brauchen hier wohl nicht mehr wiederholt zu werden.

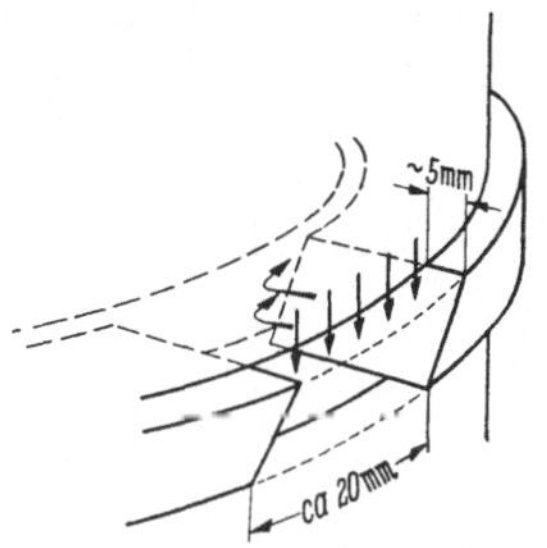

Abb. 91. Abnormaler Schloßspalt, wie er an oberen Ringen bei einseitig anliegendem Kolben und stark abgenütztem Ring und Zylindereinsatz in kaltem Zustand entstehen kann.

Die Erneuerung der Kolbenringe stellte den Hauptteil der regelmäßigen Arbeiten am Triebwerk dar. Indessen durfte keinesfalls versucht werden, hier etwa auf Kosten der teueren Zylindereinsätze zu sparen. Als einfachste Meßgröße zum Beurteilen der richtigen Werkstoffeigenschaften benützte man die *Brinellhärte* und schrieb 180—200 Härtegrade für den Zylindereinsatz gegenüber 150—160 für die Kolbenringe vor. Im allgemeinen befriedigte dieses Verfahren. — Eine weitere Gewähr für die Erfüllung der notwendigen Bedingungen lag in dem Bezug der Ringe durch Spezialfirmen bzw. durch die Erbauer (bei Ersatzlieferung von Ringen und Zylindereinsätzen). — In allen Fällen bewährte sich ein feinkörniges, zähes Gußeisen mit perlitischem Gefüge am besten.

Der Zweitakt stellt auch für die Ringe in jeder Hinsicht die höheren Ansprüche. Was den Verschleiß in der Höhe betrifft, so überwiegen hier im Wettstreit der Gasdrücke, der Massenkräfte und der Reibungskräfte bei den oberen Ringen immer die Gasdrücke, so daß wohl nur die untersten Ringe die Möglichkeit haben, sich abzuheben und dem Schmiermittel rundum Zutritt zu gewähren.

Die große Ringhöhe alter Ausführungen, die bis zu 18 mm betrug, ergab sich zwangläufig aus dem überlappten Schloß (Abb. 92). Für eine Zylinderabnutzung von 5 mm und einen Ringverschleiß von 1,5 mm mußte z. B. das Maß „a“ über 20 mm betragen, und solch lange Lappen mußten entsprechend kräftig sein. Sie brachen trotzdem oft genug, besonders wenn eine Arretierung eine weitere Vergrößerung von „a“ verlangte (Abb. 93). (Die Ringbruchstücke fanden sich dann bei Überholungen immer wieder im Auspufftopf.) Ein überlapptes Ringschloß erhöhte natürlich die Drosselwirkung. Wenn dies aber mit größerer Ringhöhe, also mit vermehrter Reibung und Abnützung des Zylindereinsatzes erkauft werden mußte und trotzdem die Gefahr eines Bruches bestand, bei dem sich ein unvorhergesehen großer Querschnitt für den Durchtritt der Gase öffnete, dann war es besser, auf einfache Formen des Schlosses überzugehen, welche niedrigere Ringe

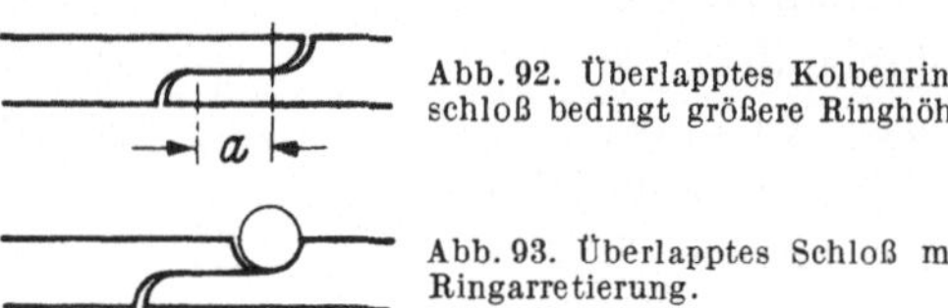

Abb. 92. Überlapptes Kolbenringschloß bedingt größere Ringhöhe.

Abb. 93. Überlapptes Schloß mit Ringarretierung.

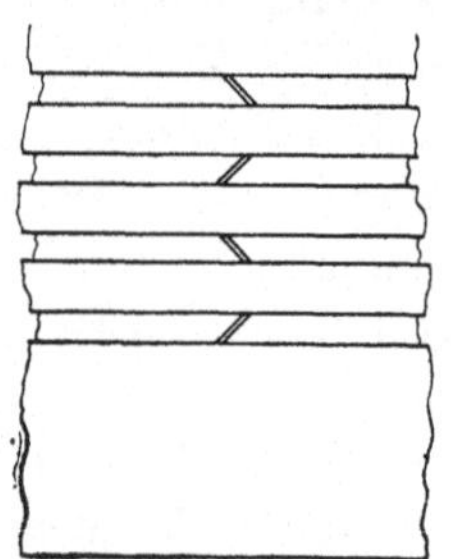

Abb. 94. Anordnung schräg geschlitzter, nicht arretierter Kolbenringe. Versetzung von Ring zu Ring möglichst um 180°.

zuließen. So ging man im eigenen Betrieb wie fast allgemein auf *schräg geschlitzte* Ringe zurück, deren Schlösser man zur besseren Abdichtung nach Abb. 94 gegenseitig versetzte.

Einen völligen Abschluß am Schloß strebte eine Konstruktion der GW bei einem älteren Motorentyp nach Abb. 95 an, wo über einen schrägen Schlitz ein winkelförmiges Messingstück gesetzt war. Im neuen Zustand der Ringe und der Zylindereinsätze bewährte sich diese Ausführung recht gut und verzögerte begreiflicherweise den Verschleiß. Mit fortschreitender Abnützung hielten aber die Messinglappen nicht stand und führten auch zum Bruch der Ringe selbst.

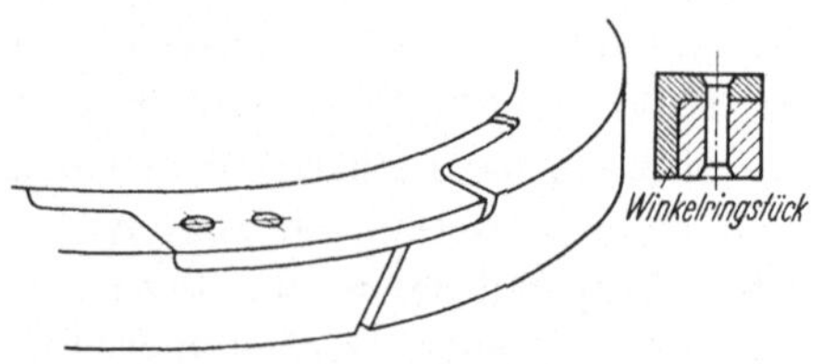

Abb. 95. Doppelschloß bezweckte völligen Abschluß.

Nach dem Übergang auf das einfache Ringschloß verfiel man mit der Ringhöhe gerne ins andere Extrem und benützte sogar Ringe von nur 6 und 7 mm Höhe. Solch niedrige Ringe wurden bei reichlicher Breite (vgl. später) aber leicht uneben, wenn sie übergestreift wurden, und verlangten daher ein größeres Spiel in der Nut, um Klemmen zu verhüten. Damit wurde aber dem Gasdruck der Weg hinter den Ring erleichtert und somit durch höheren Anpreßdruck verschlechtert, was die geringere Ringhöhe nützen sollte. Schließlich ging man bei Motoren von solcher Größe nicht unter 8 mm; im eigenen Betrieb hielt man sogar an 10—12 mm fest. Das größte Maß mußte jedenfalls dort angewandt werden, wo man wegen sehr breiter Spül- und Auspuffschlitze zu einer *Arretierung* gezwungen war.

Ursprünglich hielt man eine Ringarretierung sogar beim Viertakt für wünschenswert, um nämlich ein selbsttätiges Übereinanderstellen der Schlösser zu verhindern. In dem ebengenannten Fall beim Zweitaktmotor wurden die Schlösser natürlich gegeneinander versetzt und so angeordnet, daß sie keine Schlitze passierten. Bei kleineren Schlitzbreiten der Motoren konnte man aber getrost auf eine Arretierung verzichten, wenn man die Ringenden nach Abb. 96 zurückfeilte und die Schlitzränder gut abrundete bzw. nach Abb. 59 ausschrägte. Die Befürchtung, ohne Arretierung könnten sich die Schlösser übereinanderstellen und dadurch das Durchpfeifen von Gasen ermöglichen, hat sich nach zahllosen eigenen Beobachtungen und den Wahrnehmungen des Personals nur in ganz vereinzelten Fällen bewahrheitet.

Arretierstifte mußten in den Nuten *oben* liegen und nach Abb. 97 ausgebildet sein, wenn sie nicht zu umgehen waren. Sie mußten also bis nach außen durchgehen, mit nicht zu tiefem, feinem Gewinde eingesetzt und durch Punktschweißung oder durch Körnerschlag gesichert sein. Versenkte Stifte abseits des Schlosses nach Abb. 98 waren wegen der Schwächung des Ringquerschnittes unzweckmäßig.

Abb. 96. Zurückgefeilte Enden nicht arretierter Ringe von Zweitaktmotoren.

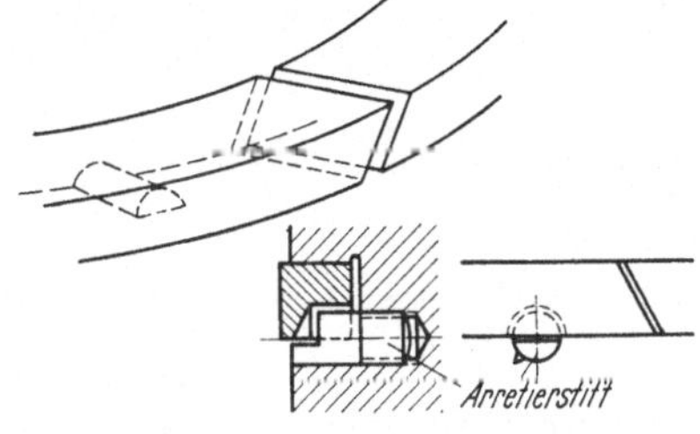

Abb. 98. Versenkte Arretierstifte schwächen die Ringe.
Sie konnten an alten, schmalen Ringen bei starkem Verschleiß und einseitiger Kolbenlage dazu führen, daß der Ring aus der Arretierung sprang und klemmte.

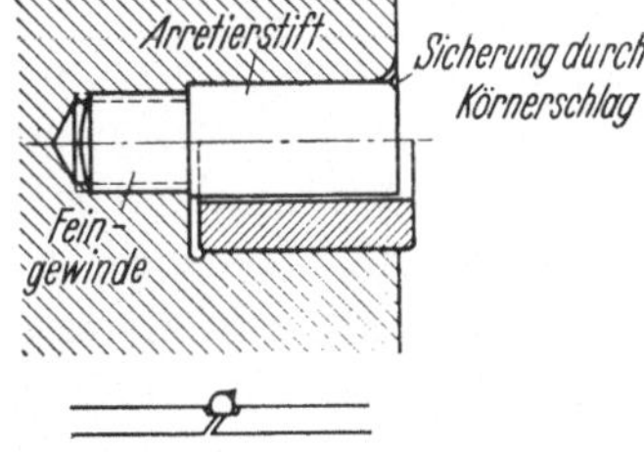

Abb. 97. Richtige Anordnung und Ausbildung von Arretierstiften.

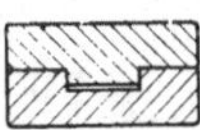

Abb. 99—100. Versuchsweise angewandte Doppelringe.
Beide Teile im versetztem Schloß gegeneinander arretiert; bei der Ausführung mit dem Winkelring liegt der kleine Ring natürlich außen.

Bei den ungünstigen Bedingungen, unter welchen vor allem beim Zweitakt die Ringe in ihren Nuten arbeiten, konnte die ebene Auflagefläche gar nicht reichlich genug gehalten werden. Ein radial breiter Ring verliert ja auch langsamer die Eigenspannung und eckt nicht so leicht in der Nut. Die Grenze zieht hier die erwähnte Rücksicht auf das Überstreifen.

Über die Verwendung von Ersatzringen mit größerer Höhe zum Ausgleich der Abnützung wurde bereits im vorigen Kapitel gesprochen. Die Abstände zwischen den einzelnen Ringnuten durften beim *neuen* Kolben nicht zu klein sein, damit die Stege zwischen den Ringen beim späteren Nachstechen nicht unzulässig dünn wurden.

Es hat natürlich nicht an Versuchen gefehlt, die hergebrachten Ringkonstruktionen zu verbessern. Die Abb. 99 und 100 zeigen zwei Spezialausführungen, die u. a. im eigenen Betrieb erprobt wurden: eine kammerartige Form mit Federung beider Teile und eine Konstruktion mit zwei flachen, durch Feder und Nut zusammengehaltenen Ringen. In beiden Fällen waren die Teile mit versetzten Schlössern gegeneinander arretiert. Genau besehen stellen beide Ausführungen eine Kombination zweier gewöhnlicher Ringe in einer Nut dar; sie hätten einen Vorteil dargestellt, wenn die ursprünglich vorgesehenen Nuthöhen hätten beibehalten werden können. Allzu flache Ringe verzogen sich beim Einbau. Wenn aber schließlich auf normale Höhe der Einzelringe gegangen werden mußte, dann war kein Vorteil mehr einzusehen. Im eigenen Betrieb wurden daher solche Versuche nicht fortgeführt.

Dagegen wurden jahrelang die Bemühungen um einen brauchbaren *Verschleißring* fortgesetzt, welcher bei den Stahlkolben den Verschleiß in der Ringnute verringern sollte. Aus einem hochwertigen Spezialgußeisen hergestellt, versagten diese nach Abb. 101 gestalteten Ringe zunächst, weil sie, z. T. wegen der schwachen Stege am Kolben zwischen den Ringen, nur 3—4 mm stark ausgeführt waren. Sie verzogen sich beim Einbau, erforderten daher ein größeres Ringspiel oder führten zum Klemmen der Kolbenringe. Erst als man sie etwa 8 mm stark machte, wurden sie zur erwünschten Verbesserung. Neukonstruktionen wurden dann immer so vorgeschrieben, daß die Stege zwischen den Ringen breit genug waren, daß sie den Einbau stärkerer Verschleißringe ermöglichten, wenn sich die Ringnuten ausgearbeitet hatten.

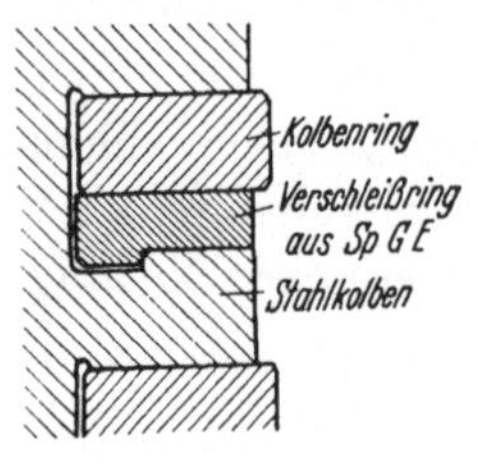

Abb. 101. Verschleißring als untere Auflage des Kolbenringes.
In Stahlkolben fest eingesetzt zur Verringerung der Nut-Abnützung und zur Auswechslung nach eingetretenem Verschleiß.

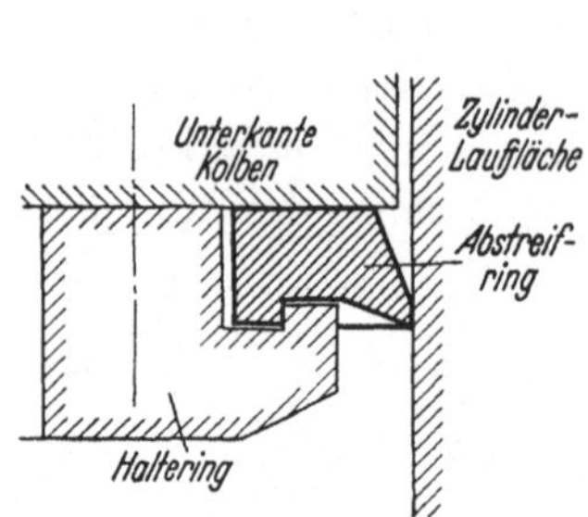

Abb. 102. Gehalterter Abstreifring am unteren Ende eines aus dem Zylinder austauchenden Kolbens.

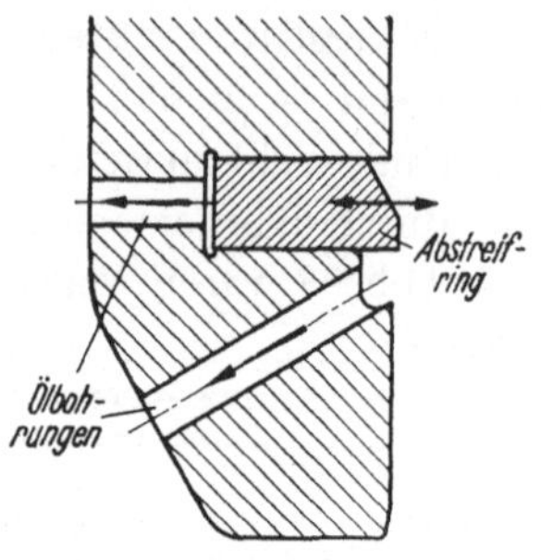

Abb. 103. Richtige Maßnahmen zur Ölabstreifung.
Nut und Bohrungen sorgen für Abführung des abgestreiften Öles.

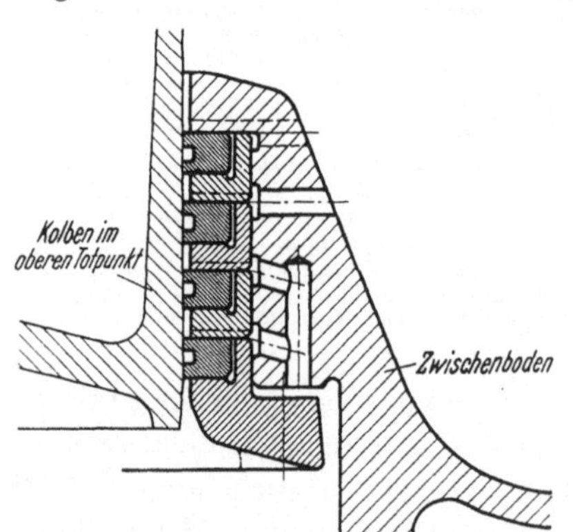

Abb. 104. Abstreifringe im unteren Teil der Laterne eines einfachwirkenden Zweitaktmotors nach Abb. 47.
Obere Ringe streifen Zylinderöl vom Kolbenunterteil zur Abführung nach außen ab. Untere Ringe streifen Spritzöl aus dem Kurbelraum ab zur Rückführung dorthin. Erhöhung des spez. Anpreßdruckes der Ringe durch Ausdrehungen an der Lauffläche. Neben den Bohrungen sorgen breite Nuten in der unteren Auflagefläche der Kammerringe für die Entlastung des Raumes hinter den Abstreifringen und für die Ölabführung.

Der Verschleiß der Kolbenringe am Umfang verschlechtert die Schmierbedingungen der Lauffläche. Mit zunehmender Abnutzung verschwinden die im neuen Zustand vorhandenen Abschrägungen an den Kanten, und die scharfen Kanten neigen dazu, das Öl abzuschaben, statt es zwischen die Laufflächen zu drängen. Aus diesem Grunde ist bei Reparaturen die regelmäßige Wiederherstellung der Abschrägungen dringend notwendig.

Das Problem der „Abstreifringe" wurde im eigenen Betrieb akut, als Einblaseluft-Kompressoren mit Kolben, die ohne Laterne in den Kurbelraum eintauchten, große Mengen von Lageröl in die Mitteldruckstufe hochführten, was starke Ventilverkokungen verursachte (siehe das Kapitel „Einblaseluftkompressoren“). Dabei waren die Ringe nach hergebrachten Vorstellungen richtig hergestellt, nämlich mit schmaler Lauffläche bei hohem spezifischem Anpreßdruck, wie dies in Abb. 102 an dem gehalterten Abstreifring für einen aus dem Zylinder austauchenden Kolben veranschaulicht ist. Indessen war nicht bedacht, daß ein solcher Ring, einfach in eine Nut gelegt, seinen Zweck nicht erfüllen konnte, weil das Öl, welches hinter ihn eingedrungen war, keinen Abfluß hatte. Erst als man den Raum hinter dem Ring mit *Bohrungen* nach Abb. 103 versehen hatte, konnte der Abstreifring funktionieren. — An einem Einblaseluft-Kompressor, der vorher mit *zwei* Abstreifringen ohne Erfolg ausgerüstet war, führte diese Verbesserung (an beiden Ringnuten angewandt) zunächst zum Heißlaufen. Es genügte also *ein* solcher mit richtigen Ablaufbohrungen versehener Ring, und er erwies sich vielenorts als unerläßliches Hilfsmittel: für die Stangen der Arbeitskolben doppeltwirkender Motoren, für die Kolbenstangen von Spülpumpen, — immer wo es galt, das Spritzöl aus dem Kurbelraum zurückzuhalten, also auch in „Laternen“ für die Arbeitszylinder. Ein zweiter, oberer Satz von Abstreifringen bewirkte dort die Entfernung des Zylinderöles, wie Abb. 104 als Ergänzung zu Abb. 47 zeigt. Die Funktion der Ölabfuhr übernahmen hier Aussparungen in den Kammerringen.

11. Kolbenstangen.

An den Kolbenstangen *einfach*wirkender Motoren, welche zunächst behandelt werden sollen, traten nur ausnahmsweise Schäden auf, welche den Betrieb störten, aber immerhin mehr unerwünschte Nacharbeiten, als allgemein bekannt ist und bei der einfach zu überblickenden Beanspruchung des Schaftes vermutet wird. Dieser selbst bereitete auch keine Schwierigkeiten, sondern die Stangen*enden*, besonders das untere, wo sich auch die *quer*gerichteten, von Montagefehlern, von Abnützung sowie Auspuff- und Spülströmungen verursachten Kräfte auswirkten.

Die Ausführung älterer und neuerer Stangen, wie sie aus den Abbildungen der Arbeitskolben ersichtlich ist, läßt natürlich auch im Schaft die strenge Befolgung allgemeiner Konstruktionsregeln, wie allmähliche Übergänge, große Abrundungen, Fortlassung von Anbohrungen usw. erkennen. (Man beachte z. B. bei dem Kolben Abb. 85 die Anwendung umgelegter Schellen für die Befestigung der Kolbenkühl-Steigerohre an Stelle von angeschraubten Haltern, welche Anbohrung der empfindlichen Schaftoberfläche mit sich gebracht hätten.)

Mit der früher gegebenen Schilderung, wie am Kolbenoberteil und -unterteil die Auflageflächen bei dem Atmen der Fugen in Gegenwart von Flüssigkeitsspuren angegriffen wurden und von Zeit zu Zeit nachgedreht werden mußten, sind bereits die Schwierigkeiten am oberen Stangenende aufgezeigt. Die Flanschen mußten laufend egalisiert werden und konnten dadurch schließlich so schwach werden, daß die punktförmige Übertragung großer und wechselnder Kräfte auf der pockennarbigen Auflage zum Anriß, wenn nicht zum Bruch, führten. Daß deswegen die sorgfältige Abrundung der Schraubenlöcher und Ausrundung der Hohlkehlen besonders beachtet werden mußte, braucht wohl nicht hervorgehoben zu werden.

Die Konstruktion Abb. 80 mit dem schmalen Kragen am weitausladenden Flansch erwies sich als besonders ungünstig, weil bei angegriffener Auflage das

Biegungsmoment, welches die innen liegenden Verbindungsschrauben auf den Kragen ausübten, erheblich gesteigert wurde und zum Bruch in der Wurzel führte. Am gefährdetsten waren dabei die Ränder des Fensters für die Flanschen der Kolbenkühlrohre, das in der tangentialen Richtung beinahe doppelt so groß war als in der radialen. — Zur Abhilfe wurde der Kragen ganz abgedreht und ein getrennter, etwas verstärkter Ring aufgesetzt. Damit konnten die Stangen noch länger verwendet werden; aber nun war eine weitere Fuge entstanden, deren beide Berührungsflächen von Zeit zu Zeit überdreht werden mußten. — Unter dem gleichen Übel litt die daraus entwickelte Konstruktion Abb. 83, welche von vornherein einen getrennten Ring vorsah.

Die im Kapitel „Arbeitskolben“ erwähnte Kupferscheibe konnte nur bei *breiten* Auflageflächen angewandt werden, und nicht beliebig oft, wenn der Kraftschluß über mehrere Fugen hinweg ging.

Die Befestigung des unteren Schaftendes mit dem Kreuzkopf wurde durch zwei Umstände erschwert: durch die mehrfach erwähnten quergerichteten Kräfte und durch die, wenn auch noch so kleine, wechselnde Durchbiegung des Kreuzkopfs. — Auch beim einfachwirkenden Zweitakt war das durch den Kreuzkopf durchgesteckte, verjüngte Ende am meisten vertreten, wie es beim einfachwirkenden Viertakt und beim doppeltwirkenden Zweitakt wegen der Stopfbüchsen unumgänglich ist. Gebr. Sulzer wandten demgegenüber von jeher eine Flanschverbindung an, und die GW schuf durch Unterteilung der Kolbenstange und Einpressen des kurzen unteren Endes in den Kreuzkopf bei neueren Konstruktionen ein Mittelding (Abb. 3 und 88 bzw. 107 und 124).

Das durch die zentrale Kreuzkopfbohrung durchgesteckte Kolbenstangenende wurde durch kräftiges Anziehen der Mutter („nach Gefühl“ mit dem Vorschlaghammer gegen den Schlagschlüssel) unter Zugvorspannung gesetzt, deren Größe unter dem Einfluß der Zündkräfte auf die Oberseite oder Unterseite der Arbeitskolben nur geringfügig schwankte. Indessen war man sehr erstaunt, als man nach einigen Betriebsjahren bei der Kontrolle der Muttern und Sicherungen, wie sie nach jeder längeren Reise vorgeschrieben waren, die eine oder andere Stangenmutter einfachwirkender Zweitaktmotoren lose vorfand. Betrachtete man dies zunächst als einmalige Folge ungenauer Herstellung, so belehrte die ständige Wiederkehr bald eines Besseren: der Stangenbund hatte sich in den Kreuzkopf eingearbeitet. Schuld waren wieder die Kapillarwirkungen an dieser Stelle, wo stets Spritzöl, vielfach auch Schwitzwasser, abgelagert war. Konnte — wie bei den Konstruktionen Abb. 105 rechte Hälfte, 106 und 107 zudem aus dem hohlgebohrten und mit Öl gefüllten Kreuzkopf bzw. aus Ölbohrungen — am Stangenende entlang auch noch Öl von unten an den Sitz gelangen, so steigerte sich diese Erscheinung derart, daß ein Versinken der Stange im Kreuzkopf um $\frac{1}{2}$ mm im Verlauf eines Jahres gar keine Seltenheit war. (Das ursprünglich mit Schiebesitz eingepaßte Stangenende bekam beim vielfachen Austausch der Kolben allmählich ein immer größeres Spiel und erleichterte den Ölzutritt nach oben.) — Wie die vielen Beobachtungen zeigten, wirkte sich auch hier eine schlechte Ölpflege besonders nachteilig aus; bedenklich war auch, daß sich die Stange nicht immer gleichmäßig einarbeitete, so daß der Kolben aus der Richtung kam. Auf diese Weise brachen tatsächlich einige Kolbenstangen an der Wurzel des Einsteckendes. Die Ursache war ganz offensichtlich die Ablagerung von Schwitzwasser unter den einseitig angeordneten Kolbenkühlrohren und die daraus entstehende einseitige Verrottung der Fuge.

Auch wenn es nicht zum Bruch kam, war diese Störung sehr unerwünscht; denn ihre Behebung erforderte das Nachdrehen des Kreuzkopfes auf einem Bohrwerk und daher seinen Ausbau und Transport in die Werkstätte an Land.

Als durchgreifende Abhilfe erwies sich ein Weichpackungs- oder Gummiring, welcher mit einer Brille gegen die Auflagefuge gedrückt wurde; konnte von innen Öl an den Sitz gelangen, so wurde außerdem um das Stangenende ein Gummiring gelegt (Abb. 106 und 107). Die rechte Hälfte der Abbildung 106 zeigt übrigens einen eingelegten Stahlring, mit welchem ein stärkeres Versinken der Stange in

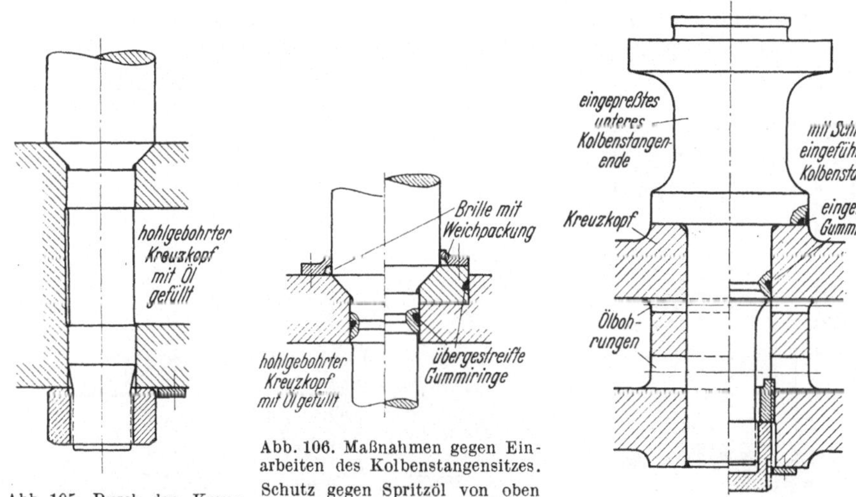

Abb. 105. Durch den Kreuzkopf durchgeführtes unteres Kolbenstangenende.
In der rechten Hälfte: Kreuzkopf hohlgebohrt und mit Öl gefüllt (ältere GW-Motoren).

Abb. 106. Maßnahmen gegen Einarbeiten des Kolbenstangensitzes. Schutz gegen Spritzöl von oben durch aufgelegte Brille mit Weichpackung und gegen Ölzutritt von unten durch übergestreiften Gummiring. Rechte Hälfte: Eingelegter Stahlring zum Heben des Kolbens.

Abb. 107. Unteres Kolbenstangenende der „F. H. Bedford"-Motoren.
Linke Hälfte: Eingepreßtes Ende als Originalausführung. Rechte Hälfte: Abänderung nach mehrmals aufgetretenen Brüchen.

den Kreuzkopf, aber auch ein Absinken des Kolbens infolge mehrmaligen Nachdrehens der Flanschen ausgeglichen wurde. Auch er ist mit entsprechenden Abdichtungsringen ausgestattet.

Bei den *mit Flansch* auf den Kreuzkopf aufgesetzten Stangen traten solche Störungen wegen des geringeren Flächendruckes und des schwächeren Atmens bei weitem nicht so kraß auf. Sie fehlten aber auch hier nicht und führten nach öfterem Nachdrehen der Oberflächen ebenfalls zu Rißbildungen. — Bei den älteren Stangen nach Abb. 81, wo das eingelegte Kompressionsblech auch noch eine weitere Fuge schuf, beeinflußten zudem die großen Eindrehungen für die Pennsche Mutter und die kleine Querbohrung für die Sicherungsschraube die Festigkeit recht nachteilig.

Die Motoren der „F. H. Bedford"-Klasse der GW hatten erstmals, hauptsächlich zur Erzielung einer hochgeschlossenen Treibstangengabel, die Kolbenstange unterteilt und das untere Ende in den Kreuzkopf eingepreßt (Abb. 107 linke Hälfte). Diese Unterteilung war auch für den Kolbenausbau erwünscht, weil das Lösen der kleinen Verbindungsschrauben am Zwischenflansch einfacher war als die Handhabung einer großen Stangenmutter. Ein weiterer Grund zu dieser

Konstruktion war der Wunsch, das Einarbeiten der Stange in den Kreuzkopf, für das man damals noch keine rechte Erklärung und Abhilfe wußte, zu umgehen. — Von den eingepreßten Kolbenstangenenden begannen nun schon nach ein paar Jahren die ersten unter dem Auflageflansch gegen den Kreuzkopf zu brechen, und mit der Zeit folgte eine ganze Reihe. — Als Ursache stellte man fest, daß die betr. Flanschen von vornherein nicht richtig aufgesessen hatten. Zu den quergerichteten Kräften kamen hier noch die gefährlichen Randspannungen der Schrumpfverbindung nachteilig hinzu. — Da es sich um einfachwirkende Zweitaktmotore handelte, die nur mit 90 Umdr./min liefen, traten selbst beim völligen Bruch keine weitergehenden Schäden auf, und eine behelfsmäßige Reparatur durch das Bordpersonal nach Abb. 108 erfüllte ihre Aufgabe selbst für längere Zeit. Eine von der Rhederei entworfenen Abänderung nach Abb. 107, rechte Hälfte bewährte sich auch als Dauerlösung. — Indessen waren alle diese Instandsetzungen, abgesehen von dem Zeitverlust, mit recht ansehnlichen Kosten verbunden.

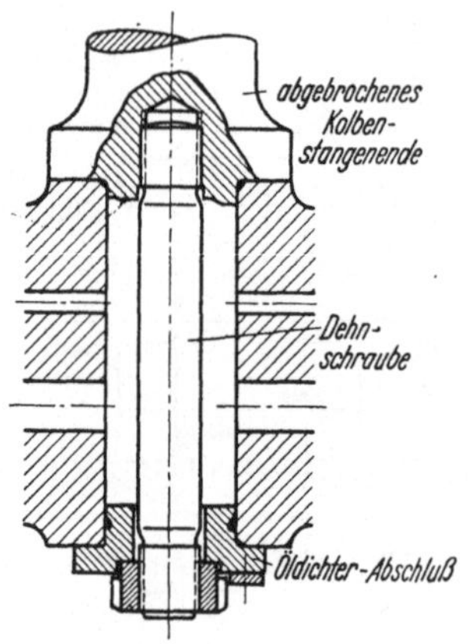

Abb. 108. Wie Abb. 107.
Vom Bordpersonal ausgeführte Behelfsreparatur nach Brüchen an der Originalausführung.

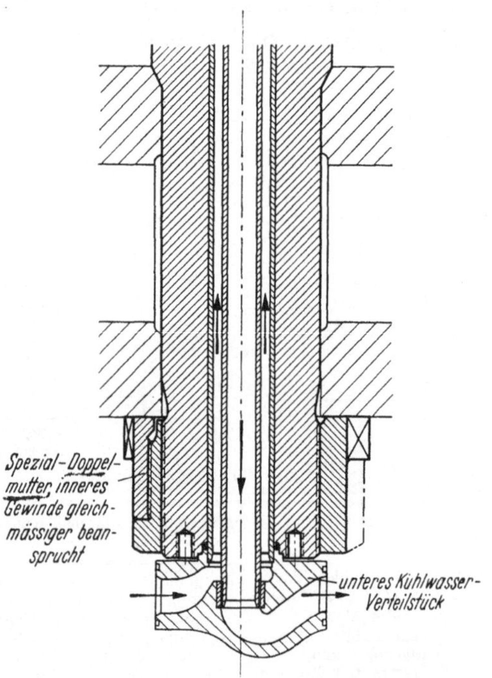

Abb. 109. Unteres Ende der Kolbenstange für doppeltwirkende MAN-Zweitaktmotoren. (Vgl. hierzu Kolben Abb. 90).
Material: unlegierter SM-Stahl; Kühlwasserbohrung mit nichtrostendem Schutzrohr ausgefüttert; Stange ohne jegliche Querbohrung; Kühlwasserverteilung durch Verteilstücke am unteren und oberen Stangenende; Befestigungsmutter rechts als normale Mutter, links als Spezialmutter.

Eine verbesserte Werkstattausführung, bei welcher der Bund des eingepreßten Kolbenstangenendes wirklich zum Aufliegen kam, und zudem die Randspannungen gemildert waren, behob diesen Mangel an den von der GW selbst reparierten Kreuzköpfen wie an denjenigen späterer Motorentypen, bei welcher diese Konstruktion beibehalten war.

Als unerläßlich für die vollkommene Austauschbarkeit aller Teile, wie sie unbedingt gefordert werden mußte, erwies sich die Forderung, daß allenthalben die Kolbenstange gegen den Kreuzkopf wie gegen das Kolbenoberteil einheitlich fixiert wurde. Bohrungen für Paßstifte und Nuten für Keile mußten also mit Schablone festgelegt werden.

An den *doppelt*wirkenden MAN-Zweitaktmotoren, welche in den Jahren 1932/33 auf vier Zweischraubenschiffen in Betrieb genommen wurden, waren die Kolbenstangen als besonders schwierige Konstruktionselemente praktisch schon zur vollen Bewährung gereift. Ihre Entwicklung hatte bekanntlich in früheren Jahren bei verschiedenen Erbauern und Eignern erhebliche finanzielle Opfer gefordert.

Aus Abb. 90 ist das obere Ende und aus Abb. 109 das untere Ende der Ausführung ersichtlich, wie sie bei den genannten Anlagen angewandt war. — Die Stange war bereits frei von Querbohrungen, welche alten Ausführungen oft verhängnisvoll geworden waren. Das Kühlwasser wurde am Fußende durch ein gemeinschaftliches Formstück zugeführt und durch ein ebensolches Stück oben im Kolben abgeführt. (Dieses war durch lange Dehnschrauben befestigt, nachdem an älteren Anlagen kurze Schrauben unter dem Einfluß der Massenkräfte von Verteilstück und Steigerohr gelegentlich gerissen waren.) Die gefährdete wasserführende Stangenbohrung war mit einem rostsicheren Rohr ausgekleidet und damit der Korrosionsangriff ausgeschaltet, welchem soviele alte Stangen — selbst in vergüteter Qualität und bei Frischwasserkühlung — zum Opfer gefallen waren. — Die Frischwasserkühlung war gleichwohl weiterhin vorgeschrieben; bei guter Entlüftung in einem Sammeltank und mit einem Zusatz von Kaliumchromat als Korrosionsschutzmittel (vgl. das Kapitel „Motorkühlung"), gestattete sie ja höhere Wassertemperaturen, was sich u. a. auf die Beanspruchungen der Stange vorteilhaft auswirkte.

Abb. 110. Temperaturverlauf am oberen Ende der Kolbenstange eines doppeltwirkenden Zweitaktmotors etwa auf die Länge des halben Kolbenhubes.
t_a Temperaturen an der äußeren Mantelfläche in ° Celsius.
t_i Temperaturen nahe der Innenbohrung.
——— Temperaturen mit Nicrotherm-Kragen im unteren Zylinderdeckel.
------ Temperaturen ohne einen solchen.

Die hohen Temperaturspannungen der von außen erhitzten, von innen kühlwasserdurchflossenen Stange sind natürlich im oberen Bereich am größten. Sie waren bei den Motoren unserer Schiffe durch den Nicrotherm-Schutzkragen des unteren Zylinderdeckels schon wesentlich herabgesetzt. Zu diesem konstanten (vgl. die diesbezügl. Bemerkungen unter „Zylindereinsätze") mehrachsigen Spannungszustand aus Temperaturunterschieden kommen die periodisch wechselnden mechanischen Beanspruchungen. — Über Größe und Verlauf der Temperaturspannungen vermittelt das Diagramm Abb. 110, welches für die volle Belastung Stangentemperaturen wiedergibt, einen Anhalt. Darin sind Meßwerte für die ungeschützte Stange gestrichelt, diejenigen für Konstruktionen mit Schutzkragen ausgezogen.

Zahlenmäßig dürften bei Vollast die maximalen Temperaturspannungen etwas über 1000 kg/cm² betragen haben (sie wären ohne Schutzkragen wohl mindestens um die Hälfte höher gewesen). Die überlagerten mechanischen Wechselbeanspruchungen betrugen + 530 bzw. —580 kg/cm².

Der Nicrotherm-Kragen schützte übrigens die Stange nicht nur vor der direkten Wärmestrahlung, sondern auch vor einer ungewollten direkten Berührung mit den Brennstoffstrahlen (vgl. Abb. 160), welche Einbrennstellen (Kerbwirkung) erzeugen und die Stange krummbiegen konnte. (Der Kragen war in der Länge so bemessen, daß er die Stange erst nach vollendeter Einspritzung freigab.) — Ebenso bewahrte er die Stange vor einer ungleichmäßigen Wärmebelastung und dadurch bedingtem Verziehen als Folge verschiedener Beaufschlagung der beiden unteren Brennstoffventile, wie sie u. U. im Laufe des Betriebes entsteht. — Krummgewordene Stangen (was freilich auch von den Stopfbüchsen verursacht werden konnte, — vgl. das nächste Kapitel) blieben im eigenen Betrieb erfreulicherweise fremd.

Für das untere Stangenende war bei den hier besprochenen Motoren nicht die in der Abb. 109 links dargestellte Schultermutter, sondern eine normale Mutter (in der Abbildung rechts) vorgesehen. An einer Maschinenanlage war der empfindliche Übergang vom Stangenschaft auf das Spezialgewinde noch nicht so sorgfältig ausgebildet und bis in die Mutter hineingeführt; offenbar hatte man diese an sich schon geläufig gewordene Maßnahme beim Rückgriff auf vorhandene Stangen nachzuholen vergessen. Typischerweise ereigneten sich nach etwa 2 Jahren zugleich zwei Stangenbrüche und zwar im obersten tragenden Gewindegang des unteren Endes. Dabei ergaben sich erstaunlicherweise keine sonderlichen Weiterungen, obwohl bei voller Drehzahl die nach dem Stangenbruch durch die untere Zündung hochgeschleuderten Kolben und Stangen von der folgenden oberen Zündung schlagartig wieder in die Kreuzköpfe hineingestaucht worden waren. Durch das schützende Kompressionspolster waren weder Kolbenköpfe noch Zylinder beschädigt worden, und selbst die Kreuzköpfe konnten weiter verwendet werden; nur die Kolben hatten sich bei den außergewöhnlich gesteigerten Massenkräften im Inneren gelockert. Die langen Verbindungsschrauben zwischen oberem und unterem Kolbenkopf waren teils erheblich gestreckt, teils gebrochen. Auch an der Kurbelwelle war nichts Ernsthaftes geschehen; es hatten sich lediglich die betreffenden Hubstücke (halbgebaute Welle) am Umfang des Kurbelwellenzapfens um etwa 1 mm verdreht.

Die Untersuchung der nicht gebrochenen Stangen, welche natürlich aus Sicherheitsgründen erfolgte, geschah nach dem magnetischen Verfahren, bei welchem die stark magnetisierten Stangen mit Gasöl übergossen wurden, das mit feinstem Eisenstaub vermengt war. Dabei zeichneten sich Anrisse als Eisenstaub-Raupen ab, leider allerdings auch sonstige Unebenheiten, also auch alle feinen Drehriefen auf der Oberfläche. An den vermuteten Bruchstellen mußten daher die Gewinde sauber nachgedreht und sogar im Grund poliert werden. Danach ließen sich einwandfrei an drei weiteren Stangen Anrisse feststellen, die zu deren Verwerfung führten. Durch nachträglich vorgenommenen gewaltsamen Bruch einer dieser Stangen wurde die Richtigkeit der Diagnose bestätigt.

Die kleine Restbruchfläche — bei einer mehrfach abgesetzten Dauerbruchfläche mit zahlreichen Anrissen und Unterschneidungen an den Rändern — bewies die hervorragende Qualität des Stangenmaterials. Die Lage der Brüche ließ keinen Zweifel darüber, daß sie durch die Überbelastung des der Mutterauflage nächstliegenden Gewindeganges erfolgte, wie sie bei jeder normalen Schraubverbindung vorliegt (Abb. 111). — Die Schadensbehebung mußte also auf die Verlegung bzw. Beseitigung der ungünstigen Lastverteilung abzielen. — Es wurden nun zwei Wege beschritten. Der eine bestand in der Anwendung zweier halbhoher Muttern (Abb. 112), bei denen nach der bekannten Gegenmutterwirkung der meistbeanspruchte Gewindegang in die Berührungsfläche zwischen den beiden Muttern verlegt wurde. Im Falle eines in dieser Fläche zu erwartenden Bruches bliebe die Verbindung immer noch durch *eine* Mutter bestehen. — Die weiterhin von der MAN normalerweise angewandte andere Lösung bestand im Nachdrehen der ersten Gewindegänge an der Stange nach Abb. 113, wodurch in der Mutter eine erhöhte Verformung bestimmter Gewindegänge und damit eine gleichmäßigere Lastverteilung im ganzen Gewinde der Stange bewirkt wurde. (Diese Maßnahme muß verständlicherweise als besser, nämlich für die *Stangen*beanspruchung schonsamer erscheinen, als die gelegentlich angewandte umgekehrte Ausführung, bei welcher die unteren Gewindegänge in der Mutter statt an der Stange konisch weggedreht werden.) — Beide Änderungen haben sich in jahrelangem Betrieb vollauf bewährt. — Selbstverständ-

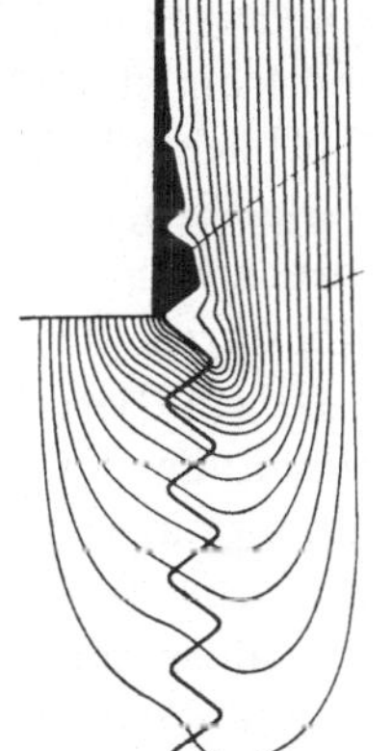

Abb. 111. Lastverteilung auf die Gewindegänge einer normalen Schraubverbindung.

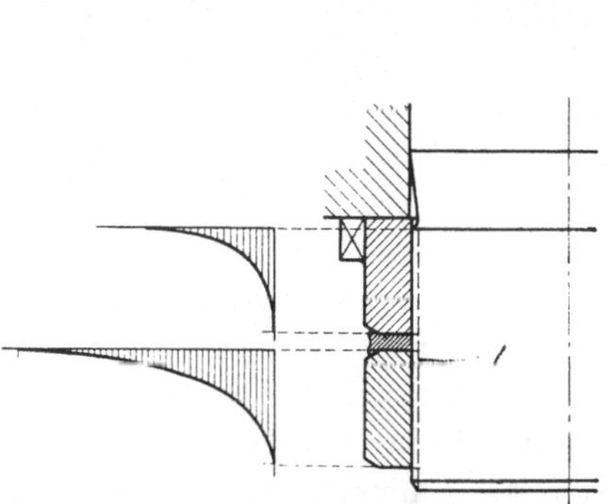

Abb. 112. Lastverteilung bei Verwendung von Mutter und Gegenmutter.
Der meistbeanspruchte Stangenquerschnitt liegt zwischen oberer und unterer Mutter.

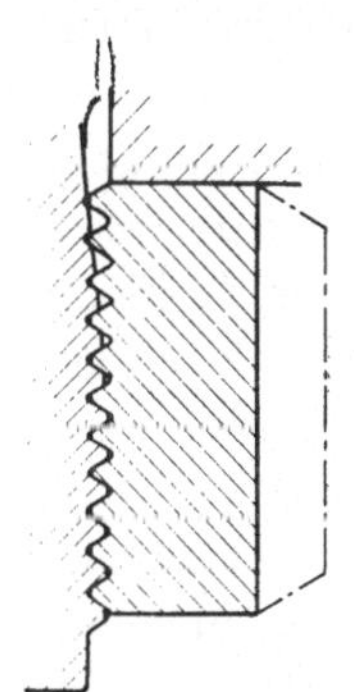

Abb. 113. Vermeidung der Lastanhäufung nach Abb. 111 durch Nachdrehen der Gewindegänge an der Stange.

lich wurden daneben nun alle Stangen am Übergang zum Gewinde so sorgfältig ausgedreht, wie auf der Abbildung gezeigt, und dieser Übergang zudem poliert.

Die in Abb. 109 dargestellte, anderwärts regelmäßig benützte Schultermutter wurde von der MAN nur gelegentlich verwendet. Bei ihr werden alle Gewindegänge dadurch gleichmäßiger zum Mittragen herangezogen, daß sowohl die Mutter wie der Gewindeteil der Stange *auf Zug* beansprucht wurden.

Die MAN hatte für das in den Kreuzkopf eingespannte Kolbenstangenende eine Vorspannung von etwa 800 kg/cm² vorgesehen, um bei dessen periodischer Längung unter dem Einfluß der Zünddrücke auf der Zylinder-Unterseite mit Sicherheit noch den erforderlichen Kraftschluß zu gewährleisten. Diese Vorspannung war schon erreicht, wenn die kraftschlüssig anliegende Kolbenstangenmutter um rund 10 Winkelgrade mit dem Schlagschlüssel weiter angezogen wurde. Diesem kleinen Winkel entsprach die ebenso geringe Dehnung des Stangenendes von rd. 0,2 mm und die noch kleinere Stauchung des Kreuzkopfs. Die Vorspannung durfte also nicht viel geringer sein, sollte der gefürchtete Grenzzustand mit dem Beginn der Schlagbeanspruchung gemieden werden. Angesichts dieser Tatsachen wurde so recht die Forderung begreiflich, allen Berührungsflächen, angefangen vom Konus im Kreuzkopf bis zu den Gewindeflanken, alle erdenkliche Sorgfalt zuzuwenden. Das in diesem Zusammenhang (auf Grund der Wahrnehmungen an den einfachwirkenden Motoren) befürchtete Einarbeiten der

Stange in den Kreuzkopf war allerdings kaum wahrnehmbar, und man mußte annehmen, daß dies der verschwindend kleinen Abnützung in der Geradführung (vgl. das einschlägige Kapitel) und dem Umstand zuzuschreiben war, daß sich das Umlauföl viel sauberer halten ließ als bei den einfachwirkenden Zweitaktmotoren. Möglicherweise hat bei den gebrochenen Stangen eine ungenügende Vorspannung vorgelegen; denn das Personal befürchtete immer wieder eine Überbeanspruchung durch die Verwendung des mitgelieferten schweren Rammbärs, mit welchem (in eine Talje gehängt) gegen den Spezialschlüssel geschlagen werden mußte, und bedurfte einer dauernden Belehrung darüber, daß eine zu große Vorspannung besser war als das Gegenteil.

Die Abdichtungsringe der Stopfbüchse im unteren Zylinderdeckel, über die im folgenden Kapitel eingehender berichtet wird, verursachten an der Stange im Laufe des Betriebs eine Abnützung, welche begreiflicherweise dort am stärksten war, wo sich die Stange bei u. T. des Kolbens innerhalb der Stopfbüchse befand. Bei aller Sorgfalt der Herstellung ließ es sich auch hier nicht vermeiden, daß allmählich die Gasdrücke hinter die Ringe traten und deren Anpreßdruck vermehrten.

Gerade hier machte sich der Schwefelgehalt des Brennstoffs durch die Bildung schwefliger Säure an kalten Stellen namentlich bei niedrigen Betriebstemperaturen sehr unangenehm bemerkbar. Beispielsweise wurden die Stangen einer Anlage allein während einer fünfwöchigen Reise, von Hamburg ausgehend und dort endend, bei Verwendung eines Brennstoffs mit 1,8% Schwefelgehalt im Durchmesser um 0,8 mm abgenützt. Es war kein Zweifel darüber, daß die eigentliche Seereise daran am wenigsten beteiligt war, sondern daß die Revierfahrten der Anlaß dazu waren. Daher wurde künftig für Anlagen mit doppeltwirkenden Motoren nur noch ein Brennstoff mit höchstens 1% Schwefel geliefert, und für den Ausnahmefall, daß ein solcher im Bunkerhafen nicht erhältlich war, eine Reserve an gutem Brennstoff für die Revierfahrt (vgl. Abb. 208) bereitgehalten.

Da die im oberen Bereich heißere, also oben dickere Stange ein Arbeiten der Stopfbüchsenringe und damit eine gewisse Gefahr für die Dichtheit verursachte, hatten die Praktiker leicht abgenützte Stangen, deren Stopfbüchsen im kalten Zustand etwas bliesen, am liebsten, da sie im warmen Zustand nahezu ganz zylindrisch und daher gut zu dichten waren.

Als Grenze für die Abnützung, bei welcher ein dauerndes Durchblasen der Stopfbüchse mit der Gefahr des Warmlaufens oder Krummwerdens der Stange eintrat, erwies sich 1 mm im Durchmesser. Hierauf wurde die Stange auf die ganze Länge nachgeschliffen, und zwar auf ein möglichst einheitliches Maß für die ganze Anlage im Hinblick auf die Reservehaltung an Stopfbüchsen und deren Einzelteilen. — Die Erneuerung von Stangen bei einem Ursprungsmaß von 180 mm wurde als notwendig erachtet, wenn ihr Durchmesser um etwa 4 mm kleiner geworden war.

Zu der Frage, ob nicht etwa ein äußerer Überzug aus Gußeisen, wie ihn andere Erbauer anwandten, von Vorteil gewesen wäre, sei darauf hingewiesen, daß im eigenen Betrieb im Verlauf von 8 Jahren für insgesamt 32 Zylinder nur 5 Stangen wegen Abnützung erneuert werden mußten, wobei allein vier auf die erwähnte Anlage entfielen, die vorübergehend mit dem stark schwefelhaltigen Brennstoff beliefert worden war.

12. Kolbenstangen-Stopfbüchsen.

Die Stopfbüchsen für Kolbenstangen der Arbeitskolben von Viertaktmotoren, Einblaseluft-Kompressoren und Spülpumpen verlangten mangels besonderer Beanspruchung durch Druck und Temperatur lediglich die Beachtung der unter „Kolbenringe“ aufgezeichneten Gesichtspunkte für Abdichtungs- und Abstreifringe. Demgegenüber stellten die den Verbrennungsgasen ausgesetzten Kolbenstangen-Stopfbüchsen in den unteren Deckeln der doppeltwirkenden Zweitaktmotoren wohl das empfindlichste Konstruktionselement an dieser Motorentype dar und bedurften daher einer außergewöhnlichen Pflege. Eine mangelhafte Abdichtung störte ja auch die Schmierbedingungen der Stopfbüchsen und barg damit die Gefahr des Krummwerdens der Stangen; andererseits sollte die bei der Abdichtung unvermeidliche Abnutzung möglichst nur den Ringen aufgebürdet werden.

An den unserer Gesellschaft gelieferten Motoren hatte die MAN ihre Konstruktion praktisch schon zum erfolgreichen Abschluß gebracht. Wie aus Abb. 114 ersichtlich, bestand die Stopfbüchse aus einem durch drei flache Anker zusammengehaltenen System von Kammern mit zweierlei Dichtungsringen, welches als Ganzes in den Hals des unteren Zylinderdeckels ein- und ausgebaut werden konnte. Bemerkenswert war, daß ein Teil der Stopfbüchse aus dem Deckel herausragte. Sie wurde also nicht auf die ganze Länge gekühlt (vgl. Abb. 77), und dies milderte willkommenermaßen die relative Ausbauchung des oberen Stangenteiles im Betrieb und damit die Wärmespannungen der Stange wie den Verschleiß der Abdichtungsringe. Außerdem war bei einer *wärmeren* Stopfbüchse erst im unteren Teil, in welchem die zusätzlichen Anpreßdrücke der Ringe durch eingedrungene Gase bereits wesentlich geringer waren, die unerwünschte Kondensation dieser Gase und die gefährliche Bildung von schwefliger Säure zu erwarten.

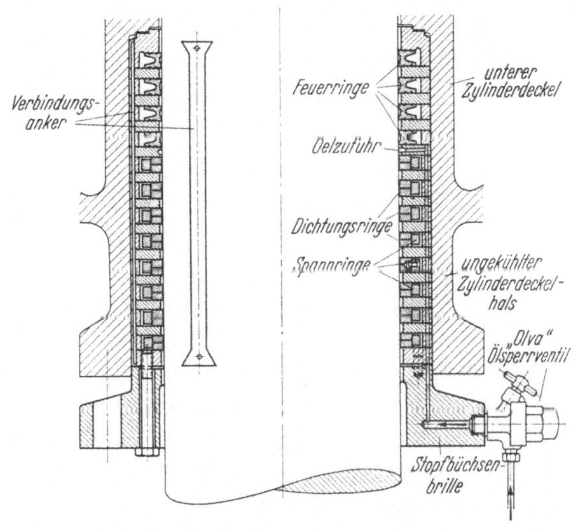

Abb. 114. Kolbenstangen-Stopfbüchse für die doppeltwirkenden MAN-Motoren der „Franz Klasen“-Klasse.
Das durch drei Verbindungsanker zusammengehaltene System enthält oben vier einteilige „Feuerringe“ und darunter acht Doppellagen dreiteiliger, durch einen äußeren Spannring angepreßter GE-Ringe. Zufuhr von Zylinderschmieröl durch drei (später mit Röhrchen ausgefütterte) Bohrungen unter Vorschaltung von „Olva“-Ölsperrventilen.

Die oberen, zur Verringerung ihrer Masse von außen her hohl gedrehten „Feuerringe“ dienten als Wärmeschutz für die eigentlichen Abdichtungsringe und übten mit ihren Zwischenringen eine vorteilhafte Labyrinthwirkung aus. (In ihrer Aufgabe als Wärmeschutz waren sie bereits durch den Nicrothermkragen des Zylinderdeckels wesentlich entlastet.) Einteilig und aus hochwertigem Spezialgußeisen hergestellt, brauchten sie wegen der eignen Ausdehnung, die bei jeder Temperaturzunahme *größer* wurde, nur ein *kleines* Passungspiel gegenüber der Stange zu haben.

Die unteren Ringe, die anliegenden eigentlichen Abdichtungsringe, waren mehrteilig; in 2 mit ihren radialen Fugen gegeneinander versetzten Lagen waren je drei Ringsegmente aufeinandergelegt und gegen Verdrehung unter sich und gegen ihren umgelegten Spannring (einteilig geschlitzt) arretiert. Auch sie waren aus Spezialgußeisen hergestellt und hinsichtlich der Abnützung gegen das Stangenmaterial abgestimmt. Zur Erreichung größtmöglicher Dichtheit war das tangentiale Spiel in jeder Segmentfuge der dreiteiligen Ringlage nur $^1/_{10}$ mm; schon bei einer Gesamtabnützung von Ringen und Stangen um $^1/_{10}$ mm lagen die Ringsegmente aneinander und die Abdichtung begann unwirksam zu werden. Als besondere Anforderung an die Stopfbüchse sei hier nochmals an die mit ziemlich plötzlichem Übergang einsetzende Ausbauchung des oberen Stangenendes erinnert. Mit der Verkleinerung des Spieles an den Fugen der Abdichtungsringe infolge der Abnützung verringerte sich auch das Spiel am Schloß des Spannringes, und zur Korrektur mußten also *sämtliche* Fugen nachgearbeitet werden.

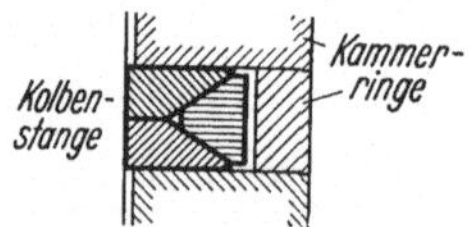

Abb. 115. Dreifachring innenspannend (Versuchsausführung).

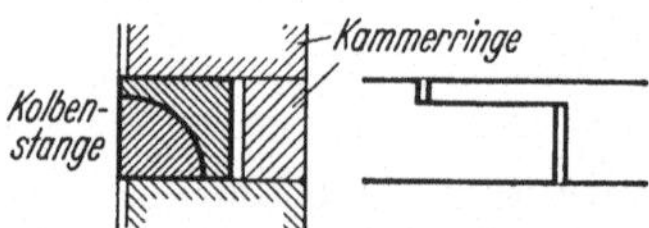

Abb. 116. Innenspannender Ring mit Zapfenschloß (Versuchsausführung).

Das Spiel in der Höhe betrug für die Feuerringe im Ursprungszustande 0,2 ÷ 0,3 mm, für die Abdichtungsringe 0,1 mm, für die Spannringe konnte es etwas größer sein. Auch diese Spiele, die sich mit der Zeit vergrößerten, mußten laufend korrigiert werden, besonders an den eigentlichen Abdichtungsringen, um zu verhindern, daß die Gasdrücke in der bekannten Weise hinter die Ringe treten und somit den Anpreßdruck unzulässig erhöhen konnten. Diese Korrektur ließ sich bei der vorteilhaften Auflösung der Ringkammern in Distanz- und Zwischenringe auf einfache Weise durch das Personal selbst (auf der Schleifplatte) vornehmen.

Das Schmieröl (natürlich hochwertiges Zylinderöl) wurde jeder Stopfbüchse von bewährten mechanischen Schmierapparaten (kleine Fördermengen gegen hohen Druck!) über die sicher wirkenden Olva-Ölsperrventile (Abb. 212) durch drei Bohrungen zugeführt, welche zwischen Feuerringen und Abdichtungsringen mündeten. Die Zuleitung des Öles an diese Stelle geschah später mit einem alle Fugen des vielkammerigen Stopfbüchsenaufbaues überbrückenden Röhrchen.

Die Stopfbüchsbrille preßte mit ihrem äußeren Rand über sämtliche Distanz- und Zwischenringe den obersten Kammerring gegen die Auflage im Zylinderdeckel, ohne das freie Spielen der Dichtungsringe zu beeinträchtigen.

Aus Scheu vor den krassen Folgen undichter Stopfbüchsen wurde von dem zunächst mit dieser Motorentype noch unerfahrenen Personal jede Stopfbüchsenleckage ängstlich verfolgt. Es fehlte daher auch nicht an Verbesserungsanträgen und -vorschlägen, welche z. T. auch aussichtsreich erschienen. So wurden u. a. an Stelle einteiliger Feuerringe Zweifachringe nach Abb. 100 und Dreifachringe nach Abb. 115 mit Innenfederung eingebaut. Daß diese den hohen Beanspruchungen standhielten, war wesentlich dem Schutzkragen zuzuschreiben. Auch die zwei Lagen dreiteiliger Abdichtungsringe wurden versuchsweise durch einteilige mit einem Zapfenschloß nach Abb. 116 ersetzt. — Das umfangreiche Berichtmaterial darüber, das neben Stangenabnützungen auch laufende Aufzeichnungen über den verwendeten Brennstoff sowie den Anteil der Revierfahrt an der Gesamtreisezeit enthielt, konnte wegen des Kriegsausgangs leider nicht mehr ausgewertet werden.

Man hatte indessen immer mehr den Eindruck gewonnen, daß man anfangs mit der Nacharbeit an den Stopfbüchsen viel zu weit gegangen war. Gewisse Besatzungen hatten sich nicht genug tun können im Auftuschieren von Ringsegmenten auf Lehrdorne, um dann im Betrieb enttäuscht festzustellen, daß die angestrebte Dichtheit doch nicht erreicht worden war. So kam man zu der Erkenntnis, welche sich auch mit den Erfahrungen der MAN deckte, daß man die Nacharbeit an den Stopfbüchsen soweit wie irgend möglich auf die Wiederherstellung der ordnungsgemäßen Spiele in den Fugen und in der Höhe beschränken und die Anpassung der Ringsegmente an die Stangenoberfläche dem Einlaufen überlassen sollte. Danach war es also auch am zweckmäßigsten, eine Stange möglichst lange mit der gleichen Stopfbüchse laufen zu lassen. Der Einbau einer nachgedrehten Stange erforderte natürlich eine gründliche Umarbeit der Stopfbüchse mit völliger Anpassung der Laufflächen.

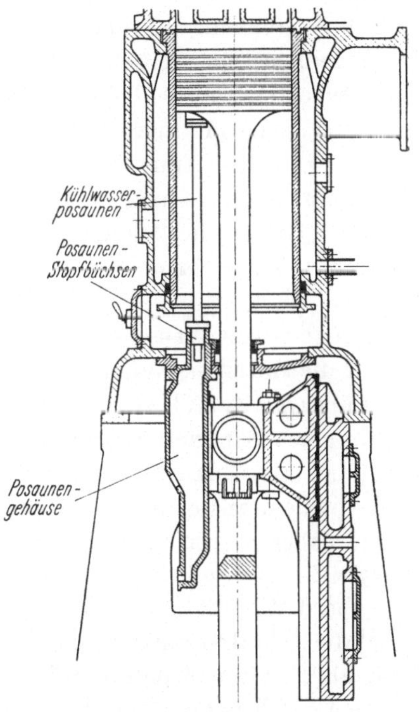

Abb. 117. Schnitt durch Arbeitszylinder der „Prometheus“-(Viertakt-)Motoren. Kolbenkühlposaunen unmittelbar am Kolben befestigt; gegenseitige Behinderung von Kolbenkühl-Gehäuse und Triebwerk.

13. Kolbenkühlung.

Obwohl allgemein über Kühlung in einem besonderen Kapitel gesprochen wird, soll die Kolbenkühlung wegen der engen Beziehungen zum Triebwerk vorweg erörtert werden, soweit es sich um die Einrichtungen am Motor selbst handelt. Auf die Kühlmitteleigenschaften soll hier nicht weiter eingegangen werden, doch sei zum besseren Verständnis der folgenden Darlegungen vorausgeschickt, daß im eigenen Betrieb Frischwasser nur für die Kolben der doppeltwirkenden und einiger neuzeitlicher einfachwirkender Zweitaktmotoren, im übrigen aber durchweg Seewasser verwendet wurde. Motoren mit ölgekühlten Kolben fehlten gänzlich.

Mit Ausnahme der Sulzer-Anlagen waren sämtliche Antriebsmotoren mit *Posaunen* für die Zu- und Abführung des Kolbenkühlwassers ausgestattet. Diese Bauweise soll zunächst besprochen werden.

Bei den „Prometheus“-Motoren saßen die Posaunen, wie für die Kreuzkopfbauart von Viertaktmotoren üblich, unmittelbar am Kolben und waren mit Stopfbüchsen durch die obere Abdeckung des Motorgehäuses geführt (Abb. 117). Die Posaunen waren also die einzigen bewegten Teile der Kolbenkühlung. Die windkesselartigen Gehäuse, in welche die Posaunen eintauchten, saßen im Motorgehäuse und waren wegen des Raumbedarfs der bewegten Kreuzköpfe und Treibstangen sehr beengt; andererseits beengten sie selber den oberen Triebwerksraum unerwünschterweise. — Die Konstruktion hatte den großen Nachteil, daß bei undichten Stopfbüchsen Seewasser an die Zylinderlauffläche gespritzt wurde; Leckagen waren aber schon in gutem Zustand der Motoren kaum zu vermeiden, und schon gar nicht bei den Querbewegungen des Kolbens infolge ausgelaufener Einsätze und abgenützter Gleitschuhe. Die Folge der Spritzerei waren außergewöhnliche Abnützungen an den Einsätzen und den Kolbenringen, worauf in den einschlägigen Kapiteln bereits hingewiesen wurde. — Die Raumverhältnisse gestatteten leider den nachträglichen Einbau einer *Abschirmung* für die Stopfbüchsen nicht, wie sie später bei keiner Konstruktion fehlte.

Alle Ausführungen für den Zweitakt entsprachen in den Grundzügen der Abb. 3. Die Posaunenstopfbüchsen befanden sich außerhalb des Motorgehäuses, und dementsprechend saßen die beiden Posaunen an dem gegen den Kreuzkopf geschraubten „Posaunenarm" (der bei den GW-Motoren auch dem Antrieb der Spülpumpen diente). Die Hinleitung des Kühlwassers zu den Anschlüssen am Kolbenoberteil eines einfachwirkenden Motors und zurück erfolgte durch die „Verbindungsrohre" und die „Steigerohre" längs Posaunenarm und Kolbenstange. (Beim doppeltwirkenden Motor lagen die Steigerohre innerhalb der hohlgebohrten Kolbenstange.)

Bezüglich des Wasserablaufs bestand insofern ein Unterschied, als die MAN ihn für die einzelnen Zylinder getrennt in einen Sammeltrichter führte, der noch etwas über den Zylinderdeckeln saß, und von dem aus das Wasser nach außenbords oder in einen Sammeltank im Motorenraum floß (Abb. 210). Die GW ließ demgegenüber das Ablaufwasser jedes Zylinders in einen tiefgelegenen Trichter strömen, von dem aus es in eine Doppelbodenzelle geleitet wurde (Abb. 3). Die GW konnte daher — was nur bei diesen Langsamläufern zulässig war — mit einem *geringen Zulaufdruck* arbeiten; bei vollem Tiefgang des Schiffes genügte sogar der Außenbord-Wasserstand und erübrigte damit die Speisung durch eine Pumpe, zumal die Zulaufposaune an ihrem unteren Ende ein Rückschlagventil besaß und somit als Kühlwasserpumpe mitwirkte (Abb. 119).

Die Unterbringung der Posaunengehäuse in einer Kammer der *Ständer* nach Abb. 4 u. 33 (also außerhalb der Triebwerksebene) verleiht den MAN-Motoren ein gefälliges Aussehen, die seitliche Lage gewährt den Posaunen zudem Schutz gegen Ölspritzer. — Die Gehäuse ebenso wie die damit verbundenen Windkessel waren ursprünglich trotz des Seewassers allgemein meist aus Gußeisen hergestellt, waren also wegen Durchrostens (Wasser und Luft!) frühzeitig erneuerungsbedürftig. Später wurden sie ausschließlich aus Bronze als Ganzes gefertigt oder aus Rohren und Formstücken zusammengebaut. Bei dem stark schwankenden Flüssigkeitspiegel konnte das Mitreißen von Windkesselluft nicht vermieden werden; es mußte daher eine laufende Lufterneuerung vorgesehen sein. Bei dem niedrigen Druck an den GW-Motoren genügte dafür ein Schnüffelventil am Zulaufgehäuse; die MAN hatte eine eigene kleine Luftpumpe eingebaut. — Rücksichten auf den Einbau und ein gefälliges Aussehen hatten fast durchweg zu einer unzweckmäßigen Ausbildung der Windkessel verleitet, nämlich dünn und hoch statt weit und gedrungen. Die dadurch bedingten starken Schwankungen des Flüssigkeitsspiegels begünstigten die abnormale Verringerung des Luftpolsters und vermehrten die schädliche Lufthaltigkeit des Wassers. Nebenbei waren auch allenthalben die seinerzeit typischen Konstruktionsfehler für Windkessel festzustellen, die in der *Anbohrung des Luftraumes* für Kernpfropfen, Probierventile, Belüftungsanschlüsse u. sonstigen Möglichkeiten für unkontrollierbare Luftverluste bestehen.

Auf den Posaunengehäusen saß durchweg eine stabile Laterne, welche unten die Stopfbüchsen gegen Wasser und oben ein paar Abstreifringe gegen letzte Wasserspuren und gegen einen evtl. Ölniederschlag trug. Hier ließen sich die Leckagen auffangen und ableiten und hier konnten auch die Posaunen beobachtet und gelegentlich von Hand (mit Quast) geschmiert werden.

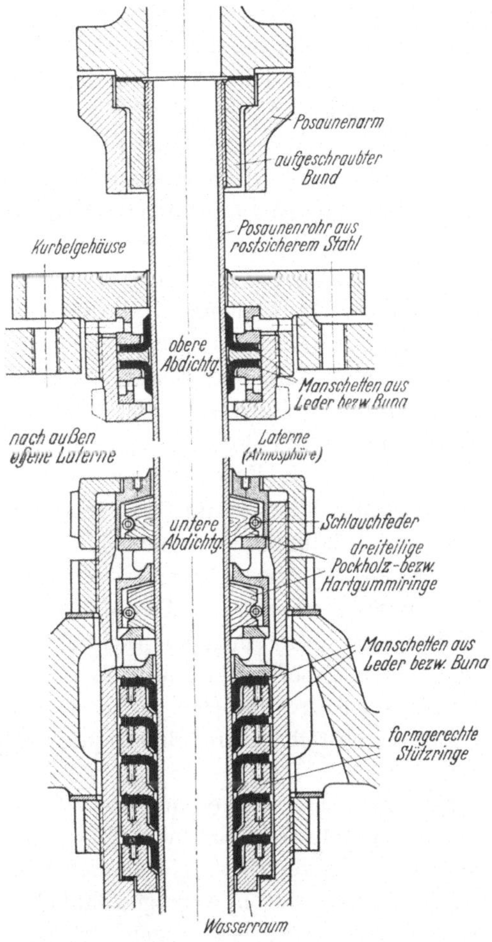

Abb. 118. Posaunenabdichtung.
Abdichtung unten bestehend aus mehreren formgerecht ausgebildeten und abgestützten Manschetten, darüber dreiteilige, durch Schlauchfeder zusammengehaltene Pockholz- oder Hartgummiringe mit Zwischenringen für die Abführung des abgestreiften Wassers. Abstreifeinrichtung oben bestehend aus zwei Manschetten zur Entfernung von letzten Wasserspuren und von Öl, welches sich im Kurbelgehäuse an den Posaunen niedergeschlagen hat.

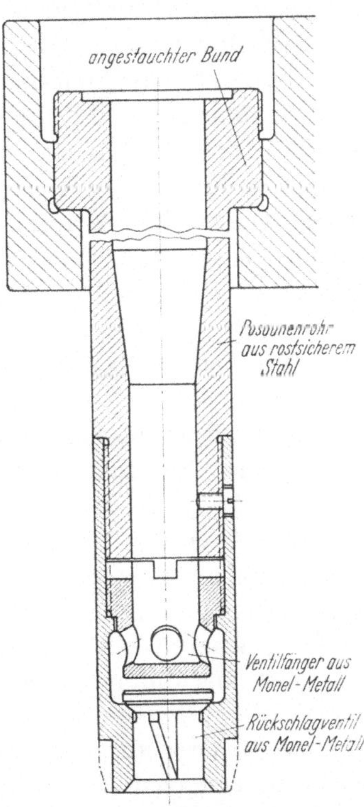

Abb. 119. Kühlwasser-Zulaufposaune eines GW-Motors aus rostsicherem Stahl mit Rückschlagventil am Fußende.

Die Stopfbüchsen gegen Wasser wurden im eigenen Betrieb als Ergebnis langjähriger Erfahrung zuletzt durchweg nach Abb. 118 vorgeschrieben. Die Abdichtung ist durch eine Reihe von Manschetten aus Leder oder Buna bewirkt; von größter Bedeutung war die Form der Stützringe. Sie mußte nicht nur den Wasserdruck richtig hinter den Manschettenhals treten lassen, sondern auch den

Manschetten namentlich in der Hohlkehle gute Abstützung bieten. Gelegentlich war zwischen den Manschetten noch eine kleine Laterne eingeschaltet, in welche von Hand oder mit einer mechanischen Schmierpresse verseifbares Fett gedrückt wurde. — Oberhalb der Abdichtungsmanschetten waren noch ein paar mehrteilige Abstreifringe aus Pockholz oder Hartgummi vorgesehen mit den nötigen Ablaufmöglichkeiten für die abgestreifte Flüssigkeit.

Die Stopfbüchse am oberen Laternenboden bestand entweder aus Leder- bezw. Bunamanschetten oder aus beweglichen Abstreifringen der beschriebenen Art. Wo von Posaunen viel Öl abzustreifen war, und das war bei solchen Motoren der Fall, deren Posaunen auf Mitte Zylinder lagen, mußten Abstreifringe gefordert werden. Bei den MAN Motoren kam dieser Frage nur eine ganz untergeordnete Bedeutung zu; denn die geschützte Anordnung der Posaunen in der Ständerebene hielt sie von Spritzöl völlig frei und ließ nur auf der kalten Zulaufposaune den unvermeidlichen Ölfilm durch den Öldunst im Motorgehäuse entstehen. So war es auch ein Leichtes, einen Frischwasserkreislauf von Verunreinigungen freizuhalten.

Da sich an den alten Motoren auf MT ,,Wilhelm A. Riedemann" die Bronzeposaunen bei Verwendung verschiedenerAbdichtungsmaterialien stark abnützten, war man schon 1925 auf Posaunen aus rostsicherem Stahl übergegangen und ist dabei weiterhin verblieben. — Die GW bediente sich stets einer dickwandigen Ausführung mit einem oben aufgestauchten Bund für die Befestigung; Abb. 119 veranschaulicht eine solche Zulaufposaune mit einem Fußventil aus Monel-Metall. Ihr Gewicht betrug bei 50 mm Außendurchmesser und ca. 1800 mm Länge (für einen Zweitaktmotor von 600 mm Zyl.durchmesser und 1100 mm Hub) rund 40 kg, und entsprechend hoch waren die Anschaffungskosten. Die lange Lebensdauer rechtfertigte allerdings diesen Aufwand. — Die MAN verwendete dagegen dünnwandigere V2A Rohre, die oben einen aufgeschraubten Flansch trugen (Abb. 118). Auch diese Ausführung befriedigte durchaus.

Die Posaunenarme wurden wegen der Massenkräfte natürlich so leicht wie möglich, also aus dünnwandigem Stahlguß hergestellt. Ihre Befestigung ist im Kapitel ,,Kreuzköpfe" besprochen.

Von den waagrechten Verbindungsrohren und den Steigerohren bereiteten besonders die erstgenannten zu Anfang ganz erheblichen Kummer. Meist aus dickwandigem Kupfer hergestellt, mußten sie häufig repariert (gewöhnlich vorgeschuht), wenn nicht erneuert werden, und zwar wegen außergewöhnlicher Schwächung der Wandstärke durch Anfressungen, oder gar wegen Brüchen, die damit in engem Zusammenhang standen. Eine nicht zu beseitigende Ursache der Anfressungen war der mehr oder weniger vermeidbare Luftgehalt des Wassers. Er begünstigte z. B. schon an Flanschverbindungen beim Zurückstehen oder Herausragen der Packung Materialangriffe. In vermehrtem Grade war dies natürlich der Fall in scharfen Umlenkungen an den Enden der Verbindungsrohre und an den vielen, teils vermeidbaren Richtungsänderungen an gehalterten Stellen. Durch das Biegen im warmen Zustand und das Hartlöten von Flanschen und Haltern war zudem das Material örtlich verändert und bot daher Anlaß zu elektrolytischen Wirkungen. Hinzu kam vielfach, daß im Laufe der Jahre bei Kolbenaustausch und Rohrerneuerungen, oft aus falsch verstandener Sparsamkeit, meist aber aus Gedankenlosigkeit, alle Gebote der Austauschbarkeit außer Acht gelassen wurden. Schadhafte Rohre von komplizierter Form wurden ohne besonderen Hinweis zur Reparatur gegeben und dann kritiklos eingebaut und wo sie nicht paßten, trotz der großen Wandstärke gewaltsam herangezogen oder gezwängt. Dies mußte in kurzer Zeit zum Bruch führen und so nahmen die Reparaturkosten recht beträchtliche Ausmaße an. Erst nachdem jedes Schiff eine Schablone für diese Rohre bekommen hatte, und das Personal angehalten wurde, sich dieser ausnahmslos zu bedienen und sie bei Reparaturen an Land zu geben, verringerten sich die Störungen auf ein tragbares Maß.

Waren für die unvermeidbaren scharfen Umlenkungen an den Enden der Verbindungsrohre gegossene Rohrschuhe oder Krümmer wie in Abb. 120 vorgesehen, so war damit schon eine wesentliche Besserung erzielt. — Die fast restlose Beseitigung der Rohrschwierigkeiten ermöglichte erst die Einführung *rostsicheren Stahls* für Verbindungs- und Steigerohre wegen seiner Widerstandsfähig-

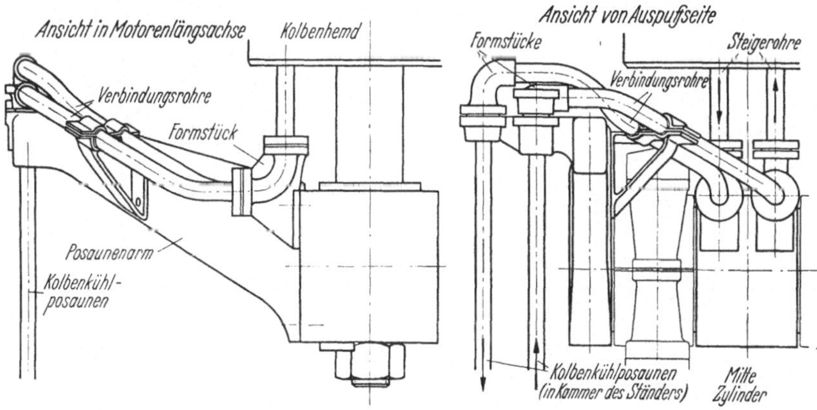

Abb. 120. Kolbenkühl-Verbindungsrohre mit Formstücken an den Umlenkungen beim „Friedrich Breme"-Motor.

keit gegen Korrosionen und Erosionen. Die geringe Elastizität zwang allerdings von vornherein zur Verlegung in sanfteren Krümmungen und zur genauen Einhaltung von Rohrlängen und Flanschstellungen.

Über die Besonderheiten des Kolbenkühlsystems für die *doppeltwirkenden* Zweitaktmotoren siehe das Kapitel „Kolbenstangen".

Eine wesentliche Störungsquelle für Anfressungen und Brüche im Kolbenkühlsystem besteht darin, daß sich das Wasser an den hin- und hergehenden Beschleunigungen des Triebwerks beteiligt. Wie das aus grob vereinfachenden Überlegungen skizzierte Diagramm Abb. 121 zeigt, kann sich daraus ein Unterdruck entwickeln, der zur Dampfbildung führt. Die nachfolgende Kondensation macht sich durch laute Schläge vernehmbar, mahnt also das Personal sofort zur Abhilfe, und diese ist recht einfach. Sie besteht entweder im vermehrten Zusatz von Luft, (was im Interesse der Materialangriffe unwillkommen ist,) oder in der Steigerung des Druckes, so daß die Dampfbildung vermieden wird. Hierzu wird dann entweder die Wassermenge erhöht oder der Wasserabfluß gedrosselt.

Neuere Erkenntnisse (Doktor Diss. Hedderich 1952) haben gezeigt, daß die waagrechten und schrägen, vor allem aber die rückläufigen Rohrstränge des bewegten Teiles des Kühlsystems für die gelegentlich auftretenden Kavitationserscheinungen und Wasserschläge verantwortlich zu machen sind. Durch konstruktive Maßnahmen können jedoch die Kavitationserscheinungen und Wasserschläge an diesen Stellen leicht beseitigt werden, wie in der an der TH. Karlsruhe ausgeführten Arbeit gezeigt wird.

Das Kühlsystem an den Sulzer-Motoren, das in seinen Grundzügen schon in den ersten Entwicklungsjahren benutzt und bis in die neueste Zeit beibehalten wurde, ist in Abb. 122 dargestellt. Hier wird unter hohem Druck das Wasser durch das zentrale, mit einer Düse versehene „Einspritzrohr" eingespritzt. Es sitzt genau ausgerichtet in dem am Ständer befestigten Kolbenkühlkasten und wird umschlossen von dem am Kolbenoberteil sitzenden „Laufrohr", das ebenso genau ausgerichtet sein muß. Zur Aufnahme der Leckagen dient das äußerste

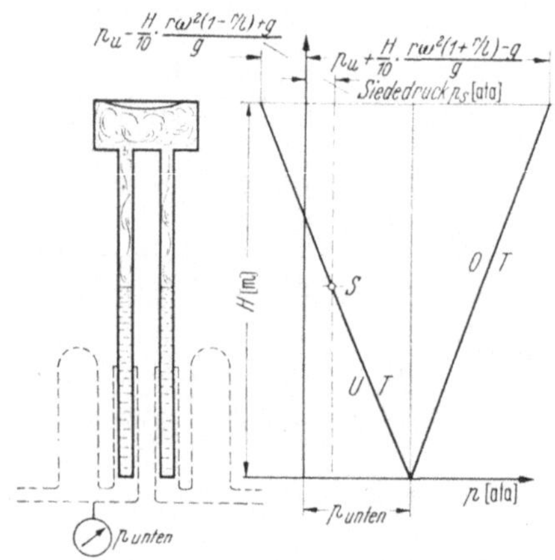

Abb. 121. Schema zur Verdeutlichung der Druckzustände im Kolbenkühlsystem.

Vereinfachenderweise ist das Vorhandensein eines Luftpolsters im Arbeitskolben unberücksichtigt gelassen, und angenommen, daß die Wasserfüllung gleiche Beschleunigungen erfährt wie das bewegte System. Unter diesen Voraussetzungen tritt infolge der Massenkräfte des Wassers im Bereich des oberen Totpunktes die in der Abbildung mit *OT* bezeichnete Druckerhöhung ein, während im Bereich des unteren Totpunktes (für welchen das bewegte Kolbenkühlsystem eingezeichnet ist) der Druck entsprechend der Linie *UT* absinkt. Bei dem im Beispiel angenommenen, zu niedrigen Zulaufdruck erfolgt beim unteren Totpunkt die Drucksenkung bis unter den Siededruck des Wassers, so daß mit den vereinfachenden Annahmen vorübergehend Verdampfung eines Teiles der Wasserfüllung und stoßweises Absinken des Wasserspiegels bis herab zum Punkt *S* eintreten müßte. (Wenn sich die Vorgänge ohne die vereinfachenden Annahmen auch weniger übersichtlich abspielen werden, bestätigen die Wahrnehmungen im Betrieb doch im Prinzip die Gedankengänge.)

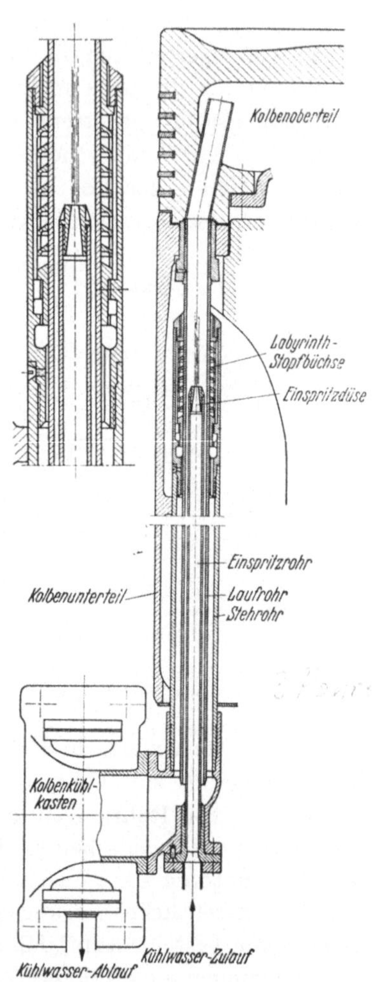

Abb. 122. Teleskoprohr-System für die Kolbenkühlung der Sulzer-Motoren.

Von zwei Systemen pro Zylinder jeweils eines in Betrieb; Kühlwasserzuführung erfolgt durch „Einspritzrohr", Abführung durch „Laufrohr". Äußerstes Rohr („Stehrohr") mit Labyrinth-Stopfbüchse dient als Schutz. Halterung des Einspritzrohres und des Stehrohres im Kolbenkühlkasten, der zugleich der Wasserzu- und -abfuhr dient.

wieder am Kolbenkühlkasten befestigte „Stehrohr", das am oberen Ende eine labyrinthartige Stopfbüchse besitzt. Zwei solche Rohrsysteme sind an jedem Arbeitszylinder eingebaut und an das besondere Kolbenkühlwasser-Netz angeschlossen (vgl. Abb. 5). Im Betrieb ist indessen nur *ein* Einspritzrohr angestellt, das andere dient für den seltenen Fall einer Düsenverstopfung als Reserve (Drahtgaze*filter* vorgeschaltet). Der Ablauf erfolgt jeweils auf der gegenüberliegenden Seite durch das Ablaufrohr und zwar ebenfalls in ein tiefgelegenes Sammelrohr über Schautrichter. — Bei genauer Fixierung und Ausrichtung aller Teile, welche durch die Mitlieferung entsprechender Meßwerkzeuge sehr erleichtert wurde, hielten sich die Abnützungen in erstaunlich geringen Grenzen. Da die Rohre aus gezogenem Spezialmetall waren, ergaben sich auch sonst keinerlei Störungen.

Über die Vorgänge im Kolben selbst ist schon früher manches gesagt. Hier sei nur nochmals hervorgehoben, daß die Hauptrolle für die Kühlung die erwünschte Planschwirkung unter dem Einfluß der Trägheitskräfte spielt. Bei den großen Hüben bildet sich diese auch noch bei ganz niedrigen Fahrtstufen aus. Beispielsweise hört für einen Motor von 1200 mm Hub und einer normalen Drehzahl von 100 Umdr./min das Planschen erst bei weniger als 35 Umdr./min auf, was nach dem Propellergesetz nur einem Achtel des mittleren Druckes bei Vollast entspricht. Hierfür ist aber notfalls die Wärmeableitung durch die Kolbenringe ausreichend. Nimmt die spezifische Belastung allerdings nicht nach dem Propellergesetz ab, beispielsweise gelegentlich einer Erprobung bei festgebundenem Schiff, so ist Vorsicht geboten.

14. Kreuzköpfe.

Die in den Abbildungen gezeigten Kreuzköpfe stellen die drei bei den beschriebenen Motoren vertretenen charakteristischen Formen dar.

In Abb. 123 ist der Kreuzkopf der doppeltwirkenden MAN Motoren mit dem einseitigen Gleitschuh wiedergegeben. Einer der kräftigen, gedrungenen Zapfen ($l/d = 0{,}55$) trägt außen den Flansch für den außerhalb der Zylindermitte liegenden Posaunenarm.

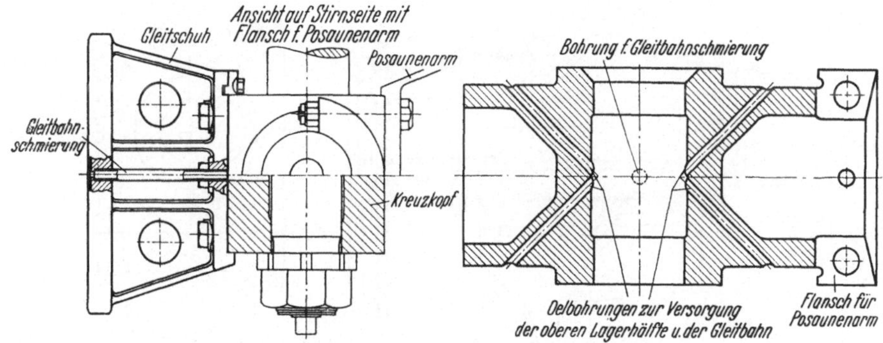

Abb. 123. Kreuzkof und Gleitschuh für doppeltwirkenden MAN-Zweitaktmotor. An einem Kreuzkopfzapfen Flansch für Posaunenarm.

Abb. 124 zeigt die Ausführung der GW mit beiderseitigen Gleitschuhen für die viergleisige Geradführung. Die Zapfen besitzen außen kubische Ansätze gegen welche die Gleitschuhe einzeln geschraubt sind. Der Posaunenarm war hier auf Mitte Zylinder befestigt.

Der durchgehend gelagerte Kreuzkopf von Gebr. Sulzer, wie er bei dem Motor auf MT „Paul Harneit“ angewandt war, ist aus der Abb. 125 zu erkennen. Er trug die einteiligen Gleitschuhe auf den verjüngten Außenzapfen aufgepreßt.

Über die Gesichtspunkte, die sich aus der Lagerung und der Verbindung mit der Kolbenstange ergaben, ist unter „Treibstangen“ und „Kolbenstangen“ gesprochen. — Was das Einarbeiten der Kolbenstangen in die Kreuzköpfe betrifft,

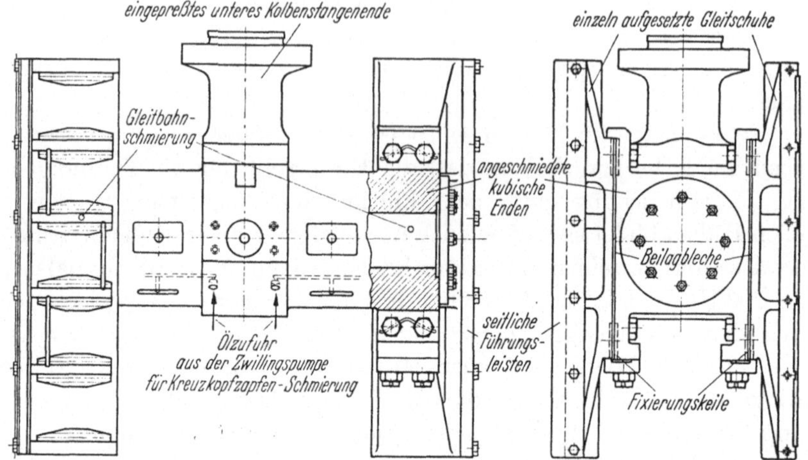

Abb. 124. Kreuzkopf und Gleitschuhe für neuere GW-Zweitaktmotoren mit viergleisiger Geradführung. Kreuzkopf besitzt beiderseits angeschmiedete kubische Enden mit Lappen zur Befestigung der Einzel-Gleitschuhe. Diese tragen außen die Leisten für seitliche Führung. Beachte die Ausbildung der Schmiernuten und -taschen an den Gleitschuhen!

so war dies ohne die erörterten Schutzmaßnahmen auch bei den kräftigen, neuzeitlichen Kreuzköpfen nicht ganz zu vermeiden.

Das Nacharbeiten der Aufsitzflächen für Kolbenstange (und Mutter) war ursprünglich häufiger notwendig als das Nachdrehen abgenutzter Zapfen, selbst

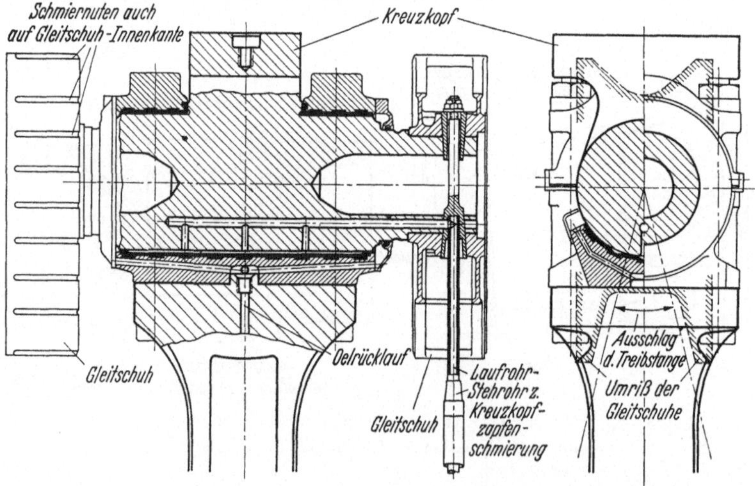

Abb. 125. Kreuzkopf für Schichau-Sulzer-Motor auf MT „Paul Harneit“. Durchgehende Unterschale des Kreuzkopfzapfen-Lagers im geschlossenen Treibstangenkopf; Gleitschuhe für viergleisige Geradführung aufgepreßt. In eine der beiden unteren Arretierhülsen ist das Teleskop-Laufrohr für die Kreuzkopfzapfen-Schmierung eingesetzt.

bei den ungünstigen Belastungs- und Schmier-Verhältnissen, wie sie beim einfachwirkenden Zweitakt vorlagen. Bei diesen mußte man ungünstigenfalls etwa alle vier Jahre die Zapfen nachdrehen, konnte dies allerdings bis zu einem gewissen

Grad mit dem Originalradius bei exzentrischem Mittel, wie dies in Abb. 126 übertrieben dargestellt ist. Auf diese Weise konnten die Lager zunächst ihre Ursprungsbohrung behalten. Später mußten die Zapfen freilich wieder auf zylindrische Form bei verkleinertem Durchmesser gebracht werden, was sich dann auf die Lager einschließlich deren Reservebestand auswirkte.

An den Viertaktmotoren, den doppeltwirkenden Zweitaktmotoren und an den einfachwirkenden Zweitaktmotoren mit durchgehend gelagerten Zapfen bedurfte es während der ganzen Beobachtungszeit überhaupt keiner Nacharbeit an den Laufflächen.

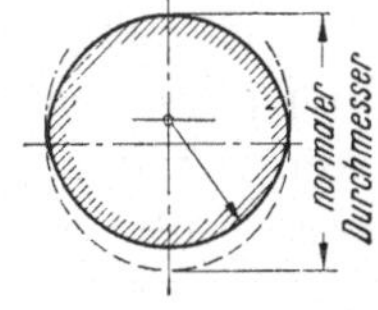

Abb. 126. Exzentrisches Nachdrehen der Lauffläche abgenützter Kreuzkopfzapfen von einfachwirkenden Zweitaktmotoren.

Die Auflagefläche der Kolbenstange war nicht die einzige Stelle, die einem Materialabbau durch Atmen der Fuge und Kapillarwirkung von Schmieröl unterlag. In verringertem Maße trat dies auch bei den Verbindungsflächen zwischen Kreuzkopf und Gleitschuh bzw. Posaunenarm auf. Dabei waren gerade die erstgenannten Flächen besonders gefährdet, wenn sie von der Ölzufuhr zur Gleitbahn gekreuzt wurden, wie dies bei der eingleisigen Geradführung nach Abb. 124 der Fall war. Zu dem starken Atmen, das von Querbewegungen des Triebwerks ausgeht, kam hier leider die Tatsache, daß meist Beilagbleche eingefügt waren, die den Kolben in die Zylindermitte zu bringen gestatteten und eine Fülle unerwünschter Fugen mit sich brachten.

15. Gleitschuhe, Gleitbahnen.

Nahezu die Hälfte aller Motoren besaß viergleisige Gleitbahnen (Abb. 127), nämlich sämtliche Sulzermotoren und die GW Motoren, die nach 1930 gebaut waren. Ihr Vorteil besteht in einer beiderseitigen Beobachtungsmöglichkeit des oberen Triebwerkes, vor allem auch der beiden Gleitbahnseiten durch die Schau-

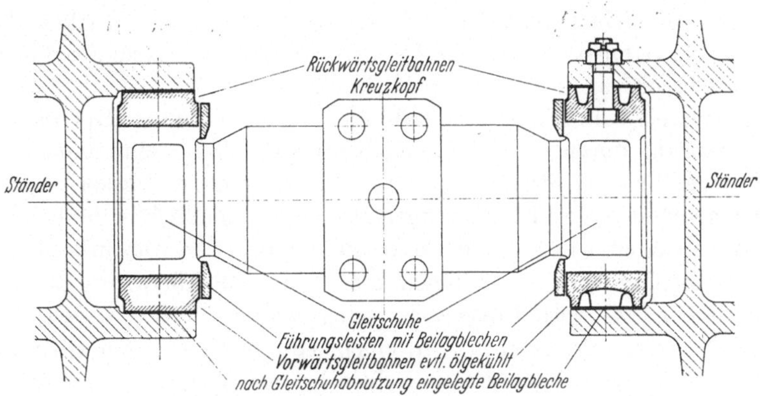

Abb. 127. Viergleisige Gleitbahnen.

löcher in der Verschalung, in einer besseren Zugänglichkeit bei Überholungen und in günstigeren Betriebsbedingungen bei Rückwärtsfahrt infolge gleich großer Gleitflächen.

Die einseitige Geradführung (Abb. 128) hat den Vorteil geringeren Aufwandes und bietet für das Gestell bei der normalen Ständerkonstruktion eine wertvolle Versteifung. Doch ist bei ihr der schmale Streifen zwischen den beiden Rückwärtsschienen als der einzig offene Teil durch Treibstange, Kreuzkopf und Kolbenstange (beim einfachwirkenden Zweitakt auch noch durch das Kolbenunterteil) gegen einen Blick durch das Schauloch verdeckt, also die ganze Gleitbahnfläche der Beobachtung entzogen. Für die Betriebsüberwachung bleibt schließlich nur das Befühlen der Vorwärtsgleitbahn von außen.

In zwei Fällen führte dieser Mangel an Beobachtungsmöglichkeit zu unerwünschten Störungen. — An dem mehrfach erwähnten Siebenzylindermotor war nach mehreren Jahren in betriebswarmem Zustand der Druck des Umlaufschmieröles nicht mehr zu halten. Nachdem verschiedene Fehlerquellen wie die Schmierölpumpe, die Triebwerkslager u. andere ergebnislos untersucht worden waren, prüfte man die Gleitschuhe und stellte neben dem von 0,15 auf 0,6 mm vergrößerten Spiel fest, daß der Hersteller dem Gleitschuh eine sehr große Schmierbohrung vom Kreuzkopf zur Gleitbahn gegeben hatte. Bei warmem Öl entwich durch diese, solange der Gleitschuh auf den Rückwärtsschienen lief (im Aufwärtsgang) eine außergewöhnliche Ölmenge und führte zur Senkung des Druckes. Die Korrektur des Gleitbahnspieles und die Verkleinerung der Ölbohrung auf den halben Querschnitt beseitigte diese Störung für immer.

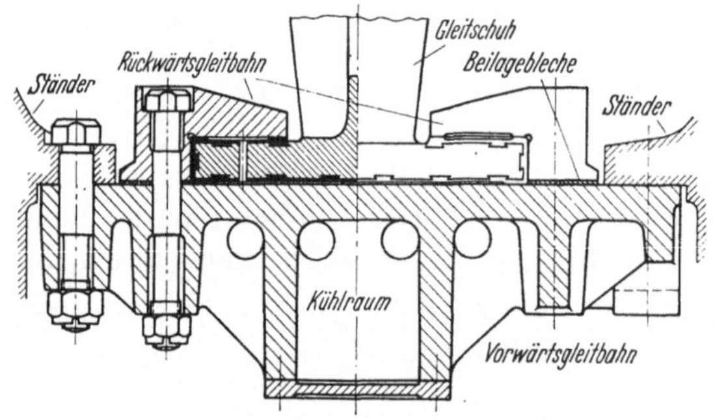

Abb. 128. Einseitige Geradführung.
Mittelpartie wassergekühlt, außerdem stark verrippt; Nachstellen des Gleitbahnspieles durch Herausnahme von Beilagblechen. Beachte den ganz umgossenen Gleitschuh und die Bohrungen, welche von den Schmiernuten der Vorwärts-Lauffläche zu denjenigen auf der Rückwärts-Lauffläche führen!

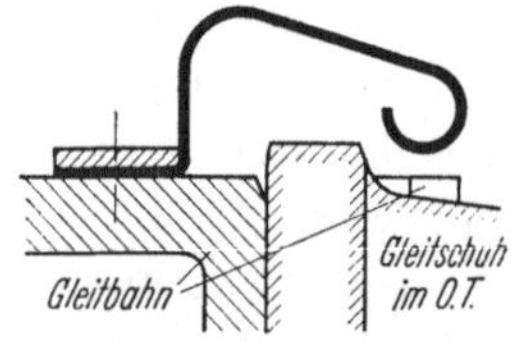

Abb. 129. Fangblech über Gleitbahn mit seitlicher Neigung zur Aufnahme und Abführung des vom Gleitschuh abgespritzten Schmieröles.

Beim anderen Fall handelte es sich um die bereits unter „Zylindereinsätze“ erwähnte Störung durch wiederholte Kolbenfresser. Man stellte damals fest, daß reichlich zugeführtes Gleitbahnöl gegen das Kolbenunterteil gespritzt, durch die Abstreifringe nicht ordentlich zurückgehalten und schließlich in die Laufbüchsenschlitze transportiert wurde, wo es verkrustete und in den Auspuffschlitzen unter bestimmten Bedingungen zum Glühen kam. Da die Schlitze einseitig lagen und die Zylindereinsätze verhältnismäßig weich waren, verzogen sich diese und führten zum Fressen der Kolben. Mit einem Fangblech über der Gleitbahn nach Abb. 129, das übrigens später allenthalben bei eingleisiger Geradführung nachträglich angebracht wurde, hielt man das vom Gleitschuh herrührende Spritzöl vom Kolbenunterteil ab. Überdies wurde seitdem das Schmieröl für die Gleitbahn von außen in knapper Menge über getrennte kleine Schautrichter sichtbar zugeführt.

Die Größe der Vorwärtsgleitflächen, und bei der viergleisigen Führung auch diejenige der Rückwärtsflächen, stimmte meist mit der Größe der Kolbenflächen überein; bei der einseitigen Führung konnte die Rückwärtsfläche nur etwa $^2/_3$

der Vorwärtsfläche betragen. Diese Bemessung führte im normalen Vorwärtsbetrieb zu einem Flächendruck von rund 4 kg/cm² und bei Vorwärtsanlaßmanövern zu rund 5 kg/cm² auf der Vorwärtsseite. Während des Rückwärtsbetriebes ergaben sich entsprechend höhere Werte bei einseitiger Führung.

Die Diagramme Abb. 130 u. 131 geben den ungefähren Verlauf der Kräfte auf die Gleitbahn für einen einfachwirkenden und einen doppeltwirkenden Zweitaktmotor wieder und zwar übereinander gezeichnet für die Anlaßzündungen (geringe Drehzahl) und den normalen Betrieb. Bemerkenswert ist in beiden Fällen die Spitze im oberen (beim doppeltwirkenden Motor auch im unteren) Hubbereich, wo also die Gleitgeschwindigkeit noch mäßig und die erwünschte Schmierkeilbildung daher unvollkommen ist (besonders bei niedriger Drehzahl). Beim einfachwirkenden Zweitakt wechseln nach dem dargestellten Druckverlauf im normalen Betrieb zu Beginn beider Hübe die Gleitschuhe ihre Auflage zwischen Vorwärts- und Rückwärtsbahn; dieser Wechsel ist u. U. in Frage gestellt bei Bauarten, wo der Kolben durch einseitige Überdrücke von seiten der Steuerschlitze auf die Seite der Vorwärtsgleitbahn gedrängt ist. — Beim doppeltwirkenden Zweitakt kommt es im normalen Betrieb vielleicht zu gar keinem Wechsel, weil die Druckrichtung gegen die Rückwärtsbahn nur kurz vor O.T. und U.T. auftritt. Die Rückwärtsgleitbahn wird also vermutlich nur im Rückwärtsbetrieb in Anspruch genommen. — Dies erklärt wohl den außergewöhnlich geringen Verschleiß in der Geradführung der doppeltwirkenden MAN-Motoren, die selbst in ganz langen Zeiträumen keiner Nachstellung bedurfte. — Darin wird auch ein wesentlicher Grund dafür zu suchen sein, daß sich das Einarbeiten der Kolbenstangen in den Kreuzkopf bei den doppeltwirkenden Zweitaktmotoren trotz ungünstigerer Kraftwechselverhältnisse kaum bemerkbar machte.

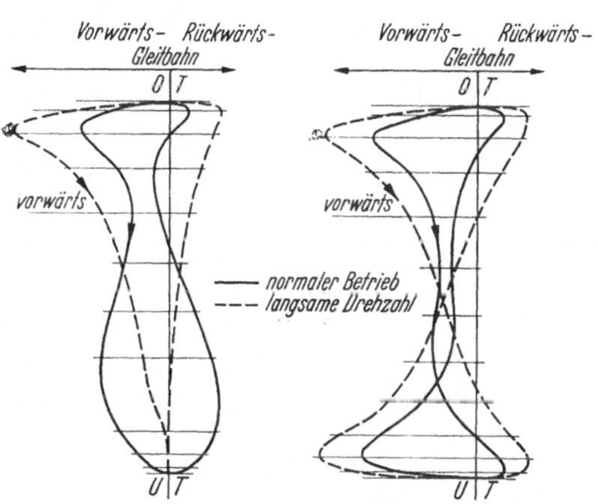

Abb. 130—131. Gleitbahndrücke im normalen Betrieb und bei langsamer Drehzahl bzw. während der ersten Zündungen beim Anfahren.
Links: bei einem einfachwirkenden, rechts: bei einem doppeltwirkenden Zweitaktmotor mit einer Betriebszahl von etwa 110 U/min.

Maximal stimmt die Gleitschuhgeschwindigkeit fast genau mit der Umfangsgeschwindigkeit der Kurbelzapfenmitte überein. Sie schafft also mit der üblichen Ausbildung der Schmiernuten nach Abb. 124, die Voraussetzungen für eine wirksame Schmierung. An Hand dieser Abbildung wird auch noch auf die Ausbildung des oberen und unteren Randes hingewiesen, die ein unwillkommenes Abschaben des Öles vermied. — Für die wirksame Schmierung der Rückwärtsbahn waren bei der einseitigen Geradführung am Fuß des Gleitschuhs durchgehende Bohrungen vorgesehen. Wesentlich war ferner, daß die Gleitschuhe *ganz umgossen* (hochwertiges WM 80) waren und dem Öl keine Gelegenheit boten, unerfaßt nach unten abzulaufen. — Seitlich liefen die Gleitschuhe mit 0,15 bis 0,2 Millimeter Spiel zwischen den Leisten und gaben damit dem ganzen Triebwerk auch seine Führung in Motoren-Längsrichtung.

Die Abnützung beschränkte sich stets auf den Weißmetallbelag, und zwar meist auf die Rückwärtsseite. In keinem Fall wurden hohl- oder schiefgelaufene Gleitbahnen festgestellt, selbst nicht bei schlecht gepflegten Motoren, wo man sicherheitshalber die Gleitbahnen in der Werkstätte kontrollierte!

Der Verschleiß wurde ausgeglichen durch Entnahme bzw. Hinzufügen dünner Bleche an den Gleitbahnleisten oder an den Gleitschuhen— je nach Konstruktion.

Das Nachstellen der Gleitbahnen durfte übrigens nie ohne gleichzeitige Kontrolle des Triebwerkes in bezug auf die Zylinderachse erfolgen. Im eigenen Betrieb war für diese Arbeit jedem Schiff ein langer stabiler (hohler) Meßdorn an Bord gegeben, welcher, am unteren Ende wie die Kolbenstange ausgebildet, zur Messung mit dem Kreuzkopf verbunden wurde. Bei der einseitigen Geradführung mußte — gegebenenfalls zugleich mit Verringerung des Gleitbahnspieles — die Entfernung der Gleitschuhfläche von Kolbenstangenmitte durch Einlegen eines Bleches zwischen Kreuzkopf und Gleitschuh vergrößert werden.

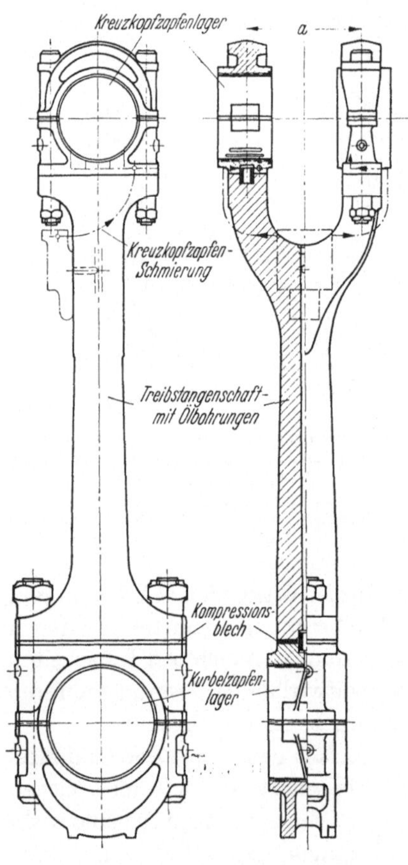

Abb. 132. Normale Treibstangen-Bauart. Schaft mit ebenen Flanschen für Kurbelzapfen- und Kreuzkopfzapfenlager.

Auch an den Organen der Geradführung konnten übrigens die Ölkapillarwirkungen festgestellt werden, denn auch hier war das Atmen unvermeidlich. An einem Motortyp traten sie trotz Fehlens von Beilagblechen sogar stark in Erscheinung und zwar besonders stark an den Motorenden, was durch ein unvermutetes Anwachsen des Gleitbahnspieles erkennbar wurde. Hier hatten sich nämlich nach etwa 6 Jahren die Auflageleisten der etwa nach Abb. 127 ausgebildeten Gleitbahnen in die Flächen der Ständer bis zu 1 mm eingearbeitet! Eine Abhilfe war nur dadurch möglich, daß man massive Gußeisenleisten auf die erhaben gebliebenen Stellen aufsetzte.

Für die Wärmeabfuhr waren bis zuletzt sowohl gekühlte wie ungekühlte Gleitbahnen in Gebrauch. Wenn überhaupt, war meist nur die Vorwärtsseite gekühlt. Die ungekühlten einseitigen Geradführungen waren reichlich mit versteifenden und wärmeabführenden Rippen ausgestattet.

16. Treibstangen.

Abb. 132 zeigt die aus dem Schiffsdampfmaschinenbau übernommene bewährte Bauart der Treibstangen, wie sie sich zum Teil bis heute erhalten hat. Auf ebenen Flanschen trägt der Schaft getrennte, stabile Lagerkörper aus Stahlguß oder geschmiedetem Stahl. Der obere Teil ist gegabelt, da im allgemeinen die

Kolbenstangenbefestigung den mittleren Teil des Kreuzkopfs beansprucht. Abweichend davon besaßen die älteren Sulzer-Motoren Stangen nach Abb. 133, wo herausdrehbare Lagerschalen in zylindrische Sättel der Stange und der Lagerdeckel eingelegt waren. Diese Anordnung sollte die Nacharbeiten erleichtern.

Später wurden allgemein die Stangen mit ebenen Verbindungsflächen benützt. Da beim einfachwirkenden Zweitakt die Kolbenstange in den Kreuzkopf eingepreßt oder auf diesen aufgeflanscht werden konnte, waren statt der Gabel, die bei aller Beschränkung des Maßes „a“ weich bleibt, für das obere Stangenende Formen wie in Abb. 134 bzw in Abb. 125 möglich. Die letztere hatte nebenbei den Vorteil der großen Lagerfläche für das bekanntlich überaus ungünstig beanspruchte Kreuzkopfzapfenlager.

Das Treibstangenverhältnis war durchweg 1:4. Kurbelzapfen- wie Kreuzkopfzapfenlager hatten knappe Tragflächen, was bei beiden zu Flächendrücken bis zu 130 kg/cm² (ohne Berücksichtigung der Massenkräfte) führte. Im Gegensatz zu den Grundplattenlagern waren, wie Lagertemperaturen und Abnützungen zeigten, diese Belastungen anwendbar, weil bei der Art der Beanspruchung und dem günstigen Zapfenverhältnis ($l/d = 0{,}7 - 0{,}9$ bei den Kurbelzapfenlagern und $0{,}55 - 0{,}7$ bei den Kreuzkopfzapfenlagern) Kantenpressungen nicht auftraten.

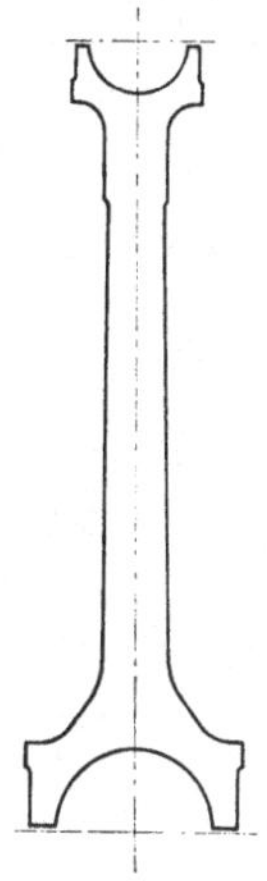

Abb. 133. Stangenschaft an älteren Sulzer-Motoren mit runden Sätteln für herausdrehbare Lagerschalen.

Nur eine ältere Anlage mit einfachwirkenden Zweitaktmotoren und Stangen nach Abb. 133 bereitete in dieser Hinsicht zunächst Schwierigkeiten. Die in den Kreuzkopfzapfen und den Treibstangengabeln etwas knapp bemessenen Stangen deformierten sich offenbar unter den abnormalen Zünddrücken bei Manövern (langsamlaufende Motoren, große Propeller). Dadurch brach der Weißmetall-Ausguß der Kreuzkopflagerschalen im inneren

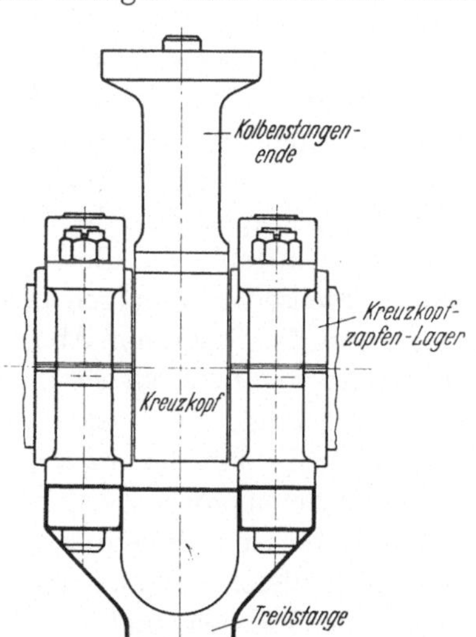

Abb. 134. Neuerer Treibstangenschaft der einfachwirkenden GW-Motoren.
Am oberen Ende hochgeschlossen. Das in den Kreuzkopf eingepreßte Kolbenstangenende benötigt ja keinen Raum für eine Mutter.

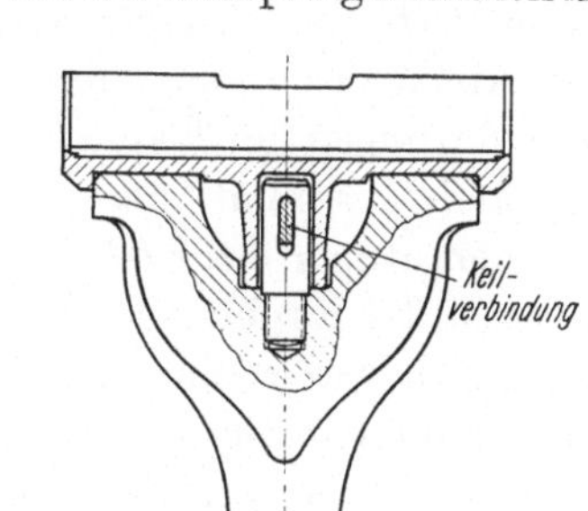

Abb. 135. Abänderungskonstruktion für weiche Treibstangengabel unter Verwendung einer durchgehenden, gegen den Gabelgrund abgestützten Lagerschale für den Kreuzkopfzapfen. Die Kolbenstange war mit Flansch auf dem Kreuzkopf befestigt und benötigte keinen Raum für eine Mutter.

Teil trotz aller Sorgfalt, die bei wiederholten Reparaturen aufgewandt wurde. — Die Abhilfe bestand in der Konstruktion Abb. 135, bei der eine durchgehende Stahlgußlagerschale mit leichter Vorspannung gegen den Grund der Treibstangengabel verkeilt wurde. Dadurch wurde neben einer umweglosen Kraftübertragung eine sehr geringe spezifische Lagerbelastung erreicht. — (Die Kolbenstange war von vornherein mit Flansch auf den Kreuzkopf gesetzt, so daß bei dem Umbau nur dessen mittlerer kubischer Teil unten zylindrisch nachgearbeitet werden mußte. Ebenso bemerkenswert wie die konstruktive Lösung war die geringe Zeit, in welcher die acht Zylinder der betreffenden Anlage im Zusammenwirken von Werft und Motorenfabrik im Binnenland geändert wurden. Sie betrug nämlich nur 16 Tage!)

Ein Bruch von Treibstangen*schrauben* trat nie auf. Diese waren durchweg formgerecht ausgeführt (Abb. 136), im Durchmesser, wo kein Einpaß erforderlich war, so dünn und dehnbar wie möglich, und in den Gewinden peinlich sauber bearbeitet. Die gleiche Sorgfalt war an den Muttergewinden, und an allen Auflageflächen der Muttern, der Köpfe und der Lagerkörper aufgewandt. Daß es hierauf bei Viertaktmotoren und vor allem bei den doppeltwirkenden Zweitaktmotoren mit ihren wechselnden Kraftrichtungen besonders ankam, bedarf kaum der Erwähnung. Aber auch bei den einfachwirkenden Zweitaktmotoren war die Beachtung dieser Punkte zur Selbstverständlichkeit geworden.

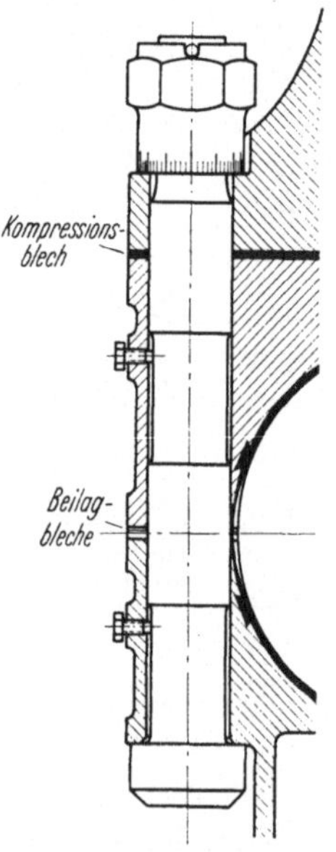

Abb. 136. Formgerechte Treibstangenschraube.

Die Spannungsverbindung, welche diese Schrauben herzustellen haben, ist besonders schwer aufrecht zu erhalten; denn der zusammengedrückte Teil, die „Hülse“ enthält neben den verhältnismäßig steifen Lagerkörpern und den Stangenfüßen die Beilagbleche (zur Berichtigung des Lagerspiels) und am Kurbelzapfenlager meist noch das „Kompressionsblech“ (vgl. Abb. 136). Ursprünglich sind es meist — ohne Hinzuzählung der Auflageflächen von Mutter und Schraubenkopf — an den Kreuzkopflagern 6 Fugen und an dem Kurbelzapfenlager bei Vorhandensein eines Kompressionsbleches 8 Fugen. Beim Auftreten der Betriebskräfte werden sich zunächst alle diese Oberflächen gegenseitig einprägen bzw. glätten. Der Abbau der Vorspannung mit allen Folgen (vgl. das Diagramm Abb. 38 und die Ausführungen im Kapitel „Zuganker“) ist also nur zu leicht gegeben. Unter Umständen kommt dieser Abbau nie zum Stillstand. Die vielen Berührungsflächen atmen mehr oder weniger und unterliegen somit den ständigen Angriffen durch die Kapillarwirkungen eingedrungenen Schmieröles, sie werden rauh, prägen sich weiter ein, und der Anfang vom Ende ist z. B. die völlige Zerstörung der dünnen Bleche. Natürlich vollzieht sich dieser Vorgang um so rascher, je weicher die Verbindungen, je unebener die Flächen sind, und je schlechter das Öl ist.

Die Fugen sind ständig vom Öl umgeben, immer von außen benetzt, zum Teil sogar in direkter Berührung mit dem umlaufenden Öl, wie an den Teilfugen der Lager, wo dünne Bleche (mit einer stärkeren Platte zur besseren Handhabung verschraubt) zur Korrektur des Lagerspiels an die seitliche Öltasche grenzen. Diese Blechpakete sind zudem meist hufeisenförmig um die Treibstangenschrauben gelegt, lassen das Öl also an deren Bohrung gelangen, wo es sich z. B. bis zum Kompressionsblech hocharbeiten kann, wenn die Schrauben durch mehrmaliges Ausbauen in der Bohrung etwas loser geworden sind. — Gerade die Oberflächen am Stangenfuß sind aber wegen des hohen Flächendruckes sehr empfindlich. Die Neukonstruktion sieht hier ein einziges geschliffenes Blech vor, dessen Ergänzung durch dünnere Beilagbleche im Laufe des Betriebs einen groben Verstoß gegen die Betriebssicherheit darstellen würde. Beim Austausch ist ein ebensolches Blech veränderter Dicke einzubauen an Stelle des alten. Gelegentlich wurden zur Vereinfachung eines Austausches die Kompressionsbleche um die Schrauben bogenförmig geschlitzt (Abb. 137), was leider den Ölzutritt an die Auflageflächen erleichterte. Man konnte dann nach einiger Zeit erhabene Flächen feststellen, deren Ränder beim Austausch des Bleches zum Aufliegen kamen und bald nachgaben. Von diesem Gesichtspunkt aus wurden auch nie die Aussparungen in den Lagerkörpern begrüßt, die der Gewichtsersparnis dienen sollten.

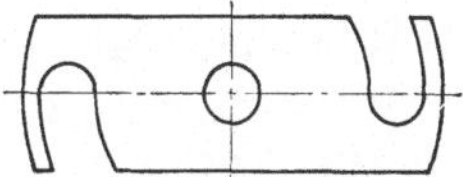

Abb. 137. Kompressionsblech mit bogenförmigen Schlitzen für Treibstangenschrauben.

Wenn trotz dieser betrieblichen Gefahrenquelle Schraubenbrüche tatsächlich ausblieben, so war dies nicht zuletzt einem gut erzogenen Personal und dauernder Nacharbeit der angegriffenen Flächen zuzuschreiben. Das Personal war sich darüber klar, daß die Korrektur des Kompressionsenddruckes nur Sinn hatte, wenn es sich um mehr als 2 at handelte. Dies entsprach aber einer Beilage von etwa $2\frac{1}{2}$ mm, die notfalls bis zur nächsten Werftzeit hinzugefügt werden konnte, ohne zerrieben zu werden. Im übrigen verfügte jede Motorenanlage über eine größere Zahl ganzer geschliffener Kompressionsbleche mit Übermaß verschiedener Stärke, auf die im Bedarfsfall zurückgegriffen werden konnte.

Das ständige Nachdrehen der rauhen Oberflächen schwächte die Stangenfüße und Lagerkörper im Lauf der Jahre oft um mehr als 3 mm, was, falls bei der Neukonstruktion nicht berücksichtigt, schon nahezu die zulässige Grenze darstellte.

Bei einer Anlage mit einfachwirkenden Zweitaktmotoren entwich an den längere Zeit nicht nachgedrehten Auflageflächen der Kreuzkopfzapfenlager auf den Stangen das Öl, das unter hohem Druck von einer Spezial-Schmierölpumpe (siehe später) den Lagern zugeführt werden sollte, so daß die Lager selbst im Leerlauf warm liefen. Dabei war allerdings die Druckleitung dieser Pumpe an den Treibstangenfuß angeschlossen und nicht wie in Abb. 132 unmittelbar an das Kreuzkopfzapfenlager.

Besonders ungünstig machten sich die Kapillarwirkungen an den tragenden runden Lagerschalen der Stangenkonstruktion Abb. 133 bemerkbar, und zwar vor allem an den Kurbelzapfenlagern, obgleich bei dieser Konstruktion keine nach oben führende Stangenbohrung vorhanden war, welche das Öl zu den oberen Lagern brachte; denn hierfür war ein System mit außenliegenden Posaunen (siehe später) vorgesehen. Aber die Schalen hatten den Nachteil, daß sie sich beim Ausgießen verzogen und vor dem Fertigdrehen durch Hämmern der Lauffläche gerichtet werden mußten. Im Lauf von 10 Jahren war der Reservebestand an Lagern nicht mehr ganz einwandfrei, auch die Stangen hatten in ihren Sattelflächen etwas gelitten und so saßen die Schalen nicht mehr satt auf. Das Schmieröl konnte dann durch die geschlitzten Beilagen in den Lagertrennfugen und an den mittlerweile loser gewordenen Treibstangenschrauben vorbei hinter die Schalen treten und dort seine zerstörende Wirkung ausüben. An einer Anlage kam es soweit, daß nach einer längeren Abwesenheit des Schiffes von einem heimischen Hafen die Lagerschalen um 2 mm in die Stangen eingearbeitet waren! Die Nacharbeit, die sich wegen der Wiederherstellung völliger Austauschbarkeit natürlich auch auf die Reserveschalen erstrecken mußte, gestaltete sich sehr kostspielig, und sicher trug diese Tatsache dazu bei, daß diese Stangenkonstruktion zugunsten der Bauart mit ebenen Tragflächen verlassen wurde.

Selbstverständlich waren alle Treibstangenlager mit bestem Weißmetall (WM 80) ausgegossen.

Wie schon in der Einleitung erwähnt, war das Triebwerk der GW-Motoren auf MT „Wilhelm A. Riedemann“ bis zum Umbau 1926/27 für Tropfschmierung eingerichtet! Dies war nur möglich, weil bei der Betriebsdrehzahl von 125 U/min während der Kompressionsperiode infolge der Massenkräfte ein kurzer Lastwechsel eintrat. Bei geringerer Drehzahl fiel dieser weg, und dieser Umstand verursachte ganz erhebliche Scherereien und Lagerarbeiten. Besonders empfindlich waren die unteren Treibstangenlager, wie alle Lager mit Tropfschmierung, gegen *seitliches Anlaufen*, so daß der Drucklagereinstellung größte Aufmerksamkeit geschenkt werden mußte.

Die Schmierung der Kurbelzapfenlager bereitete nach Einführung der Druckschmierung bei keiner Motortype mehr Schwierigkeiten. Bei 2,0 bis 2,8 m/sek Umfangsgeschwindigkeit der Zapfen waren — ebenso wie bei den Grundlagern — die Erkenntnisse aus der Schmiertheorie ohne weiteres anwendbar, und so ließ man alsbald jegliche Verteilnuten als störend weg. Die Verteilung des aus den Kurbelzapfenbohrungen zugeführten Öles übernahmen die seitlichen Öltaschen (Abb. 132). Bei einwandfreier Ölpflege ergaben sich dabei so geringe Abnützungen, daß das normale Lagerspiel von 1 pro Mille des Zapfendurchmessers nur *einmal* in der von den Klassifikationsgesellschaften bestimmten Besichtigungsperiode nachgestellt werden mußte. — Für die Weiterleitung des Öles zu den oberen Treibstangenlagern erhielten die Lager — je nach Konstruktion in beiden Lagerhälften oder nur in der oberen — winkelrechte oder leicht geneigte Ringnuten. Die letztere Ausführung, die allerdings zwei diametral gegenüberliegende Bohrungen im Wellenzapfen bedingte, verdient den Vorzug.

Auch die Schmierung der Kreuzkopfzapfenlager der Viertakt- und der doppeltwirkenden Zweitaktmotoren stellte kein besonderes Problem dar. Schon bei mäßigem Schmierdruck wurden die beiden Lagerhälften infolge des Druckwechsels immer genügend unter Öl gehalten, obwohl die maximale Zapfengeschwindigkeit der schwingenden Bewegung nur etwa 0,2 m/sek betrug.

Anders beim *einfachwirkenden Zweitakt.* Hier fehlte der Lastwechsel, und selbst wenn er bei etwa 120 Umdrehungen pro Minute für einen kurzen Augenblick während des Kompressionshubes auftrat, so kam er doch bei verringerter Drehzahl nicht zustande. Kurzum, es bedurfte besonderer Vorkehrungen, um das Öl zwischen Zapfen und Lagerfläche zu pressen.

Gebrüder Sulzer bewerkstelligten dies von jeher durch ein bewährtes besonderes Hochdruck-Ölsystem, in dem durch eine eigene Kolbenpumpe das Öl mittels Posaunen den Kreuzkopfzapfen zugeführt wurde (Abb. 125). Der Öldruck mußte dabei an älteren Ausführungen mit Doppellagern 12—15 at, bei den neueren durchgehenden 6—9 at betragen. Diese Einrichtung hatte neben dem geringen Aufwand an bewegten Teilen den Vorzug, daß wenigstens für das ganze System eine Kontroll- und Reguliermöglichkeit bestand, wenngleich die Belieferung der einzelnen Lagerstellen auch nur durch die Lagertemperatur beurteilt werden konnte. Störungen haben sich aber nie ergeben; bei der vorzüglichen Schmierung und der Verschleißunempfindlichkeit der Gleitschuh-Ausführung bereiteten auch die eingeschliffenen Abdichtungen der Posaunen keine Schwierigkeiten.

Die MAN und die GW lösten bei solchen Motoren die Kreuzkopfzapfenschmierung durch kleine Zwillingspumpen (je eine Pumpe für jeden Zapfen), die an jeder Treibstangengabel oder an jedem Kreuzkopf angebaut waren und durch die Relativbewegung zwischen beiden betätigt wurden. Dabei benützte die MAN größere ringgedichtete Schleppkolben (Abb. 138), die GW kleine eingeschliffene Stempel. Zwar war hier für jeden Zapfen eine besondere Pumpe vorgesehen, aber eine Kontrolle über die Förderung fehlte doch, es sei denn die Lagertemperatur. — Tatsächlich haben auch diese Pumpen vollauf befriedigt; an älteren Motoren störte allerdings, daß die Gelenke des unter recht beträchtlichen Lagerdrücken schwingend bewegten Antriebsgestänges häufiger ausgebüchst werden mußten, weil man sich bei der Schmierung der Lagerbüchsen zu sehr auf das Spritzöl im Kurbelgehäuse verlassen hatte. Die Ölverteilung auf der Lauffläche des Kreuzkopfs erfolgte durch ein System von Längsnuten im Lagermetall, die — ohne gegenseitige Verbindung — so weit voneinander entfernt waren, daß eine vollständige Benetzung bei der Schwingbewegung gewährleistet war (Abb. 132).

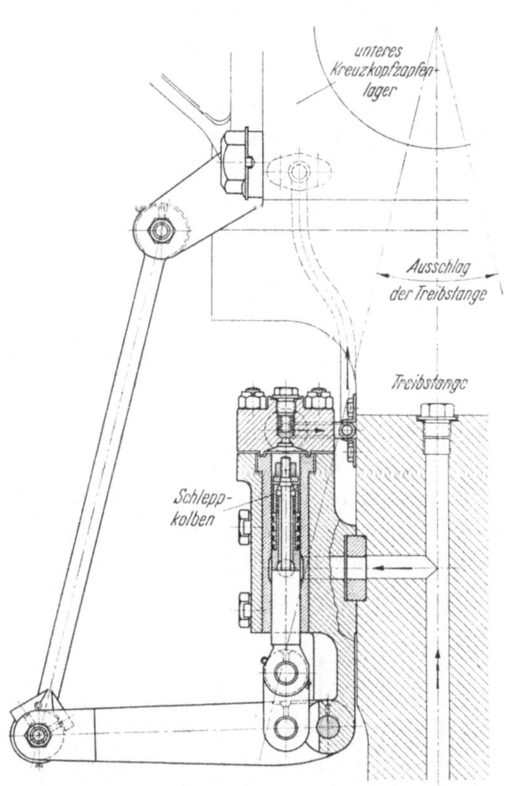

Abb. 138. MAN-Zwillingspumpe für die Schmierung der Kreuzkopfzapfenlager einfachwirkender Zweitaktmotoren.
Die beim Ausschwingen der Treibstange bewegten Schleppkolben saugen aus der Treibstangenbohrung und drücken in je eine Unterschale der Kreuzkopfzapfenlager.

Bei den einfachwirkenden Zweitaktmotoren wurden nur die unteren Laufflächen geschmiert, bei den Viertakt- und den doppeltwirkenden Zweitaktmotoren auch die oberen, wobei die Zufuhr nach oben über die seitlichen Öltaschen aus den unteren Lagern oder wie bei der Konstruktion nach Abb. 123 durch entsprechende Bohrungen im Kreuzkopf erfolgte.

Besondere Vorsicht erforderte die Ausbildung der Schmiernuten in den Unterschalen der durchgehenden Lager einfachwirkender Zweitaktmotoren nach Abb. 125. An dem betreffenden Motor waren zunächst die äußeren Längsnuten ziemlich weit nach oben angeordnet, und da die Lagerschale wegen der Ausbildung des Kreuzkopfes in der Mitte den Zapfen nur auf 120° im Umfang umfassen konnte, traten hier bei 10 at Öldruck ziemliche Ölmengen aus. In diesem Bereich lagen aber gerade die Teleskopsysteme für die Kolbenkühlung (Gebr. Sulzer), und so spritzte ein Teil des Lecköles gegen die Teleskoprohre und gelangte auf diese Weise in das Frischwassersystem für die Kolbenkühlung. — Man stellte in dem mit Kaskaden versehenen Frischwasser-Sammelbehälter bis zu 100 kg Öl im Tag fest! — Durch Dichtsetzen der äußersten Nuten und Verringerung des Schmierdrucks auf 6 at wurde diese Störung behoben.

Die Abnützung der Kreuzkopfzapfenlager einfachwirkender Zweitaktmotoren war natürlich größer als diejenige umlaufender Lager, — wenngleich mangels Lastwechel dadurch kein Nachteil entstand. — Bei Viertakt- und doppeltwirkenden Zweitaktmotoren unterschied sich der Verschleiß der Kreuzkopfzapfenlager kaum von der Abnutzung umlaufender Lager.

Im Gegensatz zu den anderen Triebwerkslagern, deren Lagerspiel ein „Ableien" und damit ein Öffnen der Lager erforderte, konnte bei den Kreuzkopfzapfenlagern meist im zusammengebauten Zustand eine Fühlerlehre eingeführt werden.

17. Kurbelwellen.

Bis zum Baujahr 1925 besaßen sämtliche Antriebsmotoren aus Überlieferung *ganz geschmiedete Wellen* nach Abb. 139 — richtiger: ganz geschmiedete Wellenhälften; denn allein die Abmessungen und Gewichte erforderten eine Unterteilung in der Mitte. — Die geschmiedete Ausführung hatte zwar den Vorteil kleinster Abmessungen und Gewichte, konnte aber in solchen Größen nur von einer begrenzten Zahl von Hüttenwerken zuverlässig hergestellt werden; es entstand also schon beim Bau ein regelrechter Engpaß, und eine Lieferzeit von einem Jahr mußte zeitweise noch als günstig angesehen werden. Den Eigner zwang

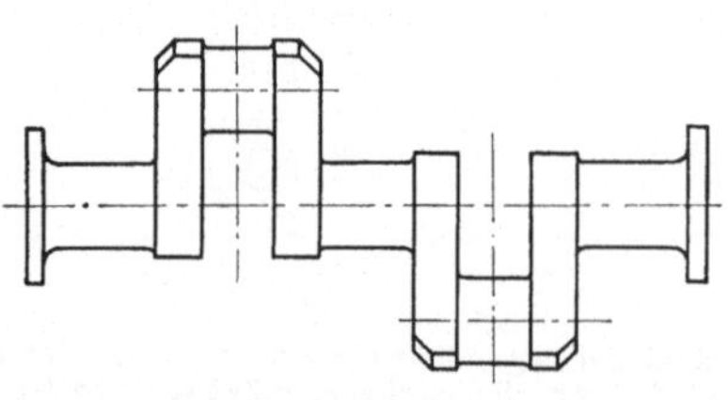
Abb. 139. Ganz geschmiedete Kurbelwellenhälfte.

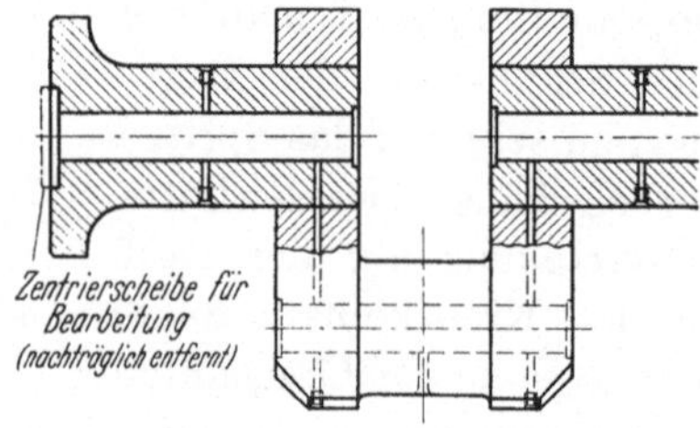

Abb. 140. Halbgebaute Kurbelwellen-Konstruktion mit hohlgebohrten Zapfen.

diese Tatsache andrerseits, sich für den Schadensfall ein ganzes mehrhubiges Kurbelwellenstück als Reserve hinzulegen bzw. an Bord zu geben und dies hatte wiederum nur Sinn, wenn die einzelnen Teile einer Welle unter sich gleich waren. Daraus ergaben sich aber manchmal für die Kurbelfolge unliebsame Beschränkungen, z. B. hinsichtlich des Massenausgleichs oder der kritischen Drehzahlgebiete.

Alle später gebauten Motoren waren mit *„halbgebauten"* Wellen ausgestattet, bei denen also nur die Hubstücke im ganzen geschmiedet und die Kurbelwellenzapfen eingeschrumpft waren (Abb. 140/141). Natürlich mußte auch dabei die gesamte Kurbelwelle unterteilt werden. Aber man war nun freier in der Kurbelfolge und mußte als Reserve nur *ein* Hubstück und ein paar Wellenzapfen mitführen, die im Schadensfalle auf der nächsten erreichbaren Werft eingebaut werden konnten. — Die Schrumpfverbindung am Kurbelwellenzapfen erforderte stärkere und breitere Wangen, bedingte also größere Gewichte und, da man den so überaus wichtigen und empfindlichen Übergang vom Kurbelzapfen zu den Wangen ursprünglich ebenso ausbildete wie bei den geschmiedeten Wellen (Abb. 140), zunächst auch größere Baulängen. Später drehte man die Wangen um den Kurbelzapfen nach Abb. 141 ein und erreichte damit eine ebenso kurze Baulänge wie bei der ganz geschmiedeten Welle, nachdem ja auch die Hohlkehle von den Wellenzapfen zu den Schenkeln weggefallen war. Dies war deswegen von Bedeutung, weil man auf diese Weise eine gebrochene, ganz geschmiedete Welle durch eine halbgebaute Welle, die mit ihren Hubstücken rascher und einfacher hergestellt werden konnte, zu ersetzen vermochte. — Die größte Ausführung dieser Art gehörte zu dem Motor auf MT „Hanseat". Dreiteilig, mit einem dreikurbeligen, einem vierkurbeligen und einem für den Einblaseluftkompressor dazwischengeschalteten Teil, hatte sie bei 500 mm Zapfendurchmesser eine Gesamtlänge von 13075 mm und eine größte Einzellänge von 6775 mm. Das Gewicht des einzelnen Hubstückes für einen Arbeitszylinder betrug allein 4200 kg.

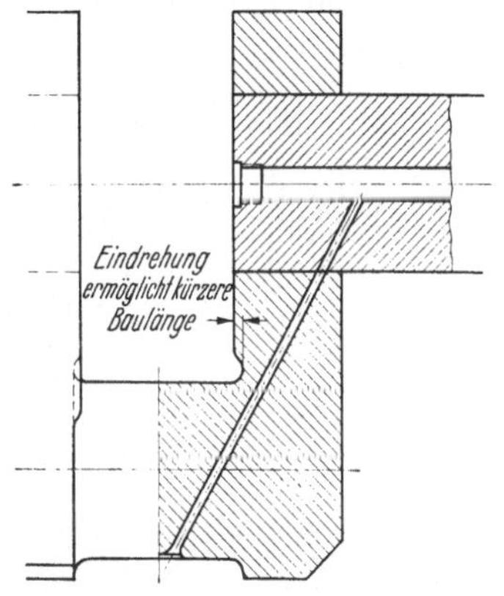

Abb. 141. Halbgebaute Kurbelwellen-Konstruktion mit massivem Kurbelzapfen und schrägen Ölzuführungsbohrungen. Sauberste Ausführung der Hohlkehle am Zapfenübergang unerläßlich!

„*Ganz gebaute*" Wellen, bei denen *alle* Zapfen eingeschrumpft sind, waren im eigenen Betrieb nicht vorhanden. Sie sind, da in der Wange zwischen beiden Zapfenbohrungen eine gewisse Materialstärke verbleiben muß, an einen Mindesthub gebunden. Sie haben aber z. B. den Vorteil, daß sich einzelne Kurbelschenkel in Stahlgußausführung einfach mit Gegengewichten versehen lassen, welche die von den freien Massenkräften herrührenden Auswirkungen verkleinern (Burmester & Wain).

Über die Notwendigkeit bzw. Zweckmäßigkeit von Dübeln bei Schrumpfverbindungen änderten sich die Anschauungen. Bei älteren Ausführungen grundsätzlich angewandt, wurden sie später fortgelassen, da sie bei unsachgemäßer Anordnung für die Schrumpfung nachteilig sind. Man handelte damit auch im Sinne der Klassifikationsgesellschaften, welche späterhin Dübel allgemein verboten.

Die nach bewährten Formeln der Klassifikationsgesellschaften berechneten Zapfendurchmesser wurden mit Rücksicht auf spätere Nacharbeiten um etwa 10 mm im Durchmesser stärker bemessen.

Daß für die Erzielung eines einwandfreien Laufes die Zapfen absolut glatt und in engen Toleranzen rund und winkelgerecht sein mußten, bedarf kaum der Erwähnung. Nicht minder wichtig waren mit peinlicher Sauberkeit hergestellte große Abrundungen am Übergang der Zapfen zu den Wangen. Als Ausgangspunkt von Biegungs- und Torsionsbrüchen waren diese Stellen der Gegenstand besonders scharfer Kontrolle bei Überholungen, und obwohl dies nicht üblich war, wäre hier nicht nur Schleifen, sondern sogar Kaltdrücken am Platze gewesen.

Aber auch sonst waren ganz allmähliche, tadellos glatte Übergänge (an den geschmiedeten Kupplungsflanschen) sowie große saubere Abrundungen und Ausrundungen von größter Bedeutung, also an Schmierbohrungen und -nuten, Bunden, im Grund von Keilnuten und Einfräsungen für Schraubenköpfe u. dgl. Im Gegensatz zu den richtigen Ausführungen der Abb. 142 zeigt Abb. 143 eine trotz gut abgerundeter Kanten unsachgemäße Ausbildung von Schmierbohrungen, wie sie an Erstlingsmotoren auf Verlangen der Bauaufsicht angewandt wurden. Es sollte dadurch bei ausgebauter Treibstange eine zuverlässige Abdichtung des Ölaustrittes gewährleistet werden. Dies wäre auch ohne Dichtungsbund möglich gewesen. (Übrigens trat bei den vielen Anlagen in der langen Beobachtungszeit nicht ein einziges Mal ein solch abnormaler Betriebszustand ein.)

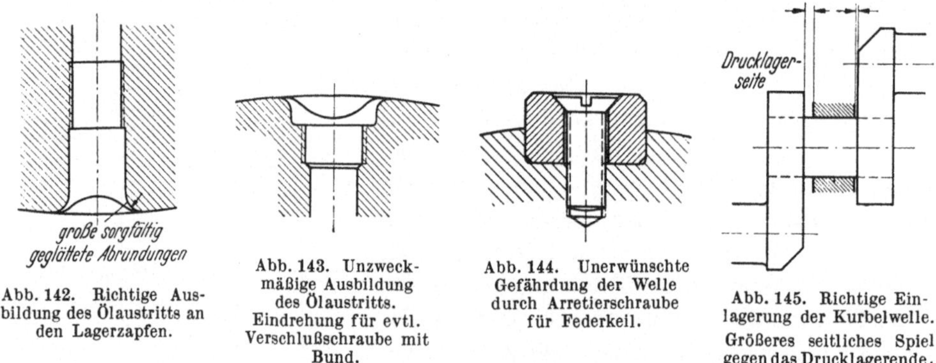

Abb. 142. Richtige Ausbildung des Ölaustritts an den Lagerzapfen.

Abb. 143. Unzweckmäßige Ausbildung des Ölaustritts. Eindrehung für evtl. Verschlußschraube mit Bund.

Abb. 144. Unerwünschte Gefährdung der Welle durch Arretierschraube für Federkeil.

Abb. 145. Richtige Einlagerung der Kurbelwelle. Größeres seitliches Spiel gegen das Drucklagerende.

Die Zapfen wurden vielfach hohlgebohrt (Abb. 140), wodurch bei nennenswerter Gewichtsersparnis praktisch keine Beeinträchtigung der Festigkeit eintrat. Der Germanische Loyd gestattete eine Innenbohrung bis zu 40 v. H. des Außendurchmessers. — Beiderseits verschlossen und durch Ölbohrungen verbunden, waren diese Hohlräume im Betrieb mit Drucköl gefüllt. In der Bohrung des Kurbelzapfens schied sich unter Einwirkung der Zentrifugalkraft Schmutz aus und verstopfte u. U. den Ölaustritt nach dem Kurbelzapfenlager. Die Hohlbohrungen mußten daher von Zeit zu Zeit gereinigt werden. — Bei massiven Zapfen vermied eine Führung der Ölbohrungen nach Abb. 141 jede Ausscheidung aus dem Umlauföl.

Üblicherweise besaßen beide Kurbelwellenhälften zu beiden Seiten des mittleren Kupplungsflansches ein Grundlager; an einigen Wellen war zur Erzielung kurzer Baulänge statt dessen eine mittlere Kurbelwange als Kupplungsflansch ausgebildet und dazu abnormal breit gehalten (vergl. unter „Grundplatten").

Die Kupplungsflanschen waren durchweg angeschmiedet und die Kupplungsbolzen auch schon bei älteren Motoren als zylindrische Paßbolzen ausgebildet.

Obwohl Sitze für Steuerräder, Kettenräder u. dgl. entsprechend verstärkt waren, hätten unnütze Gewindelöcher für Befestigungsschrauben von Federkeilen (Abb. 144) viel radikaler vermieden werden müssen, um Kerbwirkungen auf ein Mindestmaß zu verringern.

Für das gemeinsame Aufreiben der Paßbolzenlöcher bei der Herstellung waren die Wellenhälften von jeher mit Eindrehungen für eine gemeinsame Paßscheibe versehen, die nachträglich entfernt wurde, um bei einem späteren Ausbau einer Wellenhälfte nicht hinderlich zu sein (Abb. 140).

Wie in den Grundlagern besaß die Kurbelwelle üblicherweise auch gegenüber den Treibstangenlagerkanten ein reichliches seitliches Spiel (vgl. Abb. 145), das selbst im warmen Zustand der Welle und bei etwas abgelaufenem Drucklager am vordersten Motorende Lager und Kurbelwange nicht zur Berührung kommen ließ. Abweichend davon lief an ein paar im Ausland gebauten Anlagen das Triebwerk im unteren Treibstangenlager mit knappem seitlichen Spiel, hatte dafür aber in reichlichem Maße axiale Luft an den Kreuzkopflagern und in den Geradführungen. Die Folge war, daß bei einer gewissen Abnützung des Drucklagers die Kreuzkopfzapfenlager schon bei geringer Belastung warm liefen. Die Treibstangen verschoben sich nicht in den Kreuzkopfzapfenlagern, wie dies gedacht war, sondern eckten und verursachten die geschilderten Störungen. Nach Herstellung der normalen Fixierung in Längsrichtung: genauer seitlichen Führung in den Gleitbahnen, knappem seitlichen Spiel in den Kreuzkopfzapfenlagern und reichlichem, aber richtig verteiltem Spiel an allen Kurbelwellenlagern — liefen auch diese Motoren einwandfrei.

Die Kurbelrichtungen der Arbeitszylinder waren durchweg in regelmäßigen Sternen angeordnet. Dabei waren bei den Motoren mit gerader Zylinderzahl die Kurbelsterne der beiden Wellenhälften völlig gleich, wenn auch manchmal spiegelbildlich. — Bestimmte Abweichungen von dieser Regelmäßigkeit, die bei anderen Motoranlagen — ohne wesentliche Nachteile in anderer Beziehung — einen idealen Massenausgleich ermöglichten (siehe das einschlägige Kapitel), waren bei den Motoren unsrer Flotte nirgends angewandt.

Die vollkommene Gleichmäßigkeit der Kurbelfolge gewährleistet sowohl im Dauerbetrieb wie beim gruppenweisen Betrieb mit Anlaßluft und Brennstoff (während der Manöver von Lufteinspritzmotoren) ein Höchstmaß von Gleichmäßigkeit des Drehmomentes. — Die Kurbeln angehängter Spülluftpumpen bzw. angehängter Einblaseluftkompressoren wurden nach den Erfordernissen des Massenausgleichs zwischen die Winkelfolge der Arbeitszylinder verlegt.

Neben der gewünschten Gleichmäßigkeit des Drehmoments war für die Kurbelfolge natürlich der Massenausgleich entscheidend, aber auch das Zusammenwirken der erregenden Kräfte für die Torsionsschwingungen wie für Querschwingungen des ganzen Motors und für die Belastung von Grundplattenquerträgern (Grundlagern), Ständern und Zugankern unter dem Einfluß der anliegenden Zylinder spielte eine ausschlaggebende Rolle. — Alle diese Forderungen richtig gegeneinander abzuwägen, war Sache langjähriger Erfahrung der Erbauer.

Wie im Kapitel „Grundlager" bereits geschildert, ereignete sich an den beschriebenen Motoren nur ein einziger Kurbelwellenbruch infolge Verlagerung benachbarter Lagermitten. Der Ersatz durch ein allerdings vorhandenes Reservestück gestaltete sich damals sehr kostspielig und zeitraubend, weil dazu die entsprechende Motorenhälfte bis auf die Kurbelwelle abgebaut werden mußte. Ungeschickterweise waren die beiden Wellenhälften nicht vollkommen gleich, und die vorhandene Reservehälfte war gerade die falsche. So mußten auch noch Veränderungen an der Steuerung vorgenommen werden, um die Zündfolge mit der Kurbelfolge in Einklang zu bringen. Irgendwelche Nachteile aus der geänderten Kurbelfolge ergaben sich indessen nicht. — Dieser Schaden war schließlich die Veranlassung zur strikten Durchführung aller für die Kurbelwellen-Lagerung nötigen Vorkehrungen, die bereits unter „Grundlager" erörtert sind. — Brüche durch Torsionsüberbeanspruchung traten niemals auf, was nicht zuletzt den im Kapitel „Kritische Drehzahlen" beschriebenen Vorsichtsmaßnahmen zu danken war.

18. Schwungrad.

Die wenigen Zylinder und die niedrigen Drehzahlen älterer Motoren bedingten für einen gleichmäßigen Gang große Schwungmomente, und da der Schwungraddurchmesser durch den Abstand der Kurbelwellenmitte vom Doppelboden begrenzt war (größte Durchmesser 2700 mm), auch große Gewichte. So hatten Vierzylinder-Zweitaktmotoren Baujahr 1925 mit 90 U/min Schwungräder von 2700 mm Durchmesser und 15,2 t Gewicht mit einem Schwungmoment von 82 000 kgm^2!

Der Arbeitsüberschuß, der sich in dem Diagramm der tatsächlichen Drehkraft gegenüber der mittleren Drehkraft (aufgezeichnet über den Kurbelweg) zeigt, ist bekanntlich gleich dem Produkt aus dem Ungleichförmigkeitsgrad, dem Quadrat der Winkelgeschwindigkeit und der Summe aller Massenträgheitsmomente.

In dieser Formel verringerte sich mit fortschreitender Entwicklung der Größenwert des Arbeitsüberschusses durch die Steigerung der Zylinderzahl (auf 6 und schließlich auf 8 Zylinder) und durch Zunahme des ausgleichenden Einflusses der Massenkräfte infolge der erhöhten Drehzahl. Andererseits stieg beim Anwachsen der Drehzahlen von 90 U/min auf 110 U/min und darüber das Quadrat der Winkelgeschwindigkeit auf mehr als das Doppelte. Das Schwungrad durfte also ganz wesentlich erleichtert werden und erfüllte trotzdem noch seine Aufgabe auch bei langsamster Drehzahl (mittl. Kolbengeschwindigkeit $c_m \sim 1$ m/sek), wo ein Ungleichförmigkeitsgrad von $\delta = 1/3$ nicht unterschritten werden sollte. — Hierfür war freilich noch von Bedeutung, daß die mittlerweile eingeführte luftlose Einspritzung bei den *kleinen* Belastungen sicherere und gleichmäßigere Zündungen ermöglichte als die Lufteinspritzung, wo das Schwungrad nicht selten Zylinder mit unsicherer Zündung (infolge ungleicher Lastverteilung oder zu hohen Einblasedruckes) durchziehen mußte.

Die genannten Faktoren erleichterten auch die weitere Aufgabe des Schwungrades als „Anfahrhilfe" bei den Manövern (zur Sicherung der ersten Zündungen). Die verbesserten Anlaßeinrichtungen, also der Fortfall des gruppenweisen Anlassens und der Übergang zum „automatischen" Anlassen, stellten zudem an die Anfahrhilfe des Schwungrads wesentlich geringere Ansprüche (vgl. hierzu das Kapitel „Anlaß- und Umsteuereinrichtungen"). — Die verringerten Schwungmomente hatten den beachtlichen Vorteil, daß sich beim Umsteuern die Auslaufzeiten verkürzten.

Für die Sicherheitsregelung (gegen Durchgehen) wären freilich *schwere* Schwungräder vorteilhaft, weil dem Regler durch die langsamer steigende Drehzahl mehr Zeit für die Abschaltung der Brennstoffpumpen zur Verfügung steht. Die Maßnahmen, durch welche bei neueren Anlagen mit ihren leichteren Schwungrädern ein entsprechender Ausgleich geschaffen wurde, sind in dem Kapitel „Regler" nachzulesen.

Wie weit man bereits 1930 mit der Verringerung des Schwungradgewichtes war, mögen die Daten für einen Sechszylinder-Zweitaktmotor zeigen. Bei einem Außendurchmesser von 2400 mm betrug das Gewicht nur 4500 kg und das

Schwungmoment nur rund 25 000 kgm². — Hier lag allerdings ein Zwang seitens der kritischen Drehzahlgebiete vor, die es höher zu legen galt, und damit ist vielleicht der wichtigste Gesichtspunkt aufgezeigt, welcher die Schwungradbemessung bei den neueren Anlagen bestimmte: die Beeinflussung der Eigenschwingungszahlen der Wellenleitung. (Näheres siehe im Kapitel „Kritische Drehzahlen".)

Als Angriffspunkt für die Drehvorrichtung besaßen die Schwungräder über einen Teil der Kranzbreite Zahnkränze für den Eingriff einer Schnecke oder eines Stirnradritzels. (Vergleiche das Kapitel „Drehvorrichtung".)

Gelegentlich wurde das Schwungrad zum Einbau eines Gegengewichtes benützt, welches im Zusammenwirken mit einem zweiten Gegengewicht am vorderen Wellenende den Massenausgleich verbessern sollte. Über die Bewertung einer solchen Maßnahme siehe das Kapitel „Massenausgleich".

19. Drehvorrichtung.

Die Drehvorrichtung hat die Aufgabe, das Triebwerk bei Überholungen in bestimmte Stellungen zu bringen oder es vor der Inbetriebsetzung nach längerem Stillstand zum Durchschmieren langsam zu drehen. Sie wurde bei älteren Ausführungen üblicherweise durch einen kleinen Druckluftmotor betätigt, welcher notfalls mit Dampf betrieben werden konnte. Für eine Tankeranlage mit ihren Hilfskesseln stellte dies an sich eine recht zweckmäßige Lösung dar.

Indessen waren damit doch gewisse Nachteile verknüpft. Zum Beispiel *vereisten* die Antriebsmotoren in längerem Druckluftbetrieb nicht selten, so daß immer wieder Zwischenpausen eingelegt werden mußten. — Auch lag das Schiff bei Werftüberholungen gelegentlich an einem Platz, wohin das Druckluftnetz der Werft nicht reichte, oder es genügte dessen Druck nicht, so daß man auf die eigenen Hilfsmittel, also den Luftvorrat, die Hilfskompressoren oder die Hilfskessel angewiesen war. Da aber für die Werftüberholungen immer nur kurze Zeit verfügbar war, fielen auch diese Bordeinrichtungen oft ganz aus, und dies schuf recht unerwünschte Situationen und brachte manchen Zeitverlust.

Man entschied sich daher zu Beginn der dreißiger Jahre zum Übergang auf elektrische Drehvorrichtungen. Ein Kabel war bei der Werft notfalls auf einfache Weise verlegt, und falls Spannung oder Stromart nicht paßten, ließ sich ein Umformer leicht aufstellen, wenn ein solcher nicht überhaupt schon für die Lichtversorgung an Bord gebracht war.

Die höhere Drehzahl des elektrischen Antriebsmotors bedingte eine größere Übersetzung; doch ergaben sich hieraus keine weiteren Schwierigkeiten. Bei der in Abb. 146 dargestellten Drehvorrichtung neuerer MAN-Motoren war die Drehzahl von 1500 U/min im Verhältnis 1:6000 untersetzt, um eine volle Umdrehung der Kurbelwelle in 4 Minuten zu erzielen und zwar über ein Stirnrad- und zwei Schneckenradvorgelege, zu deren zweitem das Schwungrad gehörte. Die Schnecken waren zum Zweck der Selbstsperrung eingängig.

Die Leistung des betreffenden Antriebsmotors betrug 12 PS (115 Volt Gleichstrom). Für die Drehung des kompletten, also gewichtsmäßig ausgeglichenen Triebwerkes des Gesamtmotors (8 Zylinder Zweitakt) war die volle Leistung nicht nötig, wohl aber, wenn der Gewichtsausgleich durch den Ausbau einzelner Triebwerke gestört war. Vor allem konnte dann bei der Ingangsetzung der erste Stromstoß die kleine stromliefernde Dampfdynamo von 20—26 kW momentan recht erheblich belasten.

Für das Ausrücken der Drehvorrichtung war die senkrechte Welle der gezeigten Ausführung am oberen Lauf- und Drucklager drehbar gelagert und mittels Spindel und Handrad am unteren Ende ausschwenkbar. — Bei anderen Bauarten mit Einwirkung eines Ritzels auf den Schwungradkranz wurde dieses zum Ein- oder Ausrücken in der Achsrichtung verschoben.

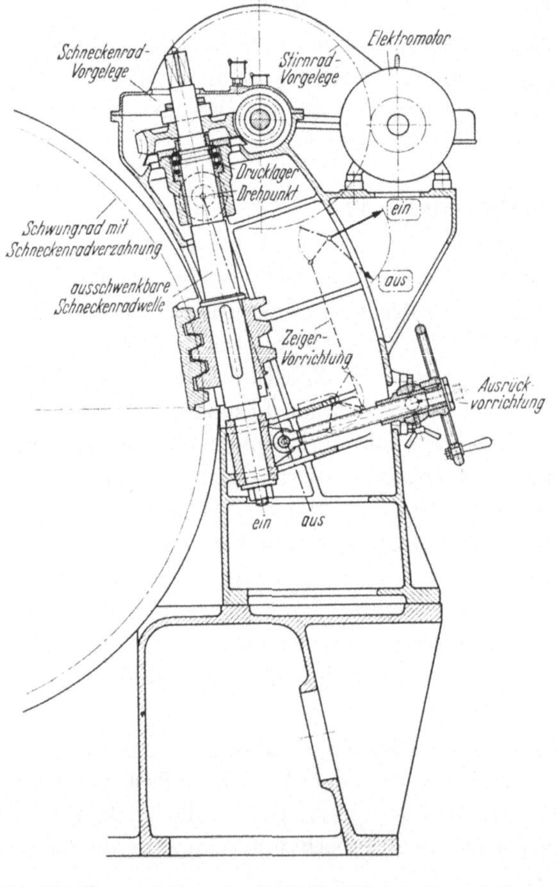

Die senkrechte Welle des abgebildeten Beispiels besaß oben ein Vierkant, welches eine Betätigung von Hand ermöglichte. Solche Vorkehrungen mußten für Notfälle grundsätzlich vorhanden sein; sie erleichterten andrerseits das Ein- und Ausrücken der Schnecke und erlaubten eine Feineinstellung der Kurbelwelle — etwa bei Steuerungskontrollen.

Ob die Drehvorrichtung ein- oder ausgerückt war, mußte von außen deutlich erkennbar sein, um zu vermeiden, daß beim Start des Hauptmotors mit seinem großen Anfahrdrehmoment Schaden entstand, wenn man das Ausrücken der Drehvorrichtung vergessen hatte. — Die MAN hatte hierfür eine Zeigervorrichtung angebracht. Gebr. Sulzer hatten ein Verblokkungsventil eingebaut, das bei eingerücktem Ritzel die Zufuhr von Anlaßluft zu den Zylindern verhinderte.— Leichter zu verwirklichen waren elektrische Warnanlagen im Zusammenhang mit dem Maschinentelegraphen. — Vielfach begnügte man sich aber mit der hergebrachten großen Warntafel, welche bei eingerückter Drehvorrichtung am Bedienungsstand so aufgehängt war, daß sie vor dem ersten Manöver erst entfernt werden mußte, während sie sonst an der ausgerückten Drehvorrichtung hing.

Schneckenrad-Vorgelege
Stirnrad-Vorgelege
Elektromotor
Drucklager Drehpunkt
ein
aus
Schwungrad mit Schneckenradverzahnung
ausschwenkbare Schneckenradwelle
Zeiger-Vorrichtung
Ausrück-vorrichtung
ein aus

Abb. 146. Drehvorrichtung der MAN für „Friedrich Breme“-Motor. Elektrischer Antrieb, ein Stirnrad- und zwei Schneckenradgetriebe; Schwungrad besitzt Schneckenradverzahnung; Schneckenradwelle ausschwenkbar; ein- bzw. ausgerückter Zustand der Drehvorrichtung durch Zeigereinrichtung erkennbar.

20. Drucklager, Druckwelle.

Obwohl die Bewährung des Einscheiben-Drucklagers bereits erwiesen war, behielt man auf MT „Wilhelm A. Riedemann“ das vom Neubau her vor dem ersten

Weltkrieg vorgesehene traditionelle Mehrscheiben-Drucklager bis zuletzt bei. In der bekannten Art übernahm eine Reihe hintereinander geschalteter hufeisenförmiger Lagerbügel den Propellerschub, der dann durch Schraubenspindeln (zur genauen Einstellung) auf die gleichzeitig als Traglager dienenden Endstützen eines kräftigen Lagerrahmens weitergeleitet wurde. Dieser stand auf einem eigenen Fundament, das entgegen der heute mit Recht allgemein bevorzugten Bauart damals noch in keiner Verbindung mit demjenigen des Hauptmotors stand, und deshalb besonders widerstandsfähig sein mußte. — Die Schmierung, welche ursprünglich nur durch Eintauchen der Druckkämme in die Ölwanne des Lagerrahmens erfolgte (bei Ersatz des Verlustes durch Zutropfen, und Kühlung der Wanne durch eine Kühlschlange) wurde allerdings später auf ständigen Öldurchfluß abgeändert, als die Hauptmotoren auf Druckschmierung umgebaut wurden. — Diese Mehrscheibendrucklager mußten zwar häufiger nachgestellt werden, und ihre Umgebung war schwer sauber zu halten, sie arbeiteten aber im wesentlichen zufriedenstellend.

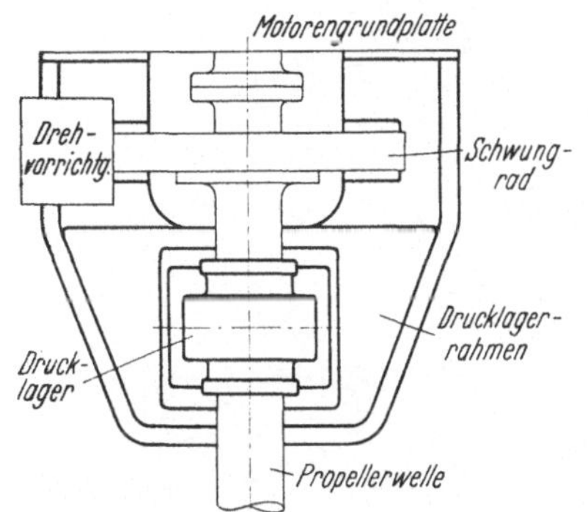

Abb. 147. Drucklager hinter dem Schwungrad angeordnet erfordert weitausladenden gegen die Motorgrundplatte abgestützten Drucklagerrahmen.

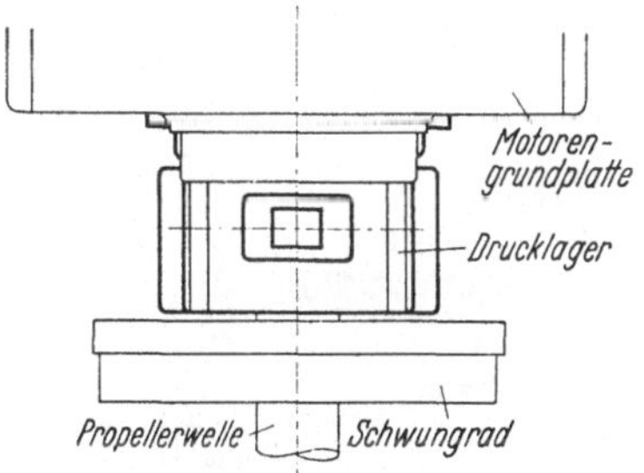

Abb. 148. Drucklager unmittelbar hinter dem letzten Motorgrundlager.

Alle sonstigen Anlagen hatten Einscheiben-Drucklager, in ein paar Fällen nach der Original-Mitchell-Konstruktion, im übrigen in konstruktiven Einzelheiten vielfach abgewandelt, natürlich stets nach dem Gesichtspunkt der bestmöglichen Erzielung der kennzeichnenden Ölkeile mit ihrer außergewöhnlichen Tragfähigkeit. Diese neueren Lager waren grundsätzlich, also auch wenn sie hinter dem Schwungrad angeordnet waren, in einen starken Gußeisenrahmen eingebaut, der sich gegen die hintere Stirnfläche der Motorengrundplatte stützte. (Meist war er mit dieser von gleicher Höhe). Durch diese Anordnung wurde das starke Motorenfundament für die Aufnahme des Vorwärtsschubes der Propeller herangezogen; daraus ergab sich eine unveränderliche axiale Lage der Kurbelwelle (im Gegensatz zu manchen älteren Schiffsanlagen mit weichem, nachgiebigen Fundament des Drucklagers).

Zunächst war die Anordnung des Drucklagers *hinter* dem Schwungrad (Abb. 147) das Übliche. Die GW und Gebr. Sulzer gingen aber bald zum Einbau zwischen dem hintersten Motorengrundlager und dem Schwungrad (Abb. 148) über, und damit wurden Drucklagerrahmen und -fundamente wesentlich kleiner. Der Rahmen brauchte ja jetzt nicht mehr das große Schwungrad zu umfassen. Das Drucklager wurde nun richtig zum Bestandteil des Antriebsmotors, und deshalb ist es auch in diese Betrachtungen einbezogen.

Abb. 149 zeigt die Ausführung von Schichau-Sulzer für MT „Paul Harneit". Der normale Propellerschub betrug 40000 kg; er wurde von je 6 kippbaren Drucksegmenten (natürlich mit Weißmetallausguß) zu beiden Seiten des Druckkammes (für Vorwärts und Rückwärts) aufgenommen. Im Gegensatz zu anderen Konstruktionen, wo sich die Drucksegmente über den ganzen Umfang erstreckten, umfaßten sie hier nur den Bereich des Lagerrahmens, in welchen die Welle wie bei der Motorengrundplatte stark versenkt war. Der große Lagerdeckel brauchte dadurch keine Kraft zu übertragen; es bedurfte also nicht der starken Verbindung dieses Deckels mit dem Unterteil durch Paßschrauben, Dübel oder Keile wie bei anderen Konstruktionen. — Die Einbuße am Umfang wurde durch eine besonders große Segmentbreite ausgeglichen (200 mm gegenüber 135 mm maximal bei anderen Ausführungen).

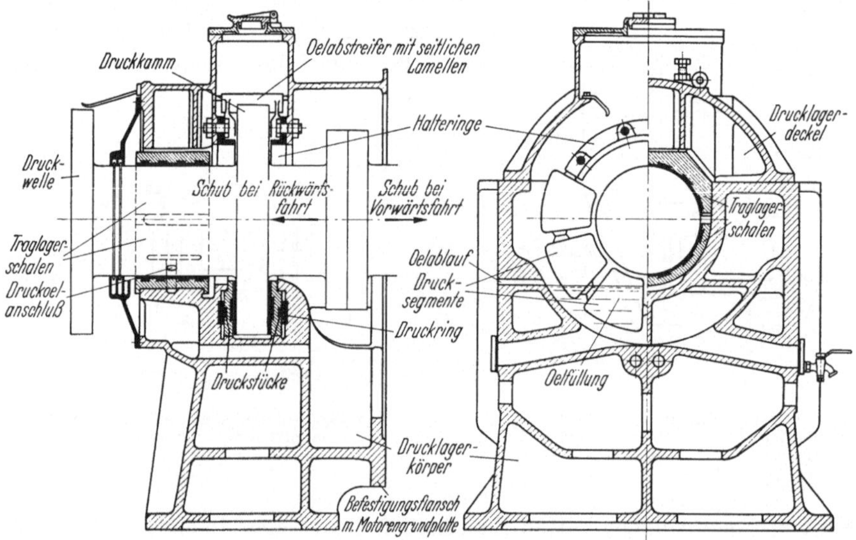

Abb. 149. Einscheiben-Drucklager für Schichau-Sulzer-Motor auf MT „Paul Harneit". Unmittelbar hinter dem letzten Motorgrundlager sitzend, mit einseitigem Traglager; Druckkamm auf je sechs kippbare Segmente für Vorwärts- und Rückwärtsschub abgestützt. Ölzuführung erfolgt zum Traglager, Druckkamm taucht in Sammelöl ein, von dessen Oberfläche aus ein Abstreifer die Segmente mit Öl versorgt.

Eine weitere Eigenart der dargestellten Konstruktion als logische Folge aus der unmittelbaren Nachbarschaft des hintersten Grundlagers war die Beschränkung auf ein einziges Traglager — im Gegensatz zu allen anderen Ausführungen, selbst zu derjenigen der GW, welche bei gleicher Lage des Drucklagers die Welle beiderseits des Druckkammes gelagert hatte. — Dadurch kam freilich der Zustrom des frischen Öles gerade bei der tragenden Vorwärtsfläche des Druckkammes in Wegfall. Die Ölversorgung des Kammes zur Schmierung und Wärmeabfuhr erfolgte nämlich allenthalben durch seitlichen Austritt des Öles aus den an das Druckölsystem angeschlossenen Traglagern. Sie wurde dadurch ergänzt, daß in das Lagerunterteil eine Ölwanne eingegossen war, in welcher sich das Öl bis zu einer vorgeschriebenen Höhe sammelte und daß der Druckkamm, auf seine halbe Kammbreite eintauchend, Öl zur Verteilung zwischen den Drucksegmenten hochnahm. Als Ersatz für den verringerten Zustrom frischen Öles war bei dem besprochenen Beispiel ein Ölabstreifer eingebaut, welcher auch die Peripherie des

Druckkammes erfaßte und das abgestreifte Öl zwischen die Drucksegmente verteilte. — Die Praxis ergab, daß damit ein vollwertiger Ausgleich geschaffen war.

Die Segmente des Beispiels konnten zur Erzeugung des tragenden Ölkeiles um ballige, gehärtete Druckstücke kippen, welche sie gegen einen Druckring abstützten. Einige ältere Konstruktionen hatten statt dessen entsprechend der Original-Mitchell-Ausführung gehärtete Kugeln eingebaut (Abb. 150) und die GW ließ anfangs die Drucksegmente um radial gerichtete Kanten kippen (Abb. 151).

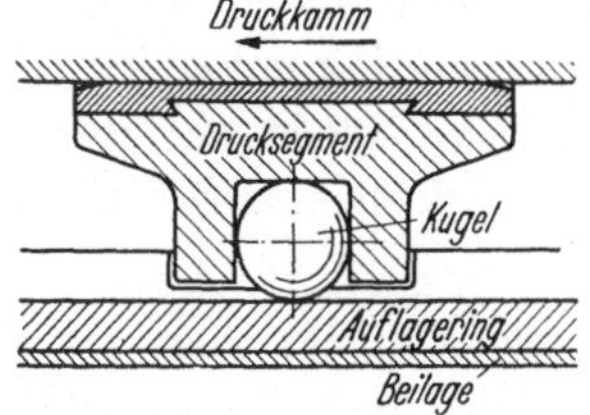

Abb. 150. Original-Mitchell-Konstruktion. Drucksegmente kippen um eingelegte Kugeln.

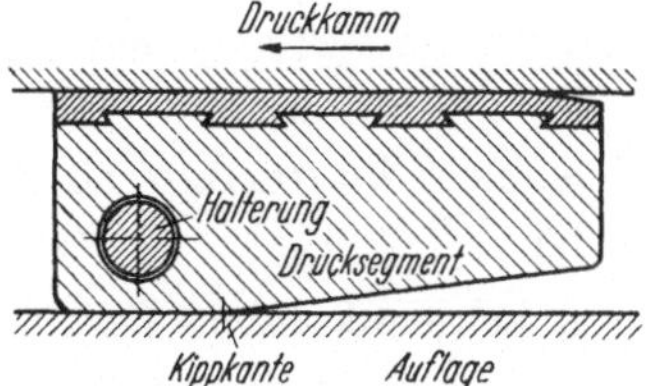

Abb. 151. Ältere GW-Konstruktion. Drucksegmente kippen um radiale Außenkante.

Diesen Lagern mit selbsttätiger Einstellbarkeit standen solche gegenüber, wo die Ölkeile durch unveränderliche Formgebung erzwungen waren. So hatte Gebr. Sulzer an älteren Motoren einfach den Druckkamm mit radialen, außen geschlossenen Nuten versehen, welche entsprechend der Drehrichtung einseitig ganz allmählich ausgeschrägt waren (Abb. 152). Diese Nuten erhielten ihr Öl ebenfalls aus den anliegenden Traglagern und über den Druckkamm aus der Ölwanne des Lagerkörpers. — Die GW verwandte später feste Ringsegmente nach Abb. 153.

Abb. 152. Ältere Konstruktion von Gebr. Sulzer. In radialen, formgerecht ausgebildeten Nuten im Druckkamm werden die tragenden Ölkeile erzeugt, daher keine kippbaren Einzelsegmente, sondern feste Auflage für den Druckkamm.

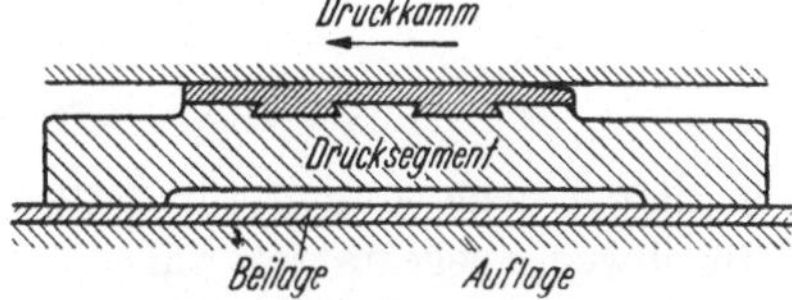

Abb. 153. Neuere GW-Konstruktion. Durchbiegung der Drucksegmente unterstützt die durch flache Anschrägung der Auflage eingeleitete Ölkeilwirkung.

Ihre weit auseinandergezogenen Flächen für die Auflage im Lagerkörper erzeugten eine leichte Durchfederung der Druckfläche mit dem stark angeschrägten Weißmetallausguß, und darauf beruhte ihre Wirkung.

Die zuletzt genannte Konstruktion war spezifisch am stärksten belastet. Am leichtesten belastet war die vorher erwähnte von Gebr. Sulzer, während die anderen Konstruktionen dazwischen lagen.

Dem Druckkamm wurde in neuem Zustand eine Bewegungsfreiheit von 0,4 mm in der Längsrichtung gegeben. Keine der Konstruktionen erlaubte, später die Veränderung dieser Bewegungsfreiheit im Stillstand einwandfrei zu kontrollieren. In der eigenen Gesellschaft wurde daher vor jeder Werftüberholung, bei welcher die Notwendigkeit einer Nacharbeit am Drucklager vermutet wurde, gefordert, daß noch im Fahrtbetrieb bei voller Belastung „voraus“ und ebenso bei möglichst großer Belastung „rückwärts“ auf der Wellenleitung an geeigneter Stelle Kontrollrisse gemacht wurden, deren Abstand das Wandern der Welle und die axiale Lose des Drucklagers erkennen ließ. Eine Verschiebung der Welle im Stillstand in beiden Richtungen, etwa durch angesetzte Druckschrauben, führte erfahrungsgemäß immer zu ungenügenden Meßresultaten. — Im eigenen Betrieb erfolgte eine Nachstellung nach einer festgestellten Zunahme der axialen Lose um etwa 1 mm, obwohl die Kurbelwellenlager eine größere Verschiebung zugelassen hätten. Natürlich trat die Abnützung vorwiegend an der Vorwärtsseite auf und dann gleichmäßig; denn der Verschleiß eines Segmentes verursachte sofort eine Mehrbelastung und damit eine Angleichung der übrigen. Sofern die Stärke des Weißmetallbelages noch ausreichte, galt es also den gemeinsamen Auflagering entweder zu verstärken oder ihn zu hinterlegen. Die Verstärkung des Ringes war die richtigere Methode. Keinesfalls durften statt eines starken Bleches mehrere dünne beigelegt werden.

Mit dem schwankenden Drehmoment ergaben sich ja auch schwankende Schübe, und so führte die Wellenleitung leicht pulsierende Bewegungen in der Längsachse aus. Diese verursachten an atmenden Fugen die unerwünschten Ölkapillarwirkungen mit ihren zerstörenden Folgen. — Besonders sinnfällig wurde diese Erscheinung bei den Lagern (Abb. 153), deren Segmente an den Auflagen dauernd atmeten. Je nach den Begleitumständen, nicht zuletzt dem Ausmaß der Ölpflege, arbeiteten sich die Drucksegmente in ihre Auflagen mehr oder weniger ein. Die Ölkeilwirkung wurde dadurch wesentlich gestört, was sich in stark zunehmender Lagertemperatur äußerte. — Ging man bei anderen Konstruktionen abnormalen Lagertemperaturen nach, so konnte man ähnliches feststellen; auch die Auflagen der Druckstücke, Kugeln und Kippkanten unterlagen den geschilderten Zerstörungen.

21. Brennstoffventile.

Von den Einrichtungen für Lufteinspritzung, mit welchen die Motoren bis 1930 durchweg ausgestattet waren, verblieben zuletzt infolge des Umbaus der meisten Motoren auf luftlose Einspritzung nur noch wenige. Da die Lufteinspritzung auch auf anderen Schiffen kaum noch anzutreffen sein dürfte, sollen ihre Ventilkonstruktionen nur knapp behandelt werden, so lehrreich sie waren.

Die Einblaseluft, deren Volumen rund das Dreißigfache des Brennstoffvolumens war, vergrößerte sowohl die Abmessungen (Nadeldurchmesser bis 25 mm) wie den baulichen Aufwand für die Ventile, welche eine mechanische Steuerung erforderten, beträchtlich. Abb. 154 zeigt die meist verbreitete Ausführung und veranschaulicht dies deutlich; dabei sind zur Übersichtlichkeit die unerläßlichen Schmiereinrichtungen sowie die Probier-, Rückschlag- und Sicherheitsventile für Brennstoff und Einblaseluft weggelassen.

Abweichend von dieser Normalausführung mit dem geringen Luftraum, den oben eine mit Bleiwolle aufgestampfte Stopfbüchse abschloß, war das geschlossene Ventilgehäuse von Gebr. Sulzer (Abb. 155) ganz mit Einblaseluft gefüllt, und die Abdichtung für die Nadelbewegung war an den Durchtritt einer stabilen, gut gelagerten Drehwelle verlegt. Da der große Luftraum die gefürchtete Auswirkung allenfalls eintretender Rückzündungen stark begünstigte, wurde später oberhalb des Zerstäubers ein Sperring mit geringem Spiel um die Nadel eingebaut.

Bei den großen Nadelabmessungen boten weder die Stopfbüchsen noch die Nadelsitze Schwierigkeiten. Freilich verlangte nach Jahren das Versinken des Sitzes infolge Einschlagens der Nadel und wiederholten Einschleifens (Abb. 156) und Nachfräsens eine Erneuerung des auswechselbaren Sitzes bzw. den nachträglichen Einbau eines solchen.

Für die intensive Mischung von Brennstoff und Einblaseluft waren sowohl Plattenzerstäuber (Abb. 155) wie Spaltzerstäuber (Abb. 154) in Gebrauch und bewährten sich gut. Während bei den Plattenzerstäubern das Brennstoff-Luftgemisch vor dem Passieren der genuteten Zerstäuber-„Krone" durch ein System gelochter Platten gejagt wurde, ließ man beim Spaltzerstäuber den Brennstoff unter Luftdruck durch waagerechte Spalten radial in einen inneren axialen Luftstrom einfließen, wo er staubfein zerrissen wurde. — Die Düsen waren teils

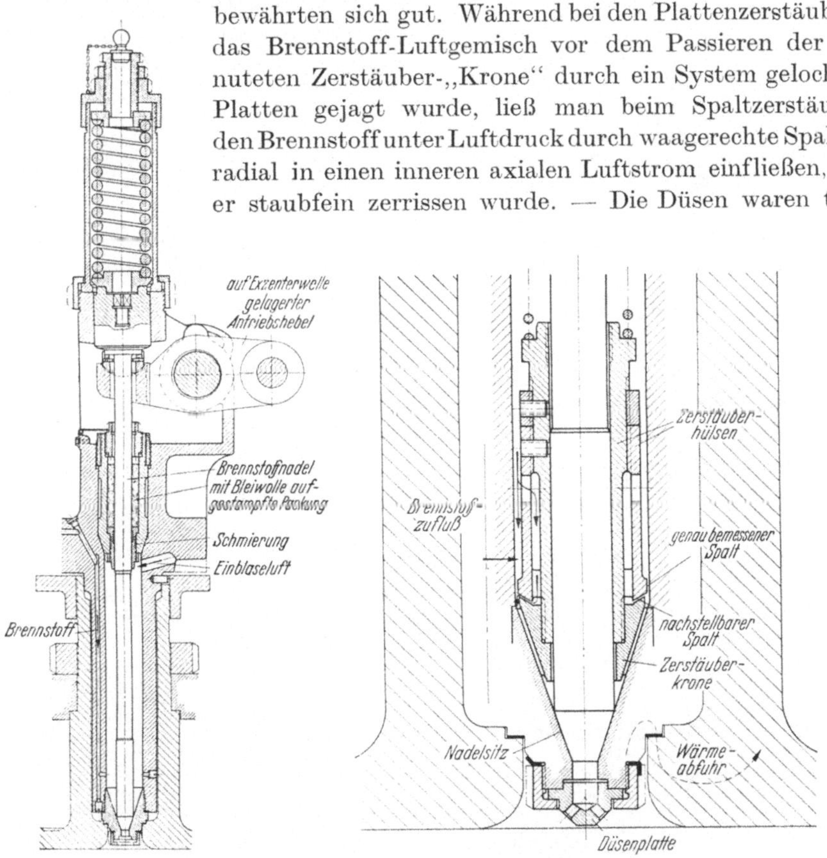

Abb. 154. Übliche Brennstoffventil-Konstruktion für Lufteinspritzung mit Spaltzerstäuber und Mehrlochdüse. Abdichtung an der Brennstoffnadel; Antriebshebel exzentrisch gelagert zur Veränderung der Einspritzzeiten. Beachte die mangelhafte Kühlung der Teile, welche der Verbrennung ausgesetzt sind!

Mehrlochdüsen, die 6—8 handliche Bohrungen bis zu 3 mm Durchmesser besaßen, teils Einlochdüsen mit etwa 6 mm Bohrung. Entscheidend für die Wahl zwischen beiden Formen war die Gestalt des Verbrennungsraumes und die Art der Spülung; denn es galt immer, mit den Brennstoffstrahlen die durch mangelhafte Spülung im Verbrennungsraum verbliebenen Abgaskerne zu meiden. — Die Einlochdüse hatte den Vorteil, daß sie bei eingebautem Ventil nach Entfernung der Nadel von oben her mit einem reibahlenförmigen Kupferdorn von Koksansätzen gereinigt werden konnte, während die Mehrlochdüse den Ausbau des Ventils erforderte. Exzentrisch sitzende Ventile bedingten natürlich Mehrlochdüsen mit unterschiedlich abgestimmten Bohrungen. In keinem Fall durften die Brennstoff-Luft-Strahlen die Wände des Verbrennungsraumes streifen oder ungenügend aufgelöst treffen. — Über die richtige Ausbildung von Düsenbohrungen wird bei den Ventilen für luftlose Einspritzung eingehender gesprochen werden.

Die in den Verbrennungsraum ragenden Teile, also das untere Ende des Ventilhalses, vor allem aber die Düsenplatte und eine evtl. Düsenmutter, waren trotz der periodischen Kühlung durch das Brennstoff-Luftgemisch hohen Wärme-

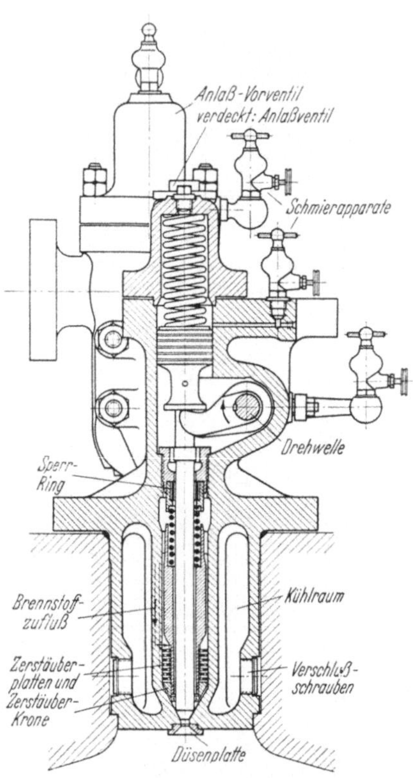

Abb. 155. Sulzer-Brennstoffventil für Lufteinspritzung.

Gehäuse kombiniert mit demjenigen für das Anlaßventil sitzt zentrisch im Zylinderdeckel; daher Brennstoffventil in der Ebene senkrecht zu dem dargestellten Schnitt außer Mittel sitzend. Gehäuse völlig geschlossen, deshalb Brennstoffnadel ohne Stopfbüchse; Abdichtung an Durchführung der Drehwelle nach außen; Sperring sichert Luftraum gegen Durchschlag nach oben.

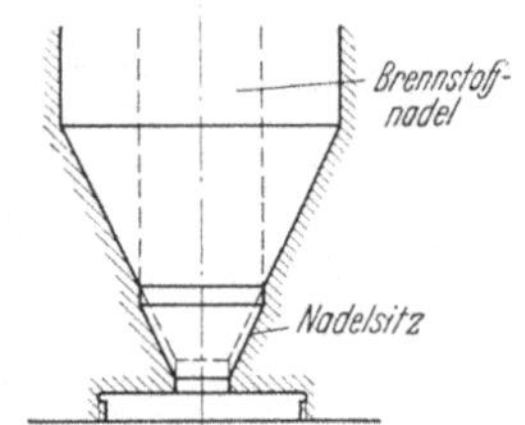

Abb. 156. Eingearbeiteter Nadelsitz. Verzögert und drosselt die Einspritzung.

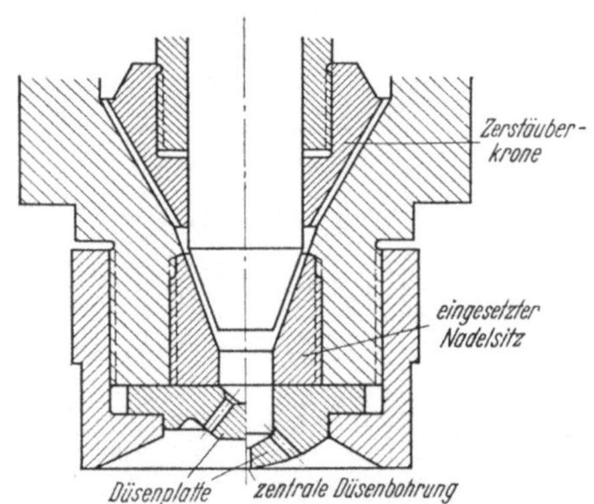

Abb. 157. Langer Kanal zwischen Nadelsitz und Düsenbohrungen (rechte Bildhälfte) begünstigt bei Lufteinspritzmotoren Verkokungen.
Linke Bildhälfte zeigt nachträgliche Verbesserung.

beanspruchungen ausgesetzt. Auch hier waren die Mehrlochdüsen im Nachteil, weil ihr unteres Ende für die Wärmeableitung zwischen den Bohrungen ungenügende Querschnitte bot. Die Wärmeableitung über die schmale Kupferdichtung in den wassergekühlten Zylinderdeckel bei der normalen Konstruktion (Abb. 154) war obendrein gleichfalls mangelhaft, und so bedurfte es auf jeden Fall besonderer zunderfester Werkstoffe. Die Sulzer-Konstruktion, bei welcher das Brennstoffventil mit dem Anlaßventil in einem besonderen wassergekühlten Einsatz saß, war in dieser Hinsicht vorteilhaft; freilich bedurfte der Einsatz — als Wassersack im Kreislauf! — bei Seewasserkühlung regelmäßiger Reinigung.

Die Lufteinspritzmotoren hatten den Vorzug, auch schlechtere Brennstoffe verarbeiten zu können. Natürlich setzten sich auch hier an die überhitzten

Ränder der Düsenbohrungen bei ungeeigneten Brennstoffen die störenden Koksraupen, welche die Verbrennung beeinträchtigten und daher von Zeit zu Zeit entfernt werden mußten; aber sie konnten nicht den verhängnisvollen Einfluß gewinnen wie bei der luftlosen Einspritzung mit ihren kleinen Bohrungen.

Für die Neigung zum Verkoken spielte übrigens bei der Lufteinspritzung der Raum zwischen Nadelsitz und Düsenplatte eine entscheidende Rolle, was merkwürdigerweise bei mancher Neukonstruktion bis zuletzt übersehen war. In diesem Raum fand eine Erhitzung des an den Wandungen haftenden unzerstäubten Brennstoffes unter Luftmangel statt, was natürlich zu Verkokungen führte. Konstruktionen nach Abb. 157 bereiteten in der ursprünglichen Form (rechte Bildseite) trotz der sehr zweckmäßigen zentralen Bohrung der Düsenplatte nach

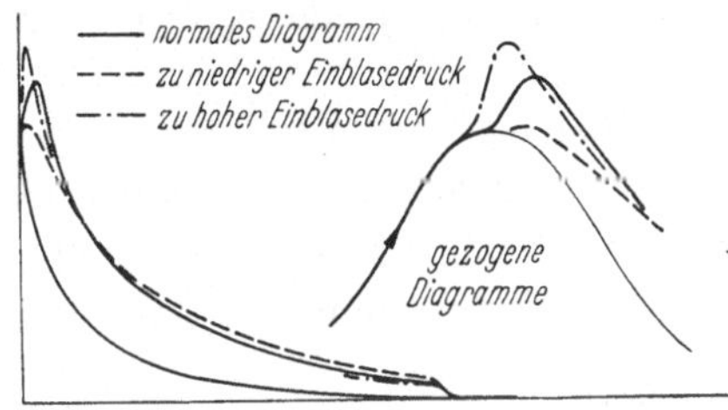

Abb. 158. Beeinflussung des Zündbeginns und des Druckverlaufes während der Verbrennung durch Änderung des Einblasedruckes.

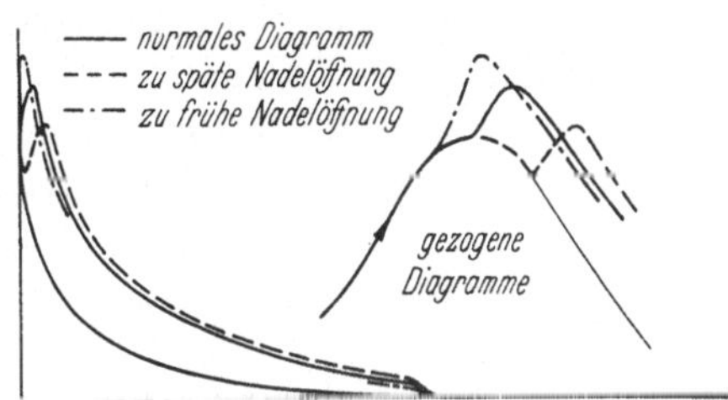

Abb. 159. Ebenso durch Veränderung der Nadelöffnung.

unten dauernd Schwierigkeiten, bis sie entsprechend der linken Bildseite geändert waren.

Beim Übergang auf einen anderen Brennstoff genügte zur Erzielung eines guten Verbrennungsverlaufes meist einfach die Änderung des Einblasedruckes; im übrigen konnte an der Steuerung mit dem Rollenspiel und der Nockenstellung variiert werden. — Die Sulzer-Konstruktion (Abb. 185) bot die Möglichkeit zu weitgehender Änderung der beeinflussenden Steuergrößen im Betrieb. Auch für den notwendigen Angleich an einen Wechsel in der Belastung hatte diese Einrichtung beträchtliche Vorteile. Sie veränderte den Nadelhub und verzögerte den Einspritzbeginn bei sinkender Drehzahl unter gleichzeitiger Vorverlegung des Nadelschlusses, die sich als sehr zweckmäßig erwies. — Bei der normalen Ventilkonstruktion blieb der Nadelhub bei Belastungsänderungen konstant; die Anpassung geschah hier lediglich durch den Einblasedruck.

Zur Vollständigkeit ist in den Abb. 158 und 159 dargestellt, wie sich bei Volllast der Druckverlauf gegenüber dem Normaldiagramm ändert, wenn der Einblasedruck geändert bzw. die Steuerung auf frühere oder spätere Zündung gestellt wird.

Übrigens hing die Druckentwicklung während der Verbrennung noch davon ab, wie der Brennstoff im Ventil — genauer im Zerstäuber — eingelagert war, wenn die Nadel öffnete. Wie im Kapitel „Brennstoff-Pumpen" noch erläutert wird, war der Antrieb der Pumpenstempel in der Regel gruppenweise zusammengefaßt, so daß sich verschiedene Voreilzeiten zwischen Pumpenförderung und Nadelöffnung ergaben. Nur die Lufteinspritzmotoren des Bremer Vulkan machten hier eine Ausnahme; sie hatten *einzelne* Brennstoffpumpen, die zum Zeitpunkt der Nadelöffnung förderten, wodurch völlig übereinstimmende Bedingungen geschaffen waren.

Bei den alten langsamlaufenden Motoren mit ihren niedrigen Drehzahlen und wenigen Zylindern bestand bei ungünstigen Manövern die große Gefahr der Rückzündung vom Verbrennungsraum ins Brennstoffventilgehäuse, wenn bei den geringen Anlaßdrehzahlen etwa der Einblasedruck zu niedrig gewählt wurde. Einlochdüsen waren hier besonders im Nachteil. Als Forderung ergab sich hieraus, die erfaßte Luftmenge so klein wie möglich zu halten, also u. a. das Rückschlagventil in der Einblaseleitung ganz dicht ans Brennstoffventil heranzurücken.

Der Fortfall der Einblaseluft getattete bei den Einspritzorganen der luftlosen Einspritzung wesentlich kleinere Abmessungen. So betrugen die Nadeldurchmesser der erörterten Großmotoren im Höchstfall 14 mm. Der hydraulische Anhub der Nadel unter der Einwirkung des Brennstoffdruckes auf die Ringfläche des abgesetzten Nadeldurchmessers ersparte zudem jeden Aufwand für einen mechanischen Antrieb.

Bei Einführung der luftlosen Einspritzung in der eigenen Gesellschaft lagen über die richtige Erfassung des Verbrennungsraumes durch die keulenförmig aus den Düsenbohrungen austretenden Brennstoffstrahlen schon so gründliche Erfahrungen vor, daß selbst die schwierige Aufgabe, welche die Unterseite der doppeltwirkenden Motoren stellte, einwandfrei gelöst war (vgl. Abb. 160). Größe und Richtung der Bohrungen waren in allen Fällen so gut getroffen, daß auch nirgends Anzeichen vorzeitigen Auftreffens oder Streifens von Wänden des Verbrennungsraumes zu finden waren.

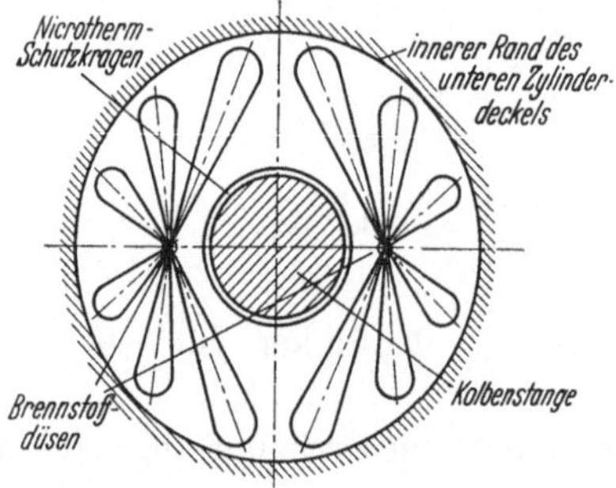

Abb. 160. Spritzbild für die beiden Brennstoffventile im unteren Zylinderdeckel eines doppeltwirkenden MAN-Zweitaktmotors (luftlose Einspritzung).

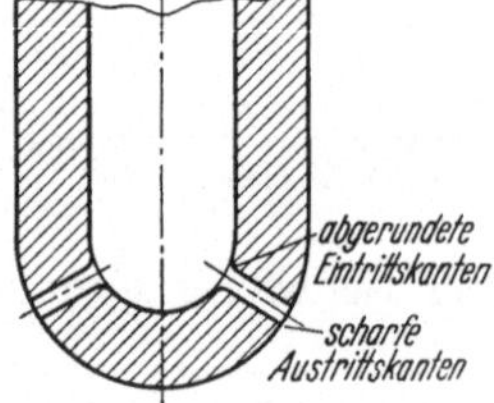

Abb. 161. Richtige Ausbildung von Düsenbohrungen.

Bei Bohrungen von 0,45—0,7 mm Durchmesser für zentrische Ventile (10 bis 14 Bohrungen) und herab bis zu 0,32 mm für Einzelbohrungen auf der Unterseite der doppeltwirkenden Motoren kam es auf peinlich saubere Bearbeitung und vollkommene Maßhaltigkeit an. Nicht minder wichtig war, daß die Bohrungen in ihrem Ursprungsmaß erhalten blieben. Der Verhütung von Koksansätzen kam bei den kleinen Lochdurchmessern eine noch größere Bedeutung zu als bei der Lufteinspritzung, was die Vermeidung von Brennstoffen mit hohem Anteil an verkokenden Bestandteilen, eine besonders wirksame Düsenkühlung und das Ausscheiden nachtropfender Nadeln bedingte. Waren Verkokungen entstanden, so bedurfte es bei der Reinigung der größten Sorgfalt des Personals. Für die Formgebung war ausschlaggebend, daß die Austrittskante der Bohrungen scharfkantig, die Eintrittskante aber nach Abb. 161 leicht abgerundet bzw. versenkt war; denn nur so ließen sich stabile Strahlen erzielen. Scharfe Eintrittskanten schliffen sich allmählich ab, was nicht nur die Druckverhältnisse, sondern auch die Gleichmäßigkeit des Spritzbildes störte.

Die Bedeutung dieses Problems führte dazu, daß die Motorenfabriken heute neue Düsen beim Abspritzen durch Auffangen der Brennstoffmengen aus den einzelnen Bohrungen kontrollieren. Ein solches Verfahren wurde übrigens schon 1935 von einem leitenden Ingenieur der eigenen Gesellschaft mit behelfsmäßigen Mitteln durchgeführt, um die Verbrennung an einem Motortyp zu verbessern, dessen Belastung an der zulässigen Grenze war, und seine Bemühungen führten zu vollem Erfolg.

Die Prüfung, ob ein Ventil ordnungsgemäß abspritzt, also bei richtigem Druck öffnet und vor allem nicht nachtropft, mußte bei jeder Gelegenheit vorgenommen werden. Hierzu war der Ausrüstung jeder Bordanlage eine entsprechende, von Hand zu betätigende Vorrichtung beigegeben.

Zur Einstellung des Abspritzdruckes war die Brennstoffventil-Feder von außen nachstellbar. Dies gestattete auch eine Beeinflussung des Verbrennungsablaufes während des Betriebes, etwa beim Übergang auf eine andere Brennstoffsorte. Bei niedrigerem Abspritzdruck setzten Einspritzung und Zündung früher ein, die Verbrennung verlief bei kleinerem Zylinder-Volumen und verursachte einen höheren Druckanstieg — und umgekehrt.

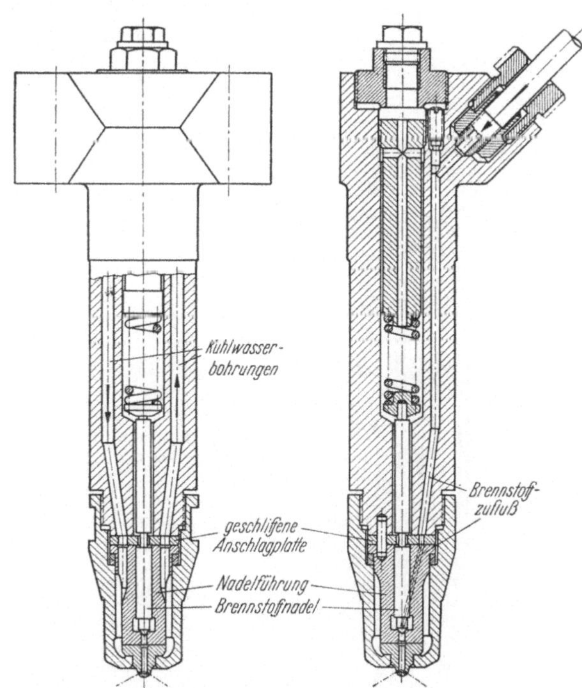

Abb. 162. Brennstoffventil der MAN für luftlose Einspritzung.

Im Verlauf der Einspritzung, die bei den besprochenen Motoren mit 250–300 at begann, stieg der Brennstoffdruck unter dem Einfluß der Pumpenförderung und reflektierter Druckwellen weiter an. Je nach Bauart schloß die Nadel wieder beim Abfall auf 150—200 at Druck. Die Einspritzung begann bei Vollast bereits vor dem oberen Totpunkt und erstreckte sich über 15—20 Winkelgrade (vgl. Abb. 171 u. 172).

Die Herstellung einwandfreier Nadeln und Nadelführungen mit ihren feinen Passungen und dem absolut zentrischen Sitz erforderte ebenso wie die Anfertigung der Düsenplatten eine hochentwickelte Werkstattechnik. Hier kommen für die Lieferung von Ersatzteilen auf jeden Fall nur die Hersteller in Frage. Zentrischer Sitz ist sicherlich die wichtigste Voraussetzung für die Vermeidung des Nachtropfens. Bei dem ständigen Hämmern der Nadel auf dem Sitz ließ sich der ordnungsgemäße Zustand freilich nicht dauernd aufrechterhalten; auch die unvermeidliche Abnützung der Laufflächen bedingte früher oder später den Ersatz durch Reserve. In beiden Fällen mußten Nadel *und* Führung erneuert werden, eine Nacharbeit kam selbst bei den Herstellern in den seltensten Fällen in Frage.

Die Federkräfte betrugen bis zu 300 kg. Dies vermittelt einen Begriff von der Beanspruchung, welcher der Sitz, der in der Projektion nur eine schmale Ringfläche darstellt, unterworfen ist. — Solche Kräfte müssen natürlich auf die Nadel so übertragen werden, daß jede seitliche Zwängung ausgeschlossen ist (vgl. die Abbildungen).

Der Nadelhub war durchweg auf 1 mm begrenzt und mußte regelmäßig nachgestellt werden, was bei einzelnen Bauarten von außen möglich war.

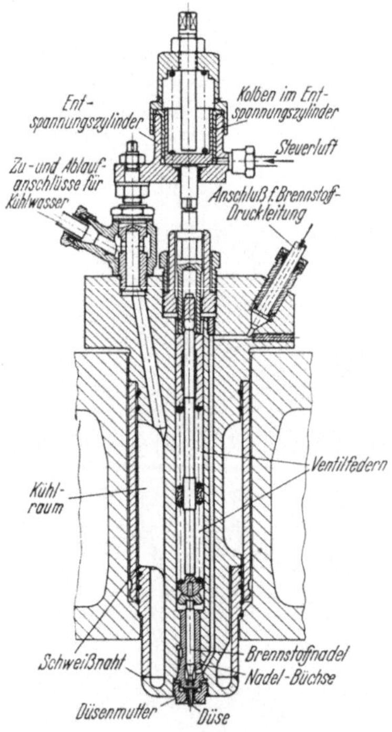

Abb. 163. **Brennstoffventil der GW für luftlose Einspritzung.**
Bauart im Zusammenhang mit Archaouloff-Verfahren, daher Ventilfeder beeinflußt durch Entspannungszylinder.

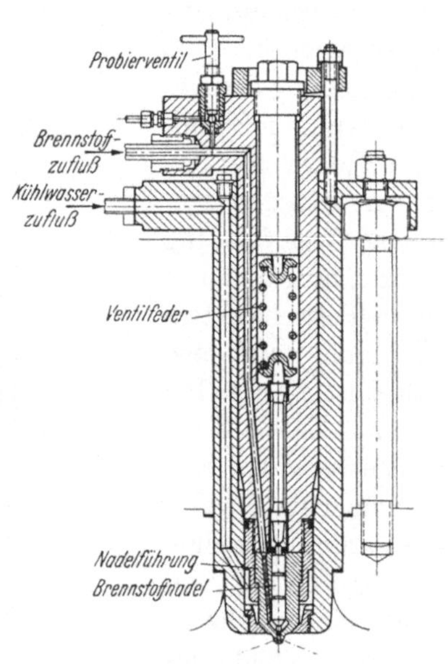

Abb. 164. **Brennstoffventil von Gebr. Sulzer für luftlose Einspritzung.**
Nadelführung in einem Stück mit Düse.

Das Einschlagen der Nadelspitze und das Lecken in der Führung (was durch Leckbohrungen nach außen erkennbar sein mußte), waren im eigenen Betrieb die einzigen Störungen an diesen empfindlichen Steuerorganen. Ein Platzen der Führungen, wie es anderwärts in früheren Jahren vermutlich auf Grund von Härtefehlern auftrat, ereignete sich in keinem einzigen Fall.

In Anbetracht der starken Beanspruchungen von Nadeln, Führungen und Düsen, z. T. bei hohen Temperaturen, kamen nur hochwertige, meist gehärtete Sonderstähle in Anwendung, wobei die Härtung noch besondere Erfahrung voraussetzte.

Die Abb. 162, 163 und 164 zeigen der Reihe nach die an den besprochenen Motoren verwendeten Ventilkonstruktionen, welche sich alle aufs beste bewährten, nämlich diejenige der MAN, der GW und der Fa. Gebr. Sulzer. — Allen Ausführungen ist gemeinsam die Heranführung des Kühlmittels, welches durchweg Frischwasser war, bis in die nächste Nähe der Brennstoffdüse. Zur Kontrolle, ob zwischen Kühlraum und den Brennstoffbohrungen bzw. dem Verbrennungsraum Undichtheiten vorlagen, waren die einzelnen Kühlwasserabläufe überall sichtbar in einen Sammeltrichter geführt.

Bei den doppeltwirkenden Zweitaktmotoren der MAN stimmten — abgesehen von den Düsen selbst — alle Teile für die Ober- und die Unterseite überein, die für die laufende Auswechslung in Frage kamen. Der Nadelhub war durch eine durchgehende, geschliffene Anschlagplatte begrenzt, die bei auftretenden Leckagen oder bei eingeschlagener Nadel vom Personal leicht selbst nachgeschliffen werden konnte.

Die Konstruktion der GW benutzte einen Nadeldurchmesser von nur 10 mm, dessen Führungsbohrung sich bei einer mehr als sechsfachen Führungslänge wohl nur mit Hilfe des *eingesetzten* Sitzes sauber herstellen ließ. Die Federkraft der weichen, zweiteiligen, rechts- und linksgewundenen Feder (Verhinderung der Drehwirkung) wurde unmittelbar auf die Nadel übertragen. Der Nadelhub war von außen nachstellbar. Eigenartig war die Ausführung des Kühlmantels unter Zuhilfenahme von Schweißung.

Bei dem Ventil von Gebr. Sulzer waren Nadelführung und Düse vereint, was erwünschtermaßen zu einem besonders kleinen Raum zwischen Nadelsitz und Düsenbohrungen führte. Die Führung für den Übertragungsstift der Federkraft auf die Nadel war hier ausgebüchst, wobei die untere Büchse gleichzeitig als Hubbegrenzung diente.

22. Anlaßventile.

Wie schon in der Einleitung erwähnt, dienten alle hier besprochenen Motoren dem unmittelbaren Propellerantrieb. Sie mußten daher aus jeder Ruhestellung angelassen werden können, und das bedingte zunächst, daß jeder Zylinder mit einem Anlaßventil ausgestattet war, und daß die Summe aller ihrer Eröffnungszeiten beim Viertakt mehr als zweimal 360° und beim Zweitakt mehr als einmal 360° betrug. Diese Forderung bestimmte auch die Mindestzahl der Zylinder, nämlich sechs beim Viertakt und vier beim Zweitakt. Die Füllung mit Anlaßluft mußte ja beendet sein, wenn das Auspuffventil bzw. die Auspuffschlitze öffneten, also etwa 40 bzw. 60° vor dem unteren Totpunkt. Es standen also — vom oberen Totpunkt ab gerechnet — nur etwa 140 bzw. 120° Eröffnungszeit zur Verfügung, wobei das Drehmoment in der Nähe des oberen Totpunktes sehr gering war. — Sechszylinder-Zweitaktmotoren waren natürlich wesentlich besser daran, denn die Eröffnungszeit brauchte erst etwa 30° nach dem oberen Totpunkt zu beginnen.

So bot die älteste Anlage (MT „Wilh. A. Riedemann") kaum Schwierigkeiten, obwohl die Anlaßventilquerschnitte bei der Fülle der im Zylinderdeckel sitzenden Ventile (2 Spülventile) sehr knapp waren. Im übrigen hatten diese Motoren noch die aus dem stationären Bau bekannten Anlaßventile einfacher Konstruktion, bei welcher die durch Federkraft geschlossenen Ventilkegel rein mechanisch mittels nockenbetätigter Hebel gesteuert und diese zum Zweck des Ein- und Ausrückens auf der Hebelwelle exzentrisch gelagert waren. Beim Anlassen waren sie nur während der reinen Druckluftperiode in Tätigkeit (vgl. das Kapitel „Anlaß- und Umsteuereinrichtungen"). — Das verhältnismäßig geringe Schwungmoment der Propeller ($n = 125$ U/min) spielte beim Anfahrvorgang natürlich auch eine günstige Rolle.

Die übrigen älteren Anlagen hatten dagegen große Propeller und kleine Zylinderzahlen, und da kam der Ausbildung der Anlaßventile (wie der Anlaßeinrichtung überhaupt) schon eine besondere Bedeutung zu.

Gebr. Sulzer hatten den Schwierigkeiten dadurch Rechnung getragen, daß das (wegen der Vereinigung mit dem Brennstoffventil in einem gemeinsamen, zentralen Gehäuse) ebenfalls knappe Anlaßventil zu Beginn des Anlaßvorganges geöffnet und bis zum Übergang auf Zündbetrieb offengehalten wurde, indessen die Steuerung der Druckluft durch ein vorgeschaltetes Vorventil mit großen Quer-

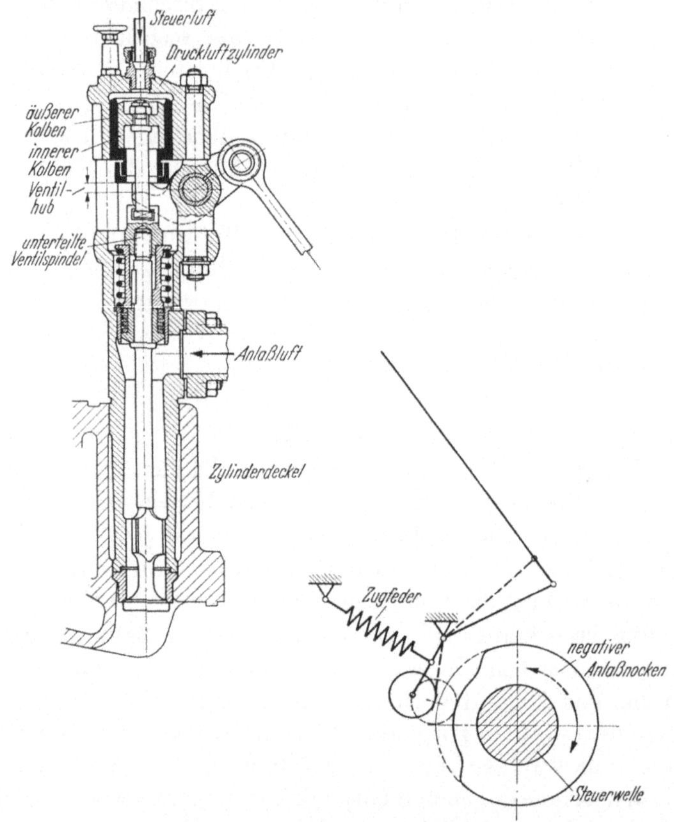

Abb. 165. Anlaßventil der GW zum gleichzeitigen Anlassen mit Druckluft und Brennstoff. Steuerung durch negativen Nocken auf der Steuerwelle. Zum Anlassen wird der Kraftschluß des Gestänges durch Beaufschlagung des obensitzenden Druckluftzylinders mit Steuerluft über den schwarz gezeichneten äußeren Kolben bewirkt. Flächenverhältnis zwischen Ventilkegel und innerem Kolben verhindert vorzeitiges Öffnen oder Rückschlag nach eingetretener Zündung.

schnitten erfolgte. Dieses bewirkte gleichzeitig eine Dekompression im Arbeitszylinder während des Anlassens, was wesentlich zur Erhöhung der Anlaßdrehzahl mitwirkte (vgl. die Diagramme Abb. 182).

Die Germaniawerft Kiel hatte bereits die im Jahre 1923 gebauten Viertaktmotoren mit einer ganz neuartigen Konstruktion ausgestattet, welche ein gleichzeitiges Anlassen mit Druckluft und Brennstoff ermöglichte. Die Ausführung deckte sich damals schon im wesentlichen mit der Abb. 165 für die später gebauten Zweitaktmotoren. Das Ventil trug am oberen Ende einen Druckluftzylinder mit einem Doppelkolben, dessen äußerer, hülsenförmiger Teil im belüfteten Zustand auf das Ventilgestänge drückte und es veranlaßte, der Form des negativen Nockens zu folgen. (Im unbelüfteten Zustand des Luftzylinders hob die Zugfeder den Kraftschluß auf und zog die Rolle vom Steuernocken ab.) Der innere Kolben wurde bei der Belüftung auf den Ventilkegel gedrückt; er vermochte den Kegel aber nur zu öffnen, wenn der Druck im Arbeitszylinder unter einen bestimmten Wert gesunken war, und dieser ergab sich aus dem Flächenverhältnis des inneren Kolbens zum Ventilkegel und aus dem Druck der Steuerluft. Er war so gelegt, daß bei einer Brennstoffüllung, welche während des Anfahrens durch die Manövriereinrichtung gegeben war, die Verbrennung vor Zutritt der Anlaßluft ihren Abschluß gefunden

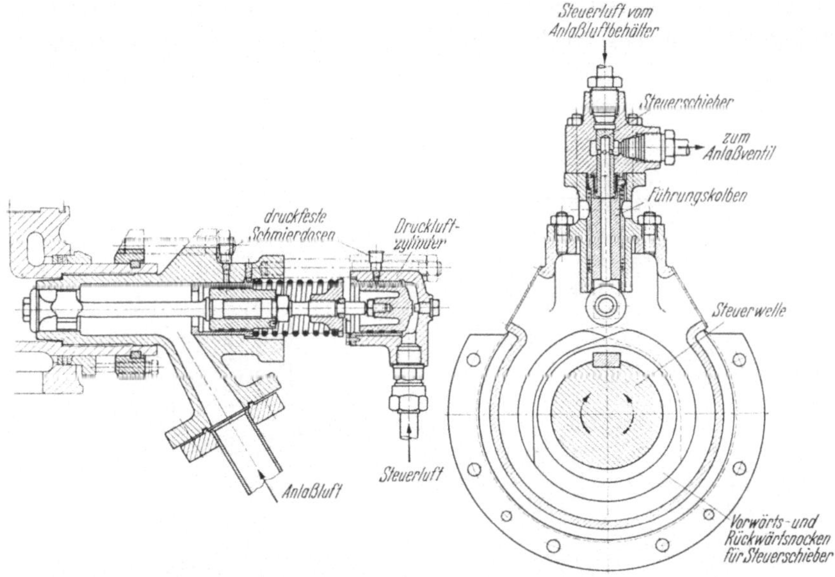

Abb. 166. Anlaßventil und Anlaßsteuerschieber von MAN-Motoren mit luftloser Einspritzung.
Zum Umsteuern wird die Steuerwelle in ihrer Längsrichtung verschoben, so daß die spiegelbildlichen Rückwärtsnocken für die Steuerschieber in Eingriff kommen (vgl. Abb. 186).

hatte. Im Falle einer Rückzündung in die Anlaßleitung führte das Querschnittsverhältnis überdies zum sofortigen Schluß des Ventilkegels. Wegen des selbsttätigen Übergangs vom Druckluft- auf den Brennstoffbetrieb hat man diese Anlaßmethode die „automatische" und dementsprechend die Anlaßventile als „automatische" bezeichnet. Ihre Vorteile in bezug auf die Anlaß- und Umsteuereinrichtungen und den Druckluftbedarf sind in den einschlägigen Kapiteln geschildert. Die Belüftung und die Entlüftung der Druckluftzylinder erfolgte über kleine Steuerventile im Schaltkasten der Manövriereinrichtung (Abb. 187).

In ihrer ursprünglichen Form arbeiteten die Ventile mehrere Jahre hindurch anstandslos, bis ziemlich gleichzeitig an mehreren Anlagen Rückzündungen in die Anlaßleitung auftraten, die gottlob nur Materialschaden verursachten. Es handelte sich durchweg um Motoren mit der Mindestzylinderzahl, bei welchen der Steuernocken den Ventilkegel schon frühzeitig freigab, nämlich schon während der ganzen Verbrennungsperiode.

Als Ursache wurde erkannt, daß das Reduzierventil, welches die Steuerluft vom Anlaßdruck auf etwa 7 at verringerte, im Laufe der Jahre offenbar nicht die erforderliche Wartung bekommen hatte und daher nicht einwandfrei arbeitete. Die Steuerluft erreichte einen höheren Druck und konnte den Ventilkegel schon während der Verbrennungsperiode aufdrücken. Erschwerend kam wohl noch dazu, daß das Personal nach mehrmals mißglücktem Anlaßmanöver oft die Koppelung zwischen Anlaßhebel und Brennstoffregulierhebel, welche während des Anlassens die Brennstoffpumpenfüllung auf einen Wert entsprechend der Fahrtstufe „Halbe Kraft" beschränkte, gelöst und die Füllung stark vergrößert hatte. Hierdurch dauerte dann die Verbrennungsperiode wesentlich länger.

Die Behebung dieser Störungen war einfach. Sie bestand darin, daß die Druckluftzylinder statt mit reduzierter Steuerluft nun mit dem Anlaßdruck selber beaufschlagt und dementsprechend die Kolben auf ein Maß verkleinert wurden, wie es in Abb. 165 dargestellt ist. Nach dieser Änderung arbeiteten die Ventile völlig einwandfrei.

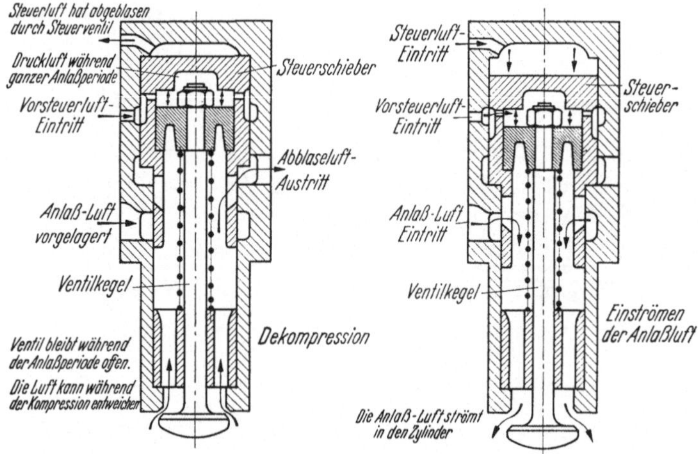

Abb. 167. Anlaßventil des Schichau-Sulzer-Motors schematisch dargestellt. Führungskolben für Ventilspindel sitzt im Steuerschieber, dessen Oberteil selbst als Druckluftzylinder ausgebildet und während des Anlassens dauernd mit „Vorsteuerluft" gefüllt ist. Steuerung der Anlaßluft erfolgt durch Steuerluft auf den Steuerschieber.

Die ersten von der MAN gelieferten Motoren (1925) hatten ebenfalls schon Anlaßventile mit einem Druckluftzylinder, und dieser war von vornherein mit dem Anlaßdruck beaufschlagt so daß eindeutige Voraussetzungen für ein Arbeiten nach den vorher beschriebenen Grundsätzen bestanden. Der Betätigungskolben war hier fest mit der Ventilspindel verbunden, und der Zustrom der Steuerluft erfolgte durch eine Bohrung in der Spindel von unten. Die Ventile wurden indessen anfangs nur zum Einrücken der mechanischen Steuerung benützt, welche durch Nocken auf der Steuerwelle und Hebel erfolgte. Der Bremer Vulkan nützte diese Konstruktion bei den Motoren des MT „C. O. Stillman" dann zum gleichzeitigen Anlassen mit Brennstoff aus.

Der Übergang zur luftlosen Einspritzung brachte zugleich mit der hydraulischen Steuerung der Brennstoffnadeln auch allgemein die pneumatische Fernsteuerung der Anlaßventile durch Druckluft (vgl. die Kapitel „Steuerung" und „Anlaß- und Umsteuereinrichtungen").

Bei der GW entfielen demnach die mechanischen Antriebsteile und der äußere Druckluftkolben am Anlaßventil; im übrigen blieb die bereits gezeigte Konstruktion unverändert.

Die Ausführung der MAN an den neueren Motoren ist in Abb. 166 wiedergegeben. (Bei den doppeltwirkenden Motoren waren die Ventile an der unteren Zylinderseite angeordnet.) Die Steuerschieber saßen für alle Zylinder in einem Block vereinigt neben dem Brennstoffpumpenblock, und ihre Betätigung erfolgte durch Nocken, welche auf der verlängerten Brennstoffpumpenwelle saßen (vgl. Abb. 186).

Gebr. Sulzer behielten auch bei ihrer neueren Konstruktion (Abb. 167) die Dekompression bei. Wie die Abbildung im Schema zeigt, war der Anlaßventilkegel während der ganzen (ohne Brennstoffeinspritzung durchgeführten) Anlaßperiode unter der Einwirkung von „Vorsteuerluft“ geöffnet. Der Zustrom der Anlaßluft zum Zylinder wurde durch „Steuerluft“ gesteuert, welche den Steuerschieber über ein nockenbetätigtes Steuerventil beaufschlagte.

Sieht man von den geschilderten Rückzündungen ab, so hielten sich die Störungen an Anlaßventilen in ganz geringen Grenzen, was für die Sicherheit des Schiffes ja auch unbedingt notwendig war. — Wichtig war in erster Linie, daß die Ventilspindeln in jedem Betriebszustand, ob bei kaltem oder warmem Motor, leichtgängig waren. Es mußte also vermieden werden, daß sich das Gehäuse verzog, sei es durch Deformation des Zylinderdeckels oder durch unzweckmäßigen Einbau. Offene Ventilgehäuse, in welche die Anlaßluft aus einem Kanal im Zylinderdeckel durch Fenster eintrat, wurden bald durch geschlossene steife Konstruktionen ersetzt. Den neueren Ventilen kam noch zugute, daß für ihre Befestigungsschrauben mehr Platz zur Verfügung stand als bei manchen alten Typen, deren Zylinderdeckel kaum mehr als 2 Schrauben zuließen. Nun konnten drei und mehr Schrauben vorgesehen werden, und das Personal konnte beim Festziehen nicht so leicht falsch vorgehen. Gleichwohl war notwendig, daß es nach vollzogenem Einbau die Probe auf Leichtgängigkeit der Ventilspindel machte, wozu am Ventil meist die Möglichkeit bestand. Wo — wie bei der Konstruktion Abb. 165 — die Gefahr des Verziehens besonders groß war, wurde die Spindel unterteilt.

Gegen ein Festrosten von Spindel und Kolben waren von jeher Bronzeführungen vorgesehen; weiterhin hatte sich das Personal ein regelmäßiges Entwässern der Luft angewöhnt. Zudem besaßen die meisten Führungsstellen Schmiereinrichtungen, Öler oder Fettdosen. Die Erfahrung lehrte, daß diese drucksicher und rückschlagsicher, möglichst sogar absperrbar sein mußten.

Über die Maßnahmen zur Verhütung der Verschmutzung aus der Leitung siehe unter „Anlaß- und Umsteuereinrichtungen“. — Ein undichter Ventilkegel läßt sich im Dauerbetrieb durch Warmwerden der Anlaßleitung sofort feststellen. Gewöhnlich genügte zur Abhilfe schon ein Drehen des Kegels von außen, wozu die Konstruktionen meistens eingerichtet waren.

Im übrigen gaben die Probemanöver vor Abschluß einer Reise (vgl. das eben angezogene spätere Kapitel) die beste Gewähr für ein sicheres Arbeiten und die Möglichkeit zu rechtzeitiger Instandsetzung.

23. Brennstoffpumpen.

Infolge der anerkennenswerten Sorgfalt in Konstruktion und Herstellung verursachten die Brennstoffpumpen allgemein geringere Schwierigkeiten, als man bei den hohen Drücken und den vielseitigen Regulierbedingungen hätte befürchten können. Richtige Betriebsstörungen sind dem Verfasser nicht erinnerlich, und die Instandsetzungsarbeiten beschränkten sich vornehmlich auf die Pumpenstempel mit ihren Führungen und die Ventile, sie verteilten sich aber auf lange Zeiträume.

Dies traf auch schon auf die älteren Konstruktionen zu, selbst wenn z. B. die Pumpenstempel noch mit Bleiwolle aufgepackt waren, wie dies bei den ältesten Motoren für einige Jahre der Fall war. Der erhebliche Aufwand der Konstruktionen machte jedoch vielfach den Eindruck der Unausgereiftheit, und selbst beim gleichen Erbauer konnte Jahre hindurch eine Pumpenkonstruktion die andere ablösen. Auch war anfangs in bezug auf die Fabrikation, z. B. die Härtung, manches verbesserungsbedürftig.

Die stärkste Auswirkung auf die Konstruktion wie auf die Herstellung brachte natürlich der Übergang zur luftlosen Einspritzung; denn hier stiegen die Betriebsdrücke von maximal 75 at auf 300 at und darüber, und zudem war nun die Pumpe zum zeitlich exakt arbeitenden Steuerorgan für das Einspritzventil geworden.

Für die eigenen günstigen Erfahrungen war nicht zuletzt bedeutungsvoll, daß die betreuten Schiffe fast stets mit einwandfreiem Brennstoff beliefert wurden. Eine gewisse Unterbrechung hierin stellten die kurzen Versuche nach dem ersten Weltkrieg dar, mit den Lufteinspritzmotoren auch dickflüssiges Bunkeröl zu verarbeiten. Wie in dem Kapitel „Brennstoffversorgung" näher beschrieben ist, wurden diese Versuche aber bald aufgegeben.

Bei den Lufteinspritzmotoren kam es auf die zeitliche Lage der *Förder*periode nicht unbedingt an, und so vereinigte man die Förderstempel einer Zylindergruppe — bei den Vierzylinder-Sulzermotoren sogar diejenigen des ganzen Motors — in einer kreuzkopfartig angetriebenen Traverse. Der zeitliche Unterschied, der sich hieraus für die Einlagerung des Brennstoffs in den einzelnen Zerstäubern ergab, ließ sich in seiner Auswirkung weitgehend durch Korrekturen am Zerstäuber und in der Steuerung wettmachen. — Eine Ausnahme machten hier die Lufteinspritzmotoren des Bremer Vulkan mit *Einzel*pumpen in Höhe der Zylinderdeckel, welche genau zeitrichtig, nämlich während der Eröffnung der Nadeln, förderten.

Die Zusammenfassung des Antriebs legte es nahe, auch die Pumpenkörper entsprechend zu vereinigen. Aus Gründen der Festigkeit und vollkommenen Dichtigkeit wurde als Werkstoff geschmiedeter Stahl bevorzugt — nur Gebr. Sulzer hatten für die Lufteinspritzmotoren Spezialgußeisen wegen dessen größerer Widerstandsfähigkeit gegen aggressive Brennstoffe verwandt. Gemeinsame Pumpenblöcke wurden z. T. auch für die luft*lose* Einspritzung benützt; die MAN ging indessen zu Einzelblöcken für jeden Zylinder — beim doppeltwirkenden Motor für jede Zylinderseite — über, ordnete sie aber auf einem gemeinsamen Antriebsblock an (Abb. 168 und 186).

Neben richtiger Passung und reichlicher Führungslänge für die saugend eingeschliffenen Pumpenstempel war es von größter Wichtigkeit, daß die kräftig dimensionierten Büchsen ohne jede Zwängung und so montiert werden konnten, daß eine Schiefstellung ausgeschlossen war. Ebenso bedeutungsvoll war es, daß der

Antrieb auf die Stempel keine seitliche Kraftkomponente ausüben konnte — ein Gesichtspunkt, der auch für die Einwirkung auf gesteuerte Ventile wichtig war (vgl. Abb. 168). Daß bei einer Auswechslung infolge von Undichtheit in der Führung Stempel und Führungsbüchse *zugleich* ausgewechselt werden mußten, versteht sich bei der feinen Passung wohl von selbst. Obgleich die Stempelgeschwindigkeit bis zu 1 m/sek betrug, waren Elemente mit Laufzeiten von 7 Jahren keine Seltenheit.

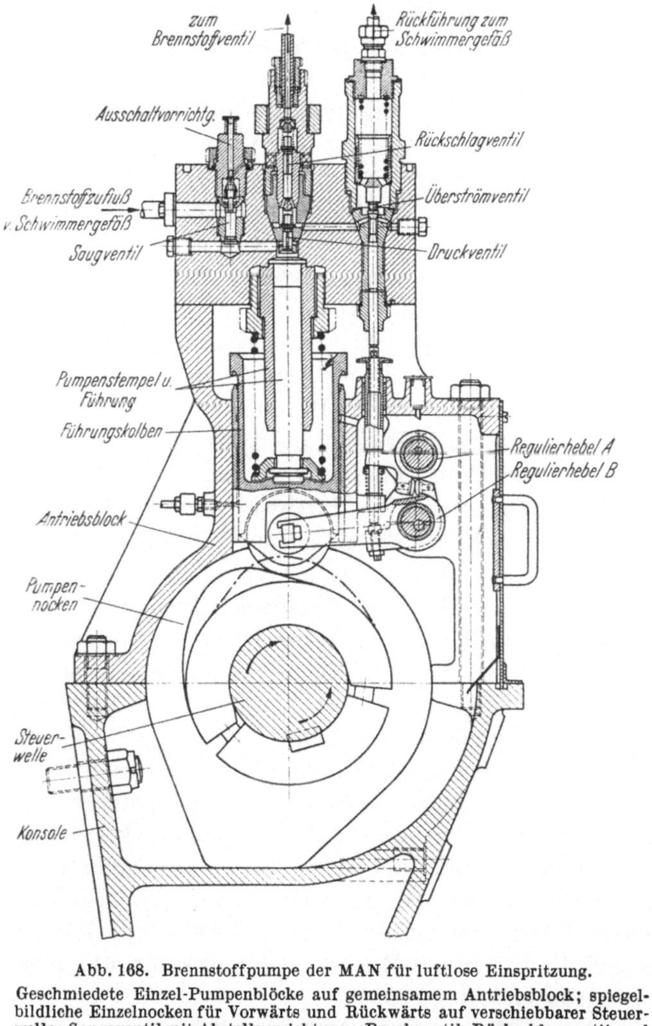

Abb. 168. Brennstoffpumpe der MAN für luftlose Einspritzung. Geschmiedete Einzel-Pumpenblöcke auf gemeinsamem Antriebsblock; spiegelbildliche Einzelnocken für Vorwärts und Rückwärts auf verschiebbarer Steuerwelle; Saugeventil mit Abstellvorrichtung; Druckventil, Rückschlagventil und Überströmventil in konischen Einsätzen. Förder-Beginn und -Ende werden durch die beiden mit Zahnsegmenten gekuppelten (vgl. Abb. 186), exzentrisch gelagerten Regulierhebel „*A*" und „*B*" gesteuert. Regulierung durch Exzenterverdrehung.

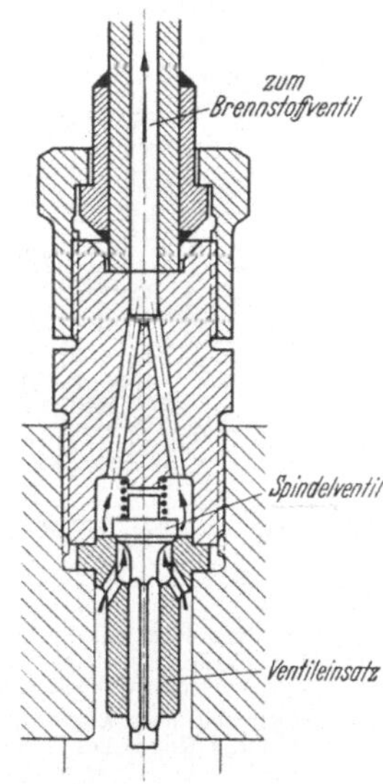

Abb. 169. „Spindelventil" in Anwendung als Druckventil. Beachte den zentralen Zu- und Abstrom des Brennstoffs!

Die Saugeventile waren durchweg als „Spindelventile" ausgebildet, entsprachen also in ihrer Grundform der Abb. 169. Für die Druckventile und Rückschlagventile wählte man bei den Lufteinspritzmotoren regelmäßig „Tassenventile" (Abb. 170), welchen man einen zuverlässigeren Schluß zuschrieb. — Die „Tassenventile" waren schwer; zudem mußte die Führungslänge im Verhältnis zum Durchmesser wegen der Höhe des Pumpenblocks knapp gehalten werden, und dies begünstigte ein seitliches Ecken sehr, besonders wenn die Führung durch Rippen erfolgte. Für das Ecken boten aber gerade die älteren Motoren wegen ungeschickten seitlichen Abstroms des Brennstoffs die unerwünschtesten Voraussetzungen. —

Wie die Abbildungen zeigen, war dagegen bei den neueren Konstruktionen die wichtige Forderung *zentralen* Zu- und Abstroms aufs sorgfältigste beachtet, und so konnte man auch auf der Druckseite zu den Spindelventilen mit ihrem kleinen Durchmesser, geringeren Gewicht und günstigeren Führungsbedingungen übergehen; sie gestatteten zudem die Anwendung gehärteten Materials. Selbst bei den hohen Drücken konnte dann ein einziges derartiges Ventil die Abdichtung übernehmen. (Die MAN-Konstruktion Abb. 168 blieb bei einem zusätzlichen Rückschlagventil, denn bei dieser Bauart zweigte ja der Kanal zum Überströmventil zwischen den beiden ab.)

Auch für die Ausbildung des Überströmventils mußten Zu- und Abstromrichtung berücksichtigt werden, dazu erforderte die Übertragung der großen Federkraft noch besondere Sorgfalt, um seitliche Kräfte von der Ventilspindel fernzuhalten. Da die lange Führung bei feinster Passung den hohen Brennstoffdruck *nach außen* abdichten mußte, kam ebenfalls nur eine gemeinsame Auswechslung von Ventil und Einsatz in Betracht.

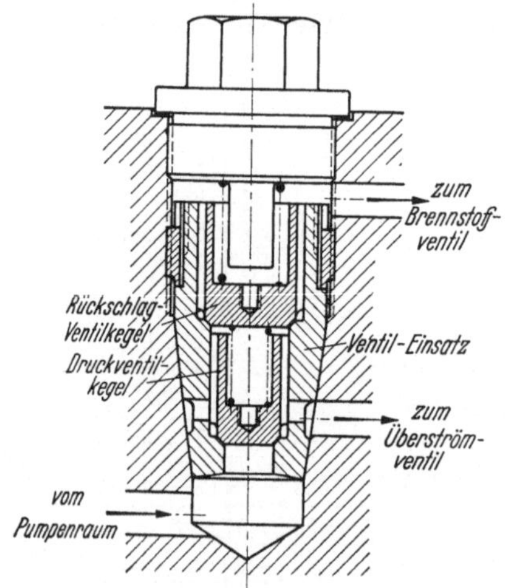

Abb. 170. Ältere Konstruktion für ein Druckventil und ein Rückschlagventil als „Tassenventile“ in konischem Ventileinsatz.
Ungünstiger seitlicher Abstrom und bedenklich schlanker Konus des Ventileinsatzes.

An älteren Motoren waren die Ventile mit Rücksicht auf aggressive Brennstoffe vielfach aus Spezialgußeisen hergestellt, an neueren durchweg aus gehärtetem Sonderstahl. — Abgesehen von den älteren Sulzermotoren, wo die Ventile unmittelbar im Pumpenkörper saßen (was sich übrigens gut bewährt hatte), waren sämtliche Ventile in besonderen Einsätzen angeordnet, die — wie bei der MAN — konisch (Abb. 168), oder mit ebenen Dichtungsflächen (Abb. 169) eingebaut waren. — Die Ausführung der MAN hatte eine erstklassige Werkstattarbeit zur Voraussetzung; die Konen bedurften eines nur mäßigen Anpreßdruckes durch die Einschraubmuttern. Wurde dieser übertrieben — und dazu verleiteten große außenliegende Sechskante — so bestand die Gefahr, daß der schlanke Konus den durch zahlreiche Bohrungen geschwächten Einzelpumpenkörper sprengte. Bei der Abb. 168 sind die Konen mit Rücksicht darauf schon stumpfer gehalten als bei älteren Ausführungen (Abb. 170).

Bei den gruppenweise vereinigten Pumpen der Lufteinspritzmotoren spielte ebenso wenig wie der Zeitpunkt die Geschwindigkeit der Brennstoffeinlagerung in die Zerstäuber eine Rolle. So konnte der Antrieb der Stempeltraversen auch durch Exzenter erfolgen, welche auf der Steuerwelle aufgekeilt waren. Bei der Rückwärtsfahrt verschob sich einfach der Zeitpunkt für die Einlagerung des Brennstoffes. Selbst wenn sich dadurch etwa der Ablauf der Verbrennung verschlechterte, war dies für den kurzzeitigen Rückwärtsbetrieb belanglos.

Bei den Pumpen für luftlose Einspritzung kam natürlich nur ein Antrieb durch Nocken und Rolle in Frage, bei dem der gesetzmäßig gestaltete Auflauf des Nokkens die Druckperiode übernahm, während die rückläufige Bewegung für das Ansaugen durch eine Feder bewirkt wurde. Für die Rückwärtsdrehrichtung bedurfte es eines besonderen spiegelbildlichen Nockens, welcher durch Verschieben der Nockenwelle beim Umsteuern in Eingriff kam. Wie unter „Anlaß- und Umsteuereinrichtungen“ beschrieben, mußten Nocken und Rollen für diese Verschiebung seitlich angeschrägt sein. Nocken und Rollen erfuhren schon im normalen Betrieb eine sehr starke Oberflächenbeanspruchung (Linienpressung!), welche noch wesentlich gesteigert wurde, wenn durch verkokte Düsen die Brennstoffdrücke ins Unkontrollierbare wuchsen. Es konnte dann geschehen, daß an den Laufflächen von Nocken und Rollen die Härteschicht abblätterte. Ein aufmerksames Personal ließ es freilich nicht so weit kommen; denn die ersten Anzeichen für das Verkoken der Düsen sind schon beim Befühlen der Druckrohre erkennbar, und dieses Befühlen gehörte zur regelmäßigen Betriebskontrolle eines Motors mit Lufteinspritzung. Bei der

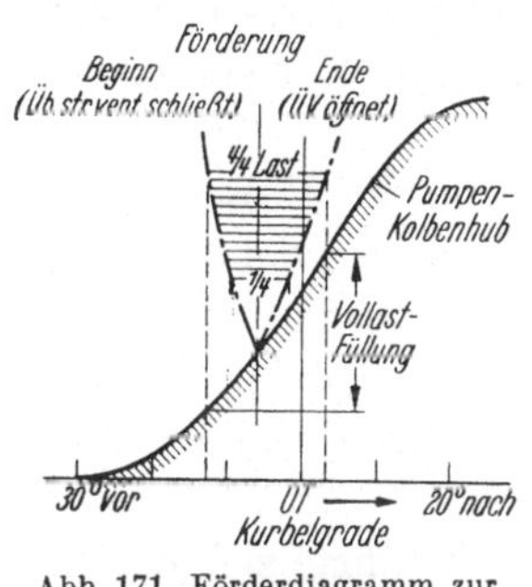

Abb. 171. Förderdiagramm zur MAN-Brennstoffpumpe nach Abb. 168.

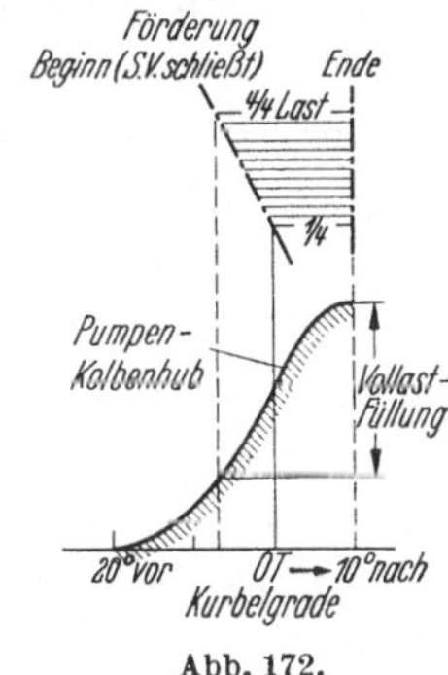

Abb. 172.

Förderdiagramm zu einer Sulzer-Brennstoffpumpe für luftlose Einspritzung, deren Förderung durch veränderliches Offenhalten des Saugeventils bei beginnendem Druckhub erfolgt.

Förderende am Ende des Druckhubes.

Ausführung nach Abb. 168 und der Sulzerpumpe, für welche das in Abb. 172 gezeigte Förderdiagramm gilt, war der Nockenauflauf geradlinig, bewirkte also eine anwachsende Förderung. Wie das Diagramm Abb. 171 veranschaulicht, spielte sich bei der MAN Konstruktion die gesamte Förderung für alle Belastungen auf dem *geraden* Teil des Auflaufs ab. Dabei wurde neben dem Förderbeginn, der der sinkenden Drehzahl entsprechend mit abnehmender Belastung verzögert wurde, auch das Ende verkürzt. Bei der Sulzer-Konstruktion verzögerte ein gesteuertes Saugeventil mit abnehmender Belastung nur den Förderbeginn, während das Ende übereinstimmend auf dem Nockengipfel mit seiner betont kleinen Abrundung lag (Diagramm Abb. 172). — Der Nockenablauf war bei der MAN-Konstruktion allmählich, wie dies für das Ansaugen vielfach mit Recht bevorzugt wurde.

Die Förderperiode war bei luftloser Einspritzung im Vergleich zur Lufteinspritzung kurz; sie erstreckte sich nämlich bei Vollast nur etwa über 15 Kurbelgrade. Ihr Beginn mußte sich nach der Drehzahl und der Länge der Rohrleitungen richten (Fortpflanzungsgeschwindigkeit der Druckwelle rund 1400 m/sek). Er lag bei Vollast für die beschriebenen Motoren im Mittel bei 10° vor dem oberen Totpunkt, wenn die Zündung im oberen Totpunkt einsetzen sollte. (Kompressibilität des Brennstoffs u. Formänderungen in der Leitung!)

Die Füllungsregulierung geschah bei den Lufteinspritzmotoren ziemlich übereinstimmend durch Beeinflussung des Saugeventils, auch bei der luftlosen Einspritzung bewirkte man dies z. T. in der gleichen Weise (vor allem Gebr. Sulzer), zum anderen Teil jedoch über ein Überströmventil (MAN-Motoren). Bei der Saugeventilregulierung griffen von der Stempelbewegung beeinflußte Schwinghebel unter die herausragenden Stößel der Saugventile und hielten sie beim beginnenden Druckhub zunächst geöffnet. Im weiteren Verlauf des Druckhubs ließen sie die Saugeventile früher oder später auf ihren Sitz kommen, womit dann die Förderung nach dem Brennstoffventil des Zylinderdeckels begann. Sie endete mit dem vollendeten Druckhub. Die Schwinghebel pendelten auf exzentrischen Zapfen einer Regulierwelle, und durch deren Verdrehung bewirkte man die Füllungsänderung. Bei Nullstellung der Regulierung oder in der Stoppstellung der Steuerung blieb das Saugventil während des ganzen Druckhubs dauernd angehoben. — Die Regulierung durch das Überströmventil erfolgte im Prinzip ebenso. Die MAN steuerte indessen auch das Förder*ende* (Abb. 168). Sie bediente sich dazu zweier exzentrisch gelagerter, von der Stempelbewegung getriebener Schwinghebel „*A*" und „*B*", die durch Zahnsegmente gekuppelt waren. Der obere Hebel steuerte den Förderbeginn, indem er das zu Anfang des Druckhubes offene Überströmventil früher oder später auf den Sitz kommen ließ, während der untere es später oder früher wieder aufstieß.

Schon bei allen diesen langsamlaufenden Motoren wurde die Erfahrung gemacht, daß das Zurückstoßen eines Teiles der Brennstoffüllung aus der Pumpe in die Saugeleitung unter Umständen zu Unregelmäßigkeiten führte. Ob es nun Luftausscheidungen waren oder vorübergehende Dampfblasenbildung infolge Unterdruck, es empfahl sich, das Ansaugen für die nächste Pumpenfüllung nicht aus dem Raum heraus vorzunehmen, in den man einen Augenblick vorher Brennstoff aus dem Pumpenhubraum geschleudert hatte. Am besten bewährte sich das Zurückführen der aus dem Überströmventil ausgestoßenen Überschuß-Brennstoffmenge in das Schwimmergefäß der Saugeleitung, wo Gelegenheit zur Beruhigung und Luftausscheidung ohne Beeinträchtigung der Strömung in der Saugeleitung gegeben war.

Die luftlose Einspritzung erforderte neben der Füllungsregulierung von Hand nur noch eine Beeinflussung der Brennstoffpumpe durch den Regler. Er mußte als Sicherheitsorgan für das Durchgehen des Motors beim Austauchen des Propellers oder gar bei einem Wellenbruch die Brennstoffpumpenfüllung auf Null bringen. Das geschah am einfachsten — und dies entsprach der üblichen Methode —, durch Eingriff des Reglers in die obenbeschriebene Füllungsregulierung (Regulierwelle).

Bei den älteren Lufteinspritzmotoren, welche getrennt mit Druckluft und Brennstoff angelassen wurden (vgl. das Kapitel „Anlaß- und Umsteuereinrichtungen"), bedurfte es daneben noch einer Beeinflussung der Füllung durch die Manövriereinrichtung — am zweckmäßigsten auch über die allgemeine Regulierwelle. Für einen ungestörten Vollzug sämtlicher Funktionen brauchten die betreffenden Gestänge nur mit *Langösen* versehen zu werden, wie dies die Abb. 173 im Schema zeigt. (Die Steuerung ist dabei für mittlere Füllung dargestellt.)

Die Ausführung von Gebr. Sulzer an älteren Motoren wich hinsichtlich der Beeinflussung durch den Regler insofern ab, als hier die Zylinder beim Verdrehen einer besonderen Regulierwelle *stufen*weise abgeschaltet wurden. Diese Methode wurde bei teilweiser Entlastung der Schraube, wie im Seegang bei vollbeladenem Schiff, angenehm empfunden, arbeitete aber bei plötzlich austauchendem Propeller recht träge und führte sich daher nicht allgemein ein.

Für das Abstellen eines Zylinders im Betrieb wegen irgendwelcher Unregelmäßigkeit besaß jede Pumpe eine Einrichtung zum Aufdrücken und Offenhalten des Saugeventils bzw. des Überströmventils. Wo auch noch die Möglichkeit geschaffen war, die Brennstoffzufuhr *einzeln* abzustellen, wie dies geschickterweise meist der Fall war, ließen sich bei laufendem Motor Instandsetzungsarbeiten an der einzelnen Pumpe durchführen. — An der Konstruktion der MAN Abb. 168 konnte z. B. mit einem kleinen Abstellstift das Saugeventil für eine kurzzeitige Abschaltung aufgedrückt werden, während für eine Außerbetriebssetzung für längere Zeit der federbelastete Führungskolben an einer (in der Abbildung nicht angedeuteten) Nase des oberen Bundes in völlig angehobener Stellung festgehalten wurde.

Zum Füllen der Brennstoffdruckleitung bis zur Brennstoffnadel nach einem längeren Stillstand waren bei Pumpen mit nicht auskuppelbarem Exzenterantrieb eigene kleine Druckstempel für Handbetrieb vorgesehen. — Bei dem kraftschlüssigen Rollenantrieb bedurfte es nur eines Ansatzes am Rollenhebel, welcher das Einstecken eines Hebels zum Pumpen von Hand ermöglichte.

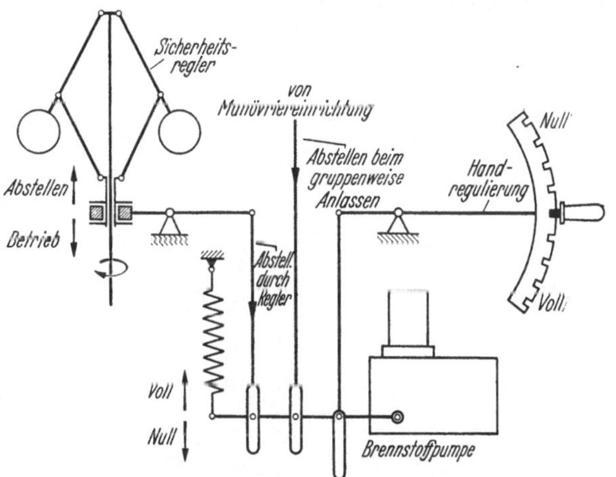

Abb. 173. Beeinflussung der Brennstoffpumpe durch Handregulierung und Sicherheitsregler, sowie durch Manövriereinrichtung bei gruppenweisem Anlassen.

Für eine ordnungsgemäße Betriebsführung war noch wichtig, daß der Leckbrennstoff durch entsprechende Ränder, Fangrinnen u. dgl. so gesammelt und abgeleitet wurde, daß er ohne Verunreinigung, auch ohne Beimengung von Schmieröl, wieder verwendbar aufgefangen werden konnte. Man beachte in dieser Hinsicht bei der MAN-Konstruktion die sorgfältige Trennung der Pumpenblöcke vom Antrieb durch den oberen Boden des Antriebsblockes, aus welchem alle Führungen herausragen, und die Abschirmung der Laufflächen des federbelasteten Führungskolbens wie der Stoßstange für das Überströmventil gegen herabtropfenden Brennstoff!

Der Leser, der Einzelheiten über Konstruktionen der GW, besonders neuerer Art, vermißt, sei auf das nächste Kapitel verwiesen. Die GW versah nämlich in den letzten Jahren die Motoren unserer Flotte mit Archaouloff-Pumpen.

24. Archaouloff-Einspritzpumpen.

Angesichts des Ausmaßes der Instandsetzungsarbeiten, welche bei Lufteinspritz-Motoren auf die angehängten Kompressoren entfielen (vgl. hierzu das Kapitel „Einblaseluft-Kompressoren"), wurde der Vorschlag der GW, Kiel, lebhaft begrüßt, das Archaouloff-Verfahren als einfaches Mittel zum Umbau auf luftlose Einspritzung zu verwenden. Zwar lagen mit diesem Verfahren noch keine Dauererfahrungen vor; zwei umgebaute ausländische Schiffsanlagen mittlerer Größe waren erst ein knappes Jahr in Betrieb, und deutsche Anlagen solcher Art gab es noch nicht. So wurden im Jahr 1932 zunächst zwei Zylinder eines einfachwirkenden GW-Zweitaktmotors auf MT „F. H. Bedford jr." umgebaut. Das Ergebnis war so günstig, daß bald alle Zylinder dieses Motors und kurz darauf der zweite Motor der betreffenden Anlage geändert wurden.

In ständiger Zusammenarbeit zwischen der GW und der Rhederei wurde die Einrichtung alsbald so verbessert, daß mit der Zeit fast alle Lufteinspritzmotoren umgebaut werden konnten. Nun entfiel nicht nur die Instandhaltung der Kompressoren, sondern auch deren Kraftbedarf, der etwa 10% der Nutzleistung betrug. Es konnten also rund gerechnet entweder 10% Brennstoffersparnis oder 3% Geschwindigkeitssteigerung des Schiffes durch den Umbau erzielt werden. Zugleich erfuhr der Massenausgleich durch den Fortfall des Kompressortriebwerks eine merkliche Verbesserung. Antriebsnocken und besondere Einrichtungen beim Umsteuern benötigte die Archaouloff-Einspritzpumpe nicht.

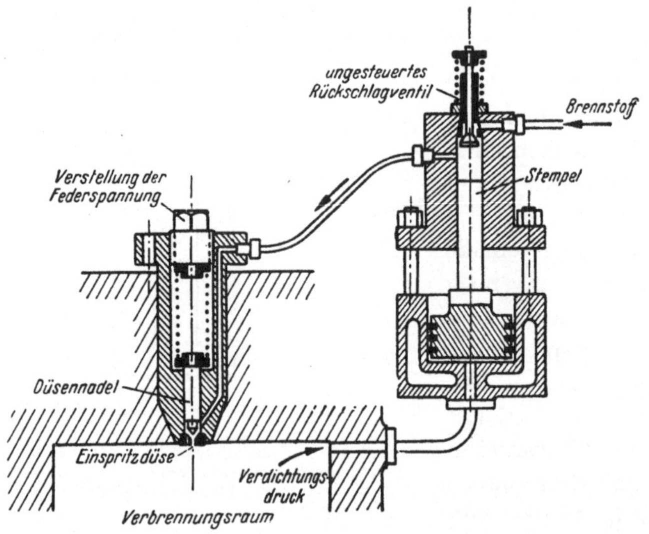

Abb. 174. Schematische Darstellung einer älteren Archaouloff-Einrichtung.
Brennstoffpumpenkolben wird durch Verdichtungsdruck betätigt. Der Brennstoff wird durch eine getrennte regulierte Pumpe (bei Umbauten durch die ursprünglich vorhandene Brennstoffpumpe) in die Archaouloffpumpe eingelagert.

Das Kennzeichnende des Verfahrens war die Verwendung des Verdichtungsdruckes im Arbeitszylinder für die Betätigung des Pumpenkolbens und die Erzeugung des Einspritzdruckes. Zu diesem Zweck waren ein wassergekühlter Gaszylinder und ein Brennstoffpumpenzylinder tandemartig hintereinander geschaltet (Abb. 174). Durch ein Flächenverhältnis des Kolbens von 1:10 — später 1:12 — verstärkt, besorgte der Gasdruck die Einspritzung.

Die Gasverbindung mußte möglichst kurz sein, und dies bedingte die Anwendung *einzelner*, in Zylinderdeckelhöhe angeordneter Archaouloff-Pumpen.

Die älteren Ausführungen, wie sie für den Umbau von Lufteinspritzmotoren verwendet wurden, stimmten im Aufbau mit dem Schema überein. Hier übernahmen die beibehaltenen Brennstoffpumpen als Zubringerorgan die Bemessung der Brennstoffmenge wie sämtliche Aufgaben der Regulierung. Die Archaouloff-Pumpen brauchten also wirklich nur mit einem völlig selbsttätigen Saugeventil ausgerüstet zu sein. — Nach Beendigung des Druckhubes wurde der Brennstoffkolben durch die zugepumpte Brennstoffmenge entgegen dem Gasdruck und der

Kraft einer (nicht gezeichneten) Feder so weit nach unten gedrängt, als es der Brennstoffüllung entsprach. Der ansteigende Gasdruck bewirkte dann den Druckhub. Er begann bei einem Abspritzdruck der Nadel von etwa 300 at mit 30 bzw. 27,5 at Gasdruck und endete nach Überdeckung der Abflußbohrung zum Brennstoffventil durch den Pumpenstempel. Das verbleibende Brennstoffpolster bremste die Bewegung ab. Die geschilderte Beendigung des Druckhubes bewirkte einen plötzlichen Einspritzschluß, wie er für das Arbeiten der Brennstoffnadel erwünscht ist.

Den ersten Konstruktionen hafteten begreiflicherweise manche Mängel an. Bei der Anordnung des Brennstoffzylinders *über* dem Gaszylinder im Interesse einer kurzen Gaszuführung verdampften die auf den Gaszylinder heruntertropfenden unvermeidlichen Leckagen und führten zu einer starken Belästigung im Motorenraum. Die längere Zuleitung zu dem daraufhin nach *oben* verlegten Gaszylinder (Abb. 176) war bei den niedrigen Drehzahlen ohne weiteres angängig. — Die zunächst im Gaskolben angeordneten Dichtungsringe nützten sich rasch ab. Sie wurden daher als innenspannende Ringe in den wassergekühlten Zylinder verlegt und hatten dann dank der besseren Schmierbedingungen eine wesentlich längere Lebensdauer. — Das Kolbenverhältnis 1:10 führte zu Unzuträglichkeiten beim Anfahren. Bei der langsam ansteigenden Drehzahl und der mäßigen Brennstoffmenge (Kompressibilität des Brennstoffs und Formänderungen der Leitung!) genügte der Kompressionsdruck anfangs nicht, um die Federkraft der Brennstoffnadel zu überwinden. Der Brennstoff blieb im Pumpenraum, durch die ständig arbeitende angehängte Zubringepumpe wurde aber immer mehr Brennstoff vorgepumpt, bis eben der Kompressionsdruck hoch genug gestiegen war, und dann entlud sich eine übermäßige Brennstoffmenge in den Arbeitszylinder und führte zu einer schweren Zündung. Dieser Fehler wurde dadurch beseitigt, daß man das Kolbenverhältnis am Archaouloff-Aggregat auf 1:12 vergrößerte und die Federspannung des Brennstoffventils beim Anlaßvorgang vorübergehend entspannte. Anfangs wurde diese Entspannung über ein durchgehendes Gestänge von Hand, später selbsttätig mittels eines Druckluftzylinders an jedem Brennstoffventil vorgenommen (Abb. 163), der von der Manövriereinrichtung beaufschlagt und entlüftet wurde.

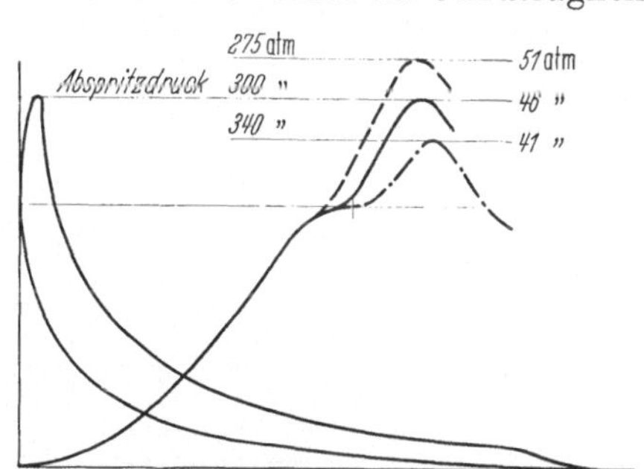

Abb. 175. Beeinflussung des Einspritzbeginns und des Verbrennungsverlaufes durch den Abspritzdruck des Brennstoffventils.

Neben dem Kolbenflächenverhältnis am Archaouloff-Aggregat waren Zahl und Größe der Düsenbohrungen und die *Federspannung* am Brennstoffventil die einzigen Mittel, den Einspritzbeginn und den Verbrennungsverlauf zu beeinflussen. Nach getroffener Wahl der Abmessungen verblieb für den Betrieb nur die Regulierbarkeit der Federspannung, und die Praxis zeigte, daß dies vollkommen genügte. Schon bei den ersten Versuchen waren die unveränderlichen Faktoren gut getroffen, und so ergaben sich Diagramme wie in Abb. 175 dargestellt bei einwandfreier Verbrennung. Größere Federkraft am Brennstoffventil verzögerte den Zündbeginn und brachte niedrigere Diagramme und umgekehrt.

Der Umbau von Lufteinspritzmotoren nach dem Archaouloff-Verfahren war sicher auch wirtschaftlicher als etwa der Einbau neuer Brennstoffpumpen; denn diese hätten auch einen verstärkten Nockenwellen-Antrieb und kompliziertere Regulier- und Umsteuereinrichtungen bedingt. — Die Beibehaltung der alten Brennstoffpumpen als Zubringepumpen erforderte indessen, soweit es sich um Gruppenpumpen handelte (vgl. das vorige Kapitel), besondere Vorsicht. Ein Vorpumpen während des Einspritzvorganges kam wegen der größeren Kräfte keinesfalls mehr in Frage. Es mußten daher in die Zubringeleitungen solcher Zylinder Erweiterungen eingesetzt werden, welche die Brennstoffzuteilung verzögerten.

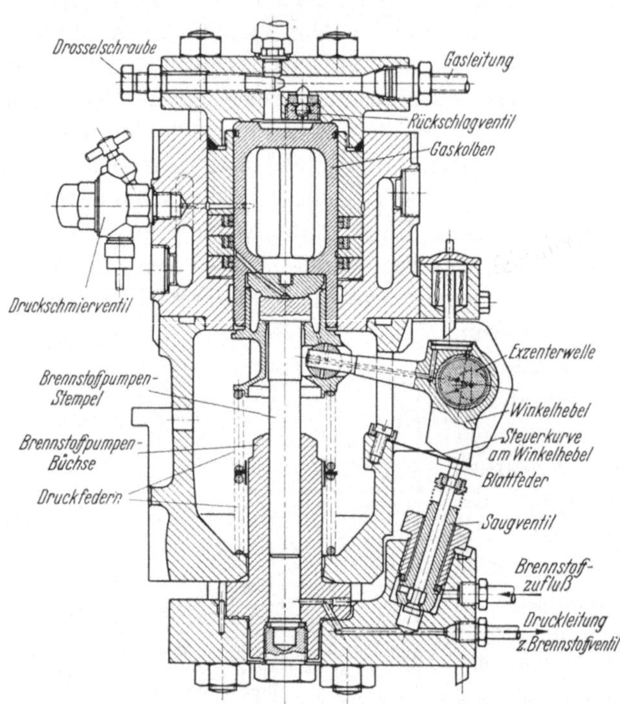

Abb. 176. Neuere Ausführung der Archaouloff-Einspritzpumpe. Zumessung der Fördermenge durch ein gesteuertes Saugeventil. Der wassergekühlte Gaszylinder mit innenspannenden Kolbenringen ist oberhalb des Brennstoffpumpen-Teiles angeordnet.

Bei der Verwendung der Archaouloff-Einrichtung für *neue* Motoren mit luftloser Einspritzung lag es nahe, auf besondere regulierbare Zubringepumpen zu verzichten und die Archaouloffpumpe selbst regulierbar auszubilden. Abbild. 176 für die letzte Vorkriegsausführung dieser Apparate zeigt, wie einfach diese Forderung gelöst wurde. Das Saugeventil des Pumpenzylinders wurde durch einen auf der Regulierwelle exzentrisch gelagerten Winkelhebel gesteuert. Der Arbeitsvorgang spielte sich nun so ab, daß nach Beendigung einer Einspritzung die Feder den Doppelkolben in die obere Totpunktlage drängte, wobei sich durch das Saugeventil der ganze Pumpenraum füllte. Der Kolben beharrte in dieser Stellung bis der Druck im Arbeitszylinder zusammen mit dem Eigengewicht des Pumpenkolbens zur Überwindung der Federkraft genügte. Bei der Abwärtsbewegung wurde das Saugeventil — wie bei anderen Brennstoffpumpen — länger oder kürzer offen gehalten und der Brennstoff in die Saugeleitung zurückgedrückt. Ließ die Steuerung das Saugeventil auf seinen Sitz kommen, so blieb der Pumpenkolben stehen; denn der Gasdruck mußte erst weiter ansteigen, bis in der Druckleitung der Einspritzdruck erzielt wurde, und nun wurde der übrige Brennstoff zum Brennstoffventil gefördert, bis der Druckkanal vom Rand des Pumpenkolbens überdeckt war. Die Veränderung der Füllung erfolgte mittels der über alle Zylinder durchgeführten Regulierwelle mit den einzelnen Exzentern, deren Betätigung vom Bedienungsstand aus erfolgte. Sie wurde durch die Manövriereinrichtung von Hand wie auch durch den Regler beeinflußt (Abb. 187). — Eine Entspannung der Brennstoffventilfeder bei Manövern war auch hier noch erforderlich. — Als konstruktive Feinheiten seien erwähnt die zwischen Winkelhebel und Saugventilspindel eingelegte Blattfeder, (welche Querkomponenten der Reibungskraft verhinderte,) und die unterteilte Kolbenfeder (deren beide rechts und links gewickelten Teile eine verdrehende Rückwirkung auf den Kolben ausschlossen).

25. Regler.

Wie im Kapitel „Brennstoffpumpen“ schon angedeutet, war der Regler der hier erörterten Motoren ein reiner Sicherheitsregler. Als solcher hatte er bei plötzlicher Entlastung durch Einwirkung auf die Brennstoffpumpen das Durchgehen des Motors zu verhüten.

Den schwersten Fall solch plötzlicher Entlastung stellte der Bruch der Schiffswelle, also der Verlust des ganzen Propellers, dar. Leichtere Fälle waren der Verlust einzelner Propellerflügel oder deren Beschädigung durch Eis oder unter Wasser treibende Gegenstände. Die übliche, oft Tage und Wochen anhaltende, periodische Entlastung durch Austauchen des Propellers trat in der Ballastfahrt (geringerer Tiefgang) oder bei leerem Schiff im Seegang auf. (Bei vollem Tiefgang brauchte der Regler nur in außergewöhnlichen Fällen in Aktion zu treten.)

Gelegentlich mußte der Regler seine Funktion auch bei Erprobungen nach einer Überholung ausüben — wenn nämlich der Liegeplatz ein Drehen der Schiffsschraube nicht zuließ und man doch Wert darauf legte, den Motor kurzzeitig in Betrieb zu nehmen. Man kuppelte in diesem Fall die Wellenleitung ab. Der völlig unbelastete Motor war dann natürlich nicht auf seiner Drehzahl zu halten, ohne daß der Regler dauernd arbeitete.

Wie bei allen Sicherheitsorganen kam es also auf absolute Zuverlässigkeit an. Die Regulieraufgaben waren sehr einfach. Etwa 5% über der normalen Drehzahl beginnend mußte der Regler ansprechen und seine Aufgabe möglichst in weiteren 5% erfüllt haben. Nur ungern wurde die obere Grenze von 10% über der normalen Drehzahl wegen der vermehrten Massenkräfte überschritten, — manchmal aber auch wegen der kritischen Drehzahlen, welche man vielleicht nur mit Mühe über die Betriebsdrehzahl hatte verlegen können. — Bei fortwährendem Seegang mied man übrigens die dauernde Drehzahlsteigerung bis zur Höchstgrenze durch eine Verringerung der Muffenfederbelastung, ließ also den Regler in einem niedrigeren Drehzahlbereich arbeiten. Da diese Entspannung während des Betriebs erfolgen mußte, wurde bei unzugänglichen Reglern ein Teil der Muffenbelastung in eine zugängliche regulierbare Zusatzfeder am Übertragungsgestänge verlegt.

Um möglichst kleine Verstellkräfte bewältigen zu müssen, wurde der Regler in nächster Nähe der Brennstoffpumpe angeordnet.

Die meisten Regler waren als Zentrifugalregler ausgebildet. An älteren Motoren saßen sie noch häufig auf der senkrechten oder waagrechten Steuerwelle. Bei deren geringer Drehzahl bedurfte es daher schwerer Reglergewichte. Beispielsweise wogen diese beim Regler für den vielfach erwähnten Siebenzylindermotor mit 96 U/min über 10 kg, bei einem Fliehkraftradius von 375 mm in der

Innenlage. Als Träger für den Regler war hier das große Stirnrad herangezogen, mit welchem die waagrechte Steuerwelle angetrieben wurde.

Nur vereinzelt hatte man an älteren Konstruktionen eine besondere, ins Schnelle übersetzte, Reglerwelle vorgesehen, welche zu kleineren Reglerabmessungen führte. Bei neueren Motoren war dies durchweg der Fall, und zudem mutete man dem Regler nicht die Aufbringung der ganzen Verstellkraft zu, sondern ließ ihn lediglich den Steuerschieber zum Servomotor eines Druckölsystems verstellen. Die Abb. 186 zeigt die Ausführung der MAN im Schema und die Abb. 177 veranschaulicht die Konstruktion von Gebr. Sulzer für den Motor auf MT „Paul Harneit". Die Antriebswelle des letztgenannten Reglers lief bei 114 U/min des Motors mit 825 U/min, und dementsprechend wurde die Verstellkraft nur durch 4 Kugeln von 80 mm Durchmesser (2,1 kg Gewicht) aufgebracht. Bemerkenswert an dieser aus dem stationären Motorenbau von Sulzer übernommenen bewährten Konstruktion war der Fortfall des Gestänges für die Muffenbewegung. Die Muffe ruhte als kegelförmige Glocke einfach auf den in einer Mitnehmerscheibe geführten gehärteten Stahlkugeln.

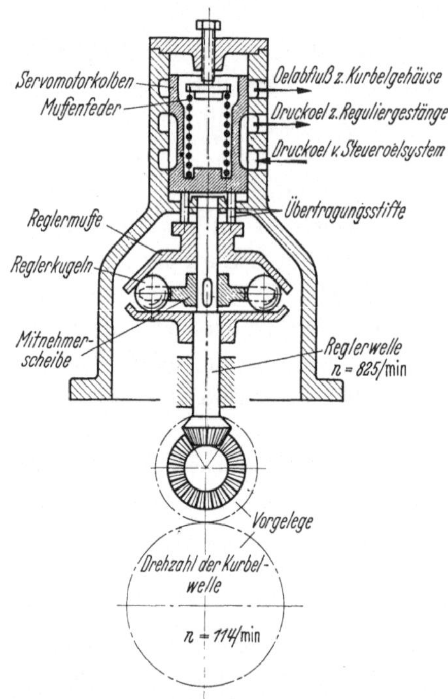

Abb. 177. Sicherheitsregler des Schichau-Sulzer-Motors (Schema).

Antrieb durch doppeltes Vorgelege stark ins Schnelle übersetzt; an Stelle von Reglergewichten Fliehkraftkugeln. Hub der kegelförmigen Muffe wird durch vier Stifte auf den Steuerschieber übertragen, welcher das Drucköl zur Betätigung des Brennstoff-Reguliergestänges steuert.

An den üblichen Konstruktionen bedurfte die Lagerung der Drehzapfen für die Fliehgewichte ziemlich häufiger Erneuerung, weil sie, je nach der Ausbildung, durch die Trägheitskräfte bei Drehzahländerungen und die Coriolis-Kräfte — besonders beim Anfahren und in kritischen Drehzahlgebieten — stark beansprucht wurden. Kugellager hatten sich an vielen Konstruktionen nicht bewährt und mußten durch Bronzebüchsen ersetzt werden. — An den übrigen Stellen der Übertragungsgestänge, welche von den genannten Einflüssen frei waren, wurde natürlich von Kugellagern weitestgehend Gebrauch gemacht.

An Stelle solcher Zentrifugalregler besaß eine ältere Anlage (des Bremer Vulkan) „Aspinall"-Regler, wie sie an Schiffsdampfmaschinen üblich waren und noch sind. Diese bedienten sich der Trägheitskräfte hin und her schwingender Massen, die mittels einfachen Lenkers von einem Kreuzkopf des Motors angetrieben waren. Ein schwingender Reglerarm trug zwei verschieden schwere, federbelastete Klinken. Die leichtere davon schnappte bei einer Drehzahlsteigerung, wie sie im Seegang auftrat, aus, faßte unter einen Mitnehmer der Brennstoffpumpen-Regulierwelle und brachte diese beim Aufwärtsgang jedesmal in die Nullfüllungsstellung der Brennstoffpumpe. War durch die Brennstoffabschaltung die Drehzahl wieder gesunken, so wurde die Klinke eingezogen, und die nach Vollfüllung hin wirkende Feder des Handreguliergestänges ließ den Motor zur ursprünglichen Füllungseinstellung zurückkehren. Bei ganz plötzlicher Drehzahlsteigerung, beispielsweise beim Verlust des Propellers, schnappte eine zweite, schwerere Klinke aus. Sie wurde beim Absinken der Drehzahl aber nicht wieder eingezogen, so daß der Motor schließlich zum Stillstand kam. Der Aufwand dieser Konstruktion war gering, und sie arbeitete trotzdem stets einwandfrei.

Noch geringer war der Aufwand an den Reglern, welche die GW schon bei sehr früh gebauten Zweitaktmotoren verwendete (Abb. 187). Sie benutzten die Tatsache, daß sich bei angehängten Spülpumpen infolge der veränderten Zeitquerschnitte an den Spül- und Auspufforganen die *Spüldrücke* mit der Drehzahl merklich verändern. Mit steigender Drehzahl nimmt der Spüldruck zu; bei der Motorentype, für welche beispielsweise in Abb. 178 der genannte Zusammenhang wiedergegeben ist, erhöhte sich der Spüldruck um etwa 100 mm WS, wenn die normale Drehzahl um 10% überschritten wurde. Bei entsprechendem Durchmesser des Reglerzylinders genügte diese Zunahme ohne weiteres, die Abstellkräfte für die Brennstoffpumpen aufzubringen. — Auch diese Konstruktion hat sich ausgezeichnet bewährt; sie ist übrigens bei manchen Lufteinspritzmotoren zugleich mit einer Reguliereinrichtung für den Einblasedruck verknüpft worden. (Vgl. hierzu das Kapitel „Drucklufteinrichtungen".)

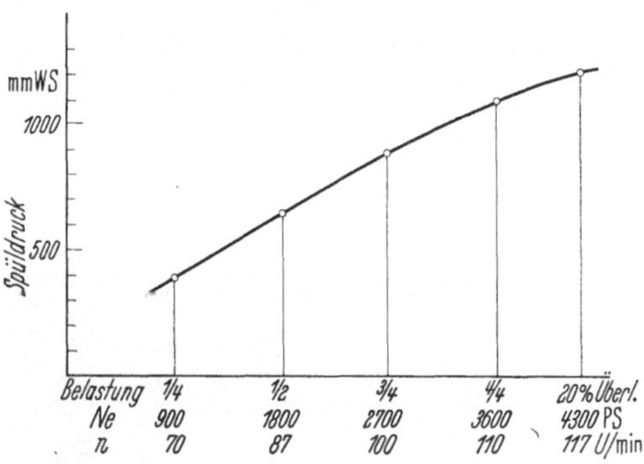

Abb. 178. Veränderung des Spüldruckes (mm WS über Atmosphäre) eines GW-Zweitaktmotors mit angehängten Kolbenspülpumpen in Abhängigkeit von der Motordrehzahl. Angewandt für Betätigung des Sicherheitsreglers (vgl. Abb. 187).

26. Steuerung.

Wenn für die Motoren des unmittelbaren Schiffsschrauben-Antriebs mit fortschreitender Entwicklung dem *Zweitakt* der Vorzug gegeben wurde, so stand dies nicht zuletzt im Zusammenhang mit der ideal einfachen Steuerung.

Beim *Viertakt* erforderte ja die Betätigung der Einsaug- und Auspuffventile — auch beim Übergang zur luftlosen Einspritzung — die über den ganzen Motor durchlaufende waagrechte Steuerwelle mit ihrem Antrieb, den Nocken bzw. Nockenpaaren sowie den Hebeln und Hebelwellen mit den exzentrischen Lagerstellen (für das Anlassen und Umsteuern). Da die Steuerwelle schon nicht entbehrt werden konnte, wurde auch die Steuerung der Anlaßventile und der Antrieb der Brennstoffpumpen meistens von ihr abgeleitet, und nur die Brennstoffnadeln wurden hydraulisch betätigt. Demgegenüber wiesen die *Zweitakt*motoren für luftlose Einspritzung das Bild größter Einfachheit auf. Wie Abb. 179 für einen einfachwirkenden MAN-Zweitaktmotor veranschaulicht, bestanden hier die dauernd bewegten mechanischen Steuerungsteile lediglich aus einer unten liegenden, durch Stirnräder von der Kurbelwelle getriebenen (zur Umsteuerung axial verschiebbaren) Brennstoffpumpenwelle mit einem doppelten Satz Nocken für

Vorwärts- und Rückwärtsbetrieb und einer damit verbundenen Welle mit ebensolchen Nocken für die Anlaßsteuerschieber (vgl. auch Abb. 186).

Die Motoren der GW hatten seit dem Baujahr 1937, wo durch den Fortfall mechanisch angetriebener Brennstoffpumpen aus dem Archaouloff-Verfahren die letzte Konsequenz gezogen war (vgl. das einschlägige Kapitel), einen noch geringeren Aufwand. Er bestand nämlich nur aus einem kurzen Wellenstummel mit Kurbelwellendrehzahl, welcher einen einzigen Nocken für alle Anlaßsteuerschieber trug (Abb. 187).

Bei den Zweitaktmotoren mit Lufteinspritzung hatte zwar die Schlitzspülung und die Anwendung automatischer Anlaßventile schon eine merkliche Verein-

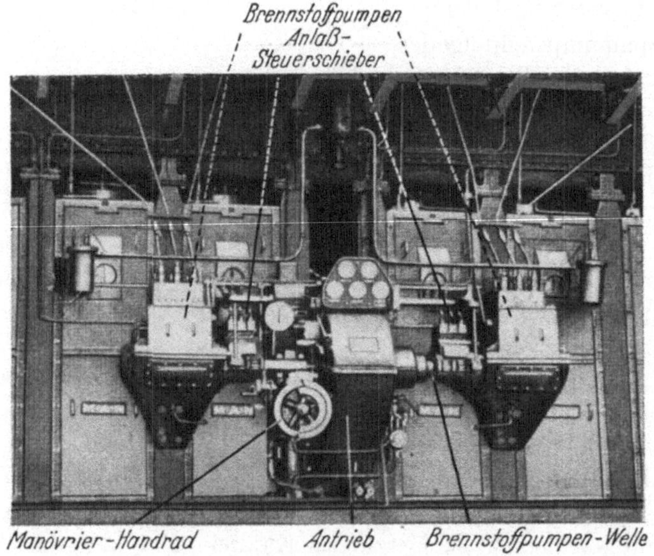

Abb. 179. Anordnung der Brennstoffpumpen und der Manövriereinrichtung für einen einfachwirkenden Sechszylinder-MAN-Zweitaktmotor.
Antrieb der Brennstoffpumpenwelle, von welcher auch die Anlaßsteuerschieber betätigt werden, durch Stirnradvorgelege von der Kurbelwelle.

fachung gebracht. Die mechanische Betätigung der Brennstoffventile erforderte aber doch die durchgehende waagrechte Steuerwelle, die dann auch zur Steuerung der Anlaßventile und gelegentlich auch zum Antrieb der Brennstoffpumpen herangezogen wurde.

Die Beanspruchung des Steuerwellenantriebs war schon bei der Ventilspülung geringer als beim Viertakt, wo der Auspuffventilkegel am Ende des Expansionshubes gegen beachtlichen Innendruck geöffnet werden mußte. Aber es verblieb immer noch — neben der Überwindung der mäßigeren Federkraft für die Spülventile — das Öffnen der Brennstoffnadel gegen eine sehr hohe Federkraft und beim Anlassen das Aufdrücken des Anlaßventilkegels gegen den Druck im Zylinder, der sogar den vollen Kompressionsenddruck erreichen konnte. Kam hierzu noch die Betätigung von Brennstoffpumpen, so ergab sich schon ein ziemliches Drehmoment in der Größenordnung von 1% der Motorenleistung. Für die Bemessung des Steuerwellen-Durchmessers ging man vom Gesichtspunkt kleinstmöglicher Verdrehung im Interesse einer exakten Steuerung aus und machte die Steuerwellen in erster Linie torsionssteif. Steuerwellendurchmesser von 120—150 mm Durchmesser waren daher keine Seltenheit. Solche Abmessungen ergaben geringe Flächendrücke in den Lagern, und so bedurften diese — selbst in langen Betriebsperioden —, so gut wie keiner Nacharbeit.

Wegen der besonderen Erfordernisse, welche sich für das Umsteuern ergaben, vgl. das Kapitel „Anlaß- und Umsteuereinrichtungen“.

Wenn die Hebelwellen mit ihren teilweise exzentrischen Lagerstellen und Muffen, ebensowenig wie die Hebel und deren Rollen besondere Schwierigkeiten bereiteten, auch nicht hinsichtlich der Abnützung, so stellten sie doch einen ziemlichen Aufwand an Teilen dar, die bedient sein wollten und die beim Wegnehmen eines Zylinderdeckels immer wieder im Wege waren. Auch konnte es, wenn die Hebelwellen auf den Zylinderdeckeln gelagert und unter sich unzweckmäßig verbunden waren, nach Überholungen vorkommen, daß sie sich nur sehr schwer verdrehen ließen. Die in Abb. 180 dargestellte „Oldham“-Kupplung war hier zu begrüßen.

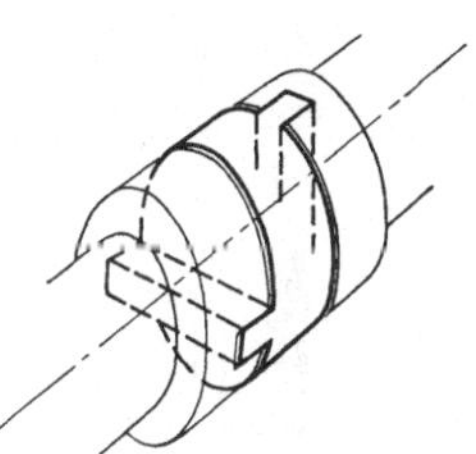

Abb. 180. „Oldham“ Kupplung für nicht genau fluchtende Hebelwellen.

Nur bei zwei Anlagen mit luft*loser* Einspritzung war die durchlaufende waagrechte Steuerwelle beibehalten, und zwar wegen des Antriebes von Einzel-Brennstoffpumpen, die zur Erzielung gleich langer Brennstoff druckleitungen an den Zylindern verteilt waren.

Eine davon (MT „Geo W. Mc.Knight“) war noch bemerkenswert, weil die in Höhe der Zylinderdeckel liegende Steuerwelle durch eine *Kette* von der Kurbelwelle aus angetrieben war. Bei einem Achsabstand von über 5 m ergab dieser Antrieb allerhand Schwierigkeiten, wenn auch keine direkten Störungen des Betriebs. Aber man fand in Zeitabständen von ein paar Monaten an den Laschen der doppelten Renoldkette immer wieder Brüche und Anrisse, die eine Auswechslung einzelner Laschen und nach etwa 6 Jahren sogar die Auswechslung größerer Kettenabschnitte bedingten. Die großen Kettenlängen waren wohl am losen Trumm durch eine verstellbare Spannrolle unterteilt, und beide Längen zudem durch Gleitschienen, so gut es ging, geführt, aber sie kamen offenbar beim Durchfahren des ganzen Drehzahlbereiches während der Manöver, vielleicht auch im Dauerbetrieb bei bestimmten Belastungen, ins Schwingen und dies steigerte dann die Beanspruchungen in unzulässigem Maße. Das unter der Verschalung herumspritzende Öl verhinderte eine Beobachtung im Betrieb trotz eingebautem Bullauge.

Alle übrigen obenliegenden waagrechten Wellen wurden vermittels senkrechter Steuerwellen angetrieben, untenliegende unmittelbar durch Stirnräder von der Kurbelwelle.

Senkrechte Steuerwellen wurden meist auch zum Antrieb von Brennstoffpumpen-Gruppen, des Reglers und des Tachometers herangezogen. In der Regel war ihr Platz im mittleren Zwischenraum, der sich aus der Unterteilung der Kurbelwelle und damit des ganzen Gestells ergab. Dies hatte auch den Vorteil geringerer Verdrehung der beiden Steuerwellenhälften. Bei den älteren vierzylindrigen Sulzermotoren mit ganz gering beanspruchter waagrechter Steuerwelle saß die senkrechte Welle am Drucklagerende. Dies kam einmal dem Schraubenradantrieb zugute, der hierdurch von dem axialen Wachsen der Kurbelwelle im Betrieb unbeeinflußt blieb, und außerdem bot die hintere Gestellwand günstigere Lagerungsmöglichkeiten als die Gestellmitte. Was hinsichtlich der kritischen Drehzahlen die zweckmäßigere Wahl war, läßt sich schwer allgemein sagen. Die Ausschläge der Kritischen 1. Grades sind am Drucklagerende sicher geringer als in der Motorenmitte, bei den Kritischen 2. Grades ist diese Frage von Fall zu Fall offen. Jedenfalls konnten sie eine bedeutsame Rolle spielen; an einem einfachwirkenden Motor wurde nämlich durch Nichtbeachtung einer Kritischen 2. Grades, die dicht unter der Betriebsdrehzahl lag, die in der Motorenmitte liegende Steuerwelle aus ihrer Muffenkupplung herausgerissen.

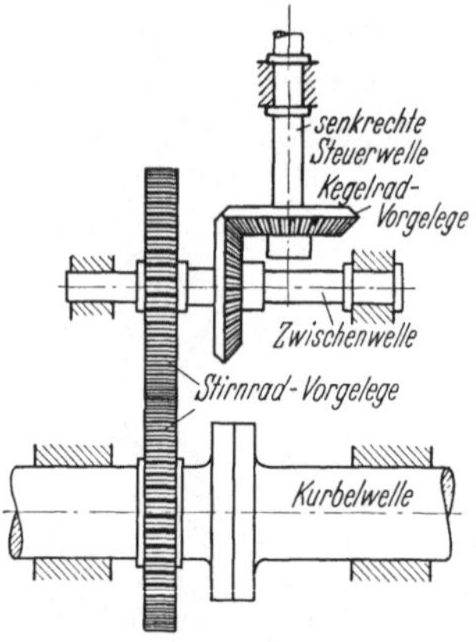

Abb. 181. Antrieb einer senkrechten Steuerwelle bei Verwendung eines Kegelrad-Vorgeleges.

Die ungünstig beanspruchten und allzu rasch abnützenden Schraubenräder (deren eines aus Bronze war) kamen immer mehr außer Gebrauch. Eine Begleiterscheinung ihrer Abnützung — wie auch jeder Verschiebung in Längsrichtung (durch Drucklagerabnützung oder Kurbelwellenerwärmung) — war, daß eine unerwünschte Winkelverdrehung der Nockenwelle eintrat.

Wegen der genannten axialen Kurbelwellenverschiebungen konnten übrigens am Fußende senkrechter Steuerwellen angewandte Kegelräder, die in zunehmendem Maße die Schraubenräder verdrängten, nur in Verbindung mit einem *Stirnradvorgelege* nach Abb. 181 benutzt werden. Die Kegelräder zeigten erheblich geringere Abnützungen, bedurften indessen, wie man weiß, einer besonders sorgfältigen Montage.

27. Anlaß- und Umsteuereinrichtungen.

Anlaßluftdruck und Durchgangsquerschnitte werden so bemessen, daß die Motoren im reinen Druckluftbetrieb durchschnittlich 40 U/min erreichen, wodurch auch bei kaltem Motor die zur Zündung erforderliche Kompressions-Endtemperatur gewährleistet wird. Warme Motoren brauchen hierzu natürlich niedrigere, kalte Motoren höhere Drehzahlen. Vor allem galt dies für die weniger zündwilligen Lufteinspritzmotoren mit ihren typischen Anlaßversagern bei zurückgedrücktem Brennstoff, falsch gewähltem Einblasedruck u. dgl. Die älteren Motoren mit niedrigem Kompressionsverhältnis waren hier besonders im Nachteil. — Leider wirkt ja auch die Abkühlung durch die einströmende und expandierende Anlaßluft im negativen Sinne.

Zur Erreichung der genannten Anlaßdrehzahlen genügte auch unter ungünstigen Bedingungen (Mindestzylinderzahl, außergewöhnlich kalter Motor, großer Propeller, Anlassen bei festgebundenem Schiff und Umsteuern aus voller Fahrt) ein Anlaßdruck von etwa 16 at. Bei den Lufteinspritzmotoren wurde die Hochdruckbehälter-Luft meistens mittels Druckminderventil auf diesen Wert reduziert, nur Gebr. Sulzer hatten Niederdruckbehälter für 25 at Höchstdruck dazwischengeschaltet. Der Luftvorrat der Anlagen für luft*lose* Einspritzung hatte an sich durchweg nur einen Druck von maximal 30 at, und dieser konnte unreduziert verwendet werden. Der Motor setzte sich ja schon bei weit niedrigerem Druck in Bewegung. Die Durchlaßquerschnitte bewirkten eine gewisse Drosselung, und was den Luftbedarf betraf, so wurde dieser besonders bei automatisch einsetzenden Zündungen in sehr niedrigen Grenzen gehalten. (Vgl. das Kapitel „Drucklufteinrichtungen“.) — Die meisten eigenen Motoren ließen sich im warmen Zustand zu einfachen Manövern noch mit 6 at anlassen. Das Umsteuern versagte indessen häufig schon bei 8—9 at.

Eine höhere Anlaßdrehzahl verlangten vor allem auch diejenigen älteren Motoren, welche *gruppen*weise angelassen wurden. Dies geschah zunächst im Druckluftbetrieb mit beiden Zylindergruppen, deren eine dann auf Brennstoff umgeschaltet wurde und deren zweite man nach sicherer Zündung der ersten folgen ließ. Halfen auch verhältnismäßig schwere Schwungräder über solche Übergänge hinweg, so war ein merkliches Absinken der Drehzahl z. B. an einem Vierzylinder-Zweitaktmotor, von dem nur zwei Zylinder mit Druckluft liefen, indessen die anderen auf Brennstoff umgeschaltet wurden, eben doch unvermeidlich, besonders wenn die obengenannten ungünstigen Bedingungen vorlagen. — Ein fortlaufendes Diagramm für das stufenweise Anlassen mit Druckluft und Brennstoff ist in Abb. 182 gezeigt.

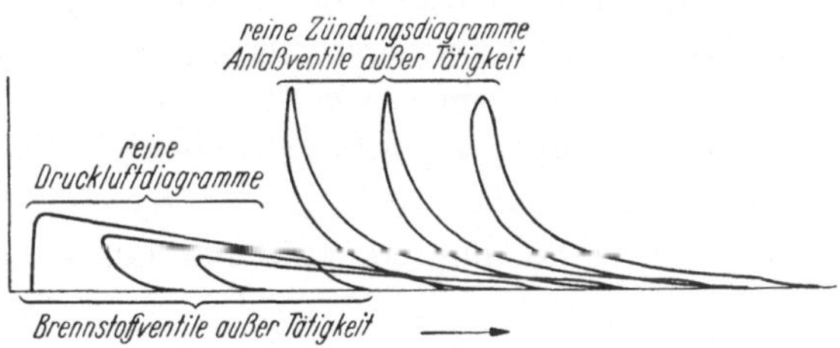

Abb. 182. Fortlaufendes Anlaßdiagramm für stufenweises Anlassen mit Druckluft und Brennstoff.
Der betreffende Motor war mit einer Dekompressions-Einrichtung für die Druckluftperiode ausgestattet.

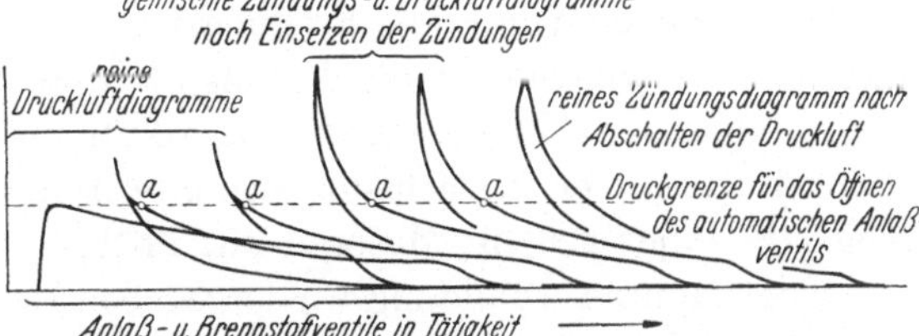

Abb. 183. Fortlaufendes Anlaßdiagramm für „automatisches“ Anlassen, also bei gleichzeitiger Anstellung von Anlaßluft und Brennstoff.
Anlaßventile öffnen jeweils im Punkt „a“ der Expansionslinie.

Das Umschalten der Zylindergruppen geschah nur selten von Hand (mit beachtlicher Kraftanstrengung!), meist aber automatisch durch einen Anlaßmechanismus mit Servomotor, etwa über Funktionsscheiben auf der Welle einer umlaufenden Anlaßmaschine wie bei den alten Sulzermotoren. Die Funktionsscheiben bewirkten dabei die Verdrehung der exzentrischen Lagerbüchsen in den Brennstoff- und Anlaßventilhebeln, wodurch diese Ventile in und außer Tätigkeit gesetzt wurden. — Auf jeden Fall mußte für rasche Übergänge während des Umschaltens gesorgt sein. Dann ergaben sich bei diesen mit Servomotoren versehenen Manövriereinrichtungen für den ganzen Anlaßvorgang nur etwa 4—5 sek, was auch mit handbetätigten Einrichtungen erreichbar war. — Bei schwierigeren Manövern mußte in den Zwischenstellungen etwas verweilt werden, was dann etwa zum doppelten Zeitbedarf führte. — Beim Umsteuern aus voller Fahrt mußten natürlich besonders große Intervalle eingelegt werden. — Den Sulzermotoren kam beim Anlassen die Dekompressions-Einrichtung sehr zugute (vgl. das Kapitel „Anlaßventile“), nebenbei auch das von jeher angewandte hohe Kompressionsverhältnis (36—37 at Kompressionsenddruck bei Vollast).

Bei den „automatischen“ Anlaßventilen, für welche in Abb. 183 ein fortlaufendes Anlaßdiagramm wiedergegeben ist, bedurfte es wegen des sofortigen gleichzeitigen Anstellens von Brennstoff keiner weiteren Schalthandlungen, sondern man konnte die Manövrierhebel in ihrer Anlaßstellung belassen, bis alle Zylinder nach dem Gehör und am Tachometer erkennbar — zündeten (vgl. das Kapitel „Anlaßventile"). Man stellte dann alle Anlaßfunktionen und die Anlaßluft selbst ab und entlüftete die Anlaßleitung, was über einen Schaltkasten vor sich ging, und paßte die Drehzahl durch Veränderung der Brennstoffregulierung der vorgeschriebenen Belastung an. — Diese Anlaßmethode brachte begreiflicherweise eine wesentliche Ersparnis an Druckluft (vgl. das Kapitel „Drucklufteinrichtungen").

Die Drucklufteinrichtung der älteren GW-Motoren, an welchen die „automatische" Anlaßeinrichtung erstmals angewandt war, deckte sich schon weitgehend mit der Abb. 187 für eine neuzeitliche Ausführung mit luftloser Einspritzung. Von jeher wurde das Anlassen mit den beiden Handhebeln (dem Anlaßhebel rechts und dem Brennstoffregulierhebel links) vorgenommen, wobei der letztgenannte zunächst in eine Stellung entsprechend der Fahrtstufe „Halbe Kraft" gebracht wurde.

Die MAN verzichtete frühzeitig auf das gruppenweise Anlassen, gab allen Zylindern gleichzeitig Druckluft und schaltete dann gemeinsam auf Brennstoff (und Einblaseluft) um. — Dabei ließ die MAN alle Funktionen in richtiger Reihenfolge beim Verdrehen eines Manövrierhandrades (Abb. 186) ablaufen. Aus der Stoppstellung wurde über eine, nur beim Umsteuern benützte, sonst rasch durchfahrene Umsteuerstellung die Stellung für das Anlassen sämtlicher Zylinder und anschließend diejenige für die Brennstoffzuschaltung erreicht, auf welche beim Weiterdrehen das Abschalten von Anlaßluft und die Steigerung der Brennstofffüllung folgten. Die Einrichtung stimmte in den wesentlichen Merkmalen schon völlig mit derjenigen für Motoren mit luftloser Einspritzung überein, welche in der ebengenannten Abbildung wiedergegeben ist. Beim Versagen der Zündungen konnte einfach zurückgedreht und der ganze Vorgang wiederholt werden. Die Verdrehung des Handrades bewirkte über Steuerventile im Schaltkasten das An- und Abstellen von Anlaß- und Einblaseluft sowie die Belüftung der Umsteuerung und über eine Kurbel die Brennstoffregulierung. — Die Brennstoffventilsteuerung blieb während der Anlaßperiode unverändert, die Nadeln öffneten und schlossen, indessen waren Brennstoff und Einblaseluft abgestellt und die Einblaseleitung entlüftet.

Wie schon anderweitig erwähnt, nützte der Bremer Vulkan als Lizenznehmer der MAN schon 1926 die „automatische" Anlaßventil-Konstruktion in der gleichen Weise wie die GW aus.

Das *Umsteuern* wurde nur bei den ältesten Motoren (MT „Wilhelm A. Riedemann") durch Verdrehen der senkrechten Steuerwelle um einen Umschaltwinkel (30°) vorgenommen. Dies hatte den Vorteil, daß für das Anlaß- und das Brennstoffventil sowie jedes Spülventil nur je *ein* Nocken benötigt wurde, aber den Nachteil, daß deren Formgebung gewissen Beschränkungen unterlag. Bei allen übrigen Lufteinspritzmotoren waren für die Ventile in den Zylinderdeckeln oder für die Brennstoffpumpen, sofern diese einzeln von der waagrechten Steuerwelle getrieben wurden, je ein Nocken für Vorwärts und ein weiterer Nocken für Rückwärts vorgesehen, und die waagrechte Steuerwelle wurde um deren Mittenabstand axial verschoben. Dies besorgte ein doppeltwirkender Ölservomotor, dessen Ausgleichbehälter mit Druckluft beaufschlagt wurden (vgl. Abb. 184). Die Steuerung dieser Druckluft erfolgte über den Schaltkasten.

Die hohen Nocken für die Einlaß- und Auslaßventile der Viertaktmotoren und der Spülventile älterer GW-Zweitaktmotoren gestatteten die Wellenverschiebung nicht ohne weiteres. Es mußten vorher die Rollen der Ventilhebel außer Eingriff gebracht und nach dem Verschieben der Steuerwelle wieder beigestellt werden. Abb. 184 zeigt den Ablauf des ganzen Vorganges an einer Ausführung mit Stoßstangen zwischen Rolle und Ventilhebel, also für eine tieferliegende waagrechte Steuerwelle. Bei obenliegender Steuerwelle wirkte die Zahnstange des Servomotors auf die exzentrisch gelagerten Drehwellen für die Hebel der Steuerventile (die „Hebelwellen").

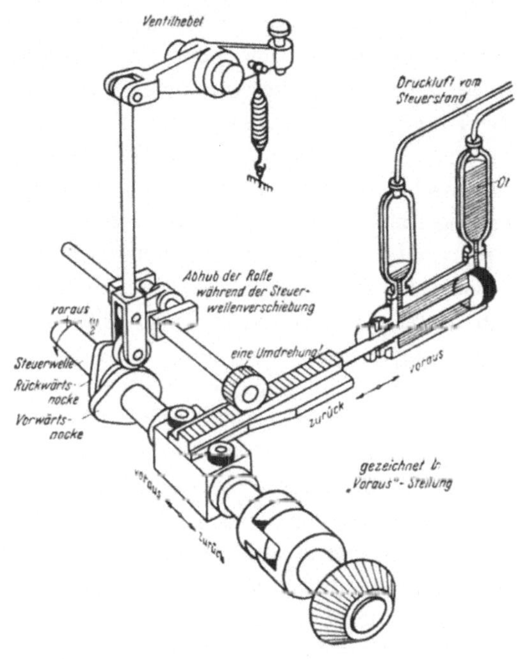

Abb. 184. Schema der Umsteuerung eines Motors mit hohen Steuernocken (Viertaktmotor oder älterer Zweitaktmotor mit Spülventilen).

Beim Vorrücken des Hilfskolbens werden zuerst alle Rollen abgehoben, dann erfolgt axiale Verschiebung der ganzen Steuerwelle, schließlich Absenken der Rollen auf den untergeschobenen Nocken.

Das Fehlen solch hoher Nokken bot schließlich bei den Zweitaktmotoren mit Schlitzspulung, deren waagrechte Steuerwellen beim Umsteuern verschoben wurden, die Möglichkeit, auf ein Abheben der Rollen zu verzichten.

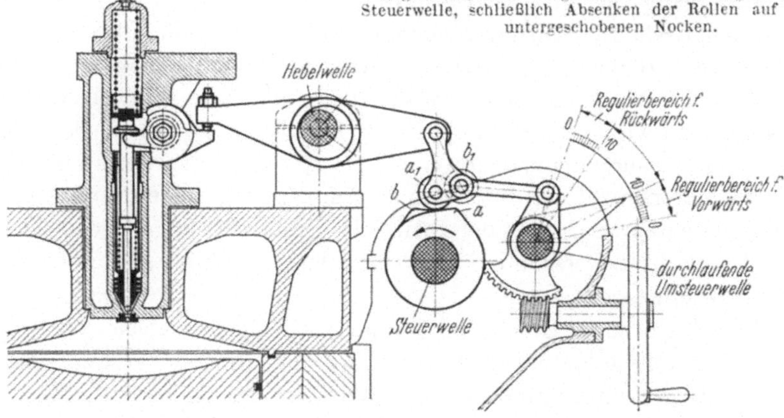

Abb. 185. Steuerung und Umsteuerung des Brennstoffventils eines Sulzer-Zweitaktmotors mit Lufteinspritzung. Zugleich als Nadelhubregulierung benützt — gezeichnet für Vorwärtsdrehrichtung und vollen Nadelhub; „a" und „a_1" Nocken und Rolle für Vorwärts, „b" und „b_1" Nocken und Rolle für Rückwärts; voller Nadelhub bei Stellung 10.

Es brauchten nur die verhältnismäßig niedrigen Brennstoffnocken und ihre Rollen seitlich angeschrägt zu werden, so daß sich die in Eingriff gelangenden Elemente mühelos aufeinanderschoben. Die Rollen der Anlaßventile waren bei den Konstruktionen der MAN und der GW, für welche dies in Frage kam, an sich in der Stopplage abgezogen, waren aber zur Vorsicht trotzdem seitlich angeschrägt.

Die Sulzer-Motoren für Lufteinspritzung besaßen für das Umsteuern eine eigene Umsteuerwelle. Hier wurde die waagrechte Steuerwelle nicht verschoben, sondern es wurden Doppelrollenhalter an den Anlaß- und Brennstoffventilhebeln wechselweise ein- und ausgeschwenkt (Abb. 185). Nebenbei ließ sich mit dieser Einrichtung im Betrieb leicht der Nadelhub der Brennstoffventile verändern. — Diese ganze Manövriereinrichtung verzichtete übrigens auf jegliche automatische Betätigung, abgesehen von einem automatischen Anlaßluftabsperrventil.

Zum Lob der automatischen Einrichtungen bzw. deren pneumatischen und hydraulischen Systeme muß gesagt werden, daß sich der Argwohn, den man ihnen oft entgegenbrachte, und der anfänglich dazu führte, daß man für die wichtigeren Funktionen nebenher noch mechanische Hilfsmittel vorsah, als völlig unberechtigt erwies. Bei der Rolle, welche sie für die Sicherheit des Schiffes spielten, waren sie schon mit größter Gewissenhaftigkeit entworfen. Soweit es sich um luftbetätigte Steuerungen handelte, war durch weitgehende Verwendung von Bronze an Büchsen und Führungen ein Festrosten in der langen Zwischenperiode einer Seereise verhütet, und reichliche Querschnitte verhinderten ein Vereisen der Bohrungen und Rohre infolge des Wassergehaltes der Steuerluft. Das sorgfältige Entwässern der Luftrohre war zudem längst zur guten Gewohnheit des Bedienungspersonals geworden. — Gegen Undichtigkeiten durch Schmutz und Zunder, wie sie früher so gerne auf ersten Reisen und nach Überholungen auftraten, hatte man sich schließlich auch die erforderliche Reinlichkeit angewöhnt (Ausblasen und Ausspülen der Leitungen mit Brennstoff, Verschließen der offenen Enden losgenommener Rohre mit Stopfen, Umwickeln mit Leinenlappen usw.). Schließlich war auf der Seereise bei gutem Wetter immer Zeit, die Steuerorgane zu überholen und vor deren Abschluß an einer ungefährdeten Stelle Probemanöver auszuführen.

Beim Übergang zur luftlosen Einspritzung wandten auch Gebr. Sulzer weitgehend automatische Einrichtungen an und gingen dabei insofern über das übliche Maß hinaus, als z. B. die Brennstoffzufuhr unter Anwendung eines Drucköl-Steuersystems davon abhängig gemacht wurde, daß wesentliche Betriebsbedingungen erfüllt waren. So wurde die Füllung der Brennstoffpumpe automatisch auf Null gestellt, wenn der Maschinentelegraph auf „Stop“ gelegt wurde, wenn die Drehrichtung des Motors nicht der durch den Maschinen-Telegraphen vorgeschriebenen Fahrtrichtung entsprach, wenn der Druck des Steueröles ungenügend, aber auch wenn der Druck des Lagerschmieröles und des Kolbenkühlwassers unter einen bestimmten Betrag gesunken war.

Die MAN hielt sowohl bei den einfachwirkenden wie bei den doppeltwirkenden Motoren an ihrem bewährten Anlaß- und Umsteuersystem fest, wie es in Abb. 186 dargestellt ist, indessen benützte sie ihre Anlaßventilkonstruktion nun zum „automatischen“ Anlassen. Manövrierhandrad, Schaltkasten und Umsteuer-Servomotor sind aus den früheren Ausführungen bekannt. An Stelle der waagerechten Steuerwelle wurde für die Motoren mit luftloser Einspritzung die Brennstoffpumpenwelle mit ihren angeschrägten Nocken, in deren Verlängerung die Welle mit den Nocken für die Anlaßvorventile saß, verschoben. — Nicht erwähnt wurde bisher der Umschalthahn für die Umsteuerung, der für die Umkehr

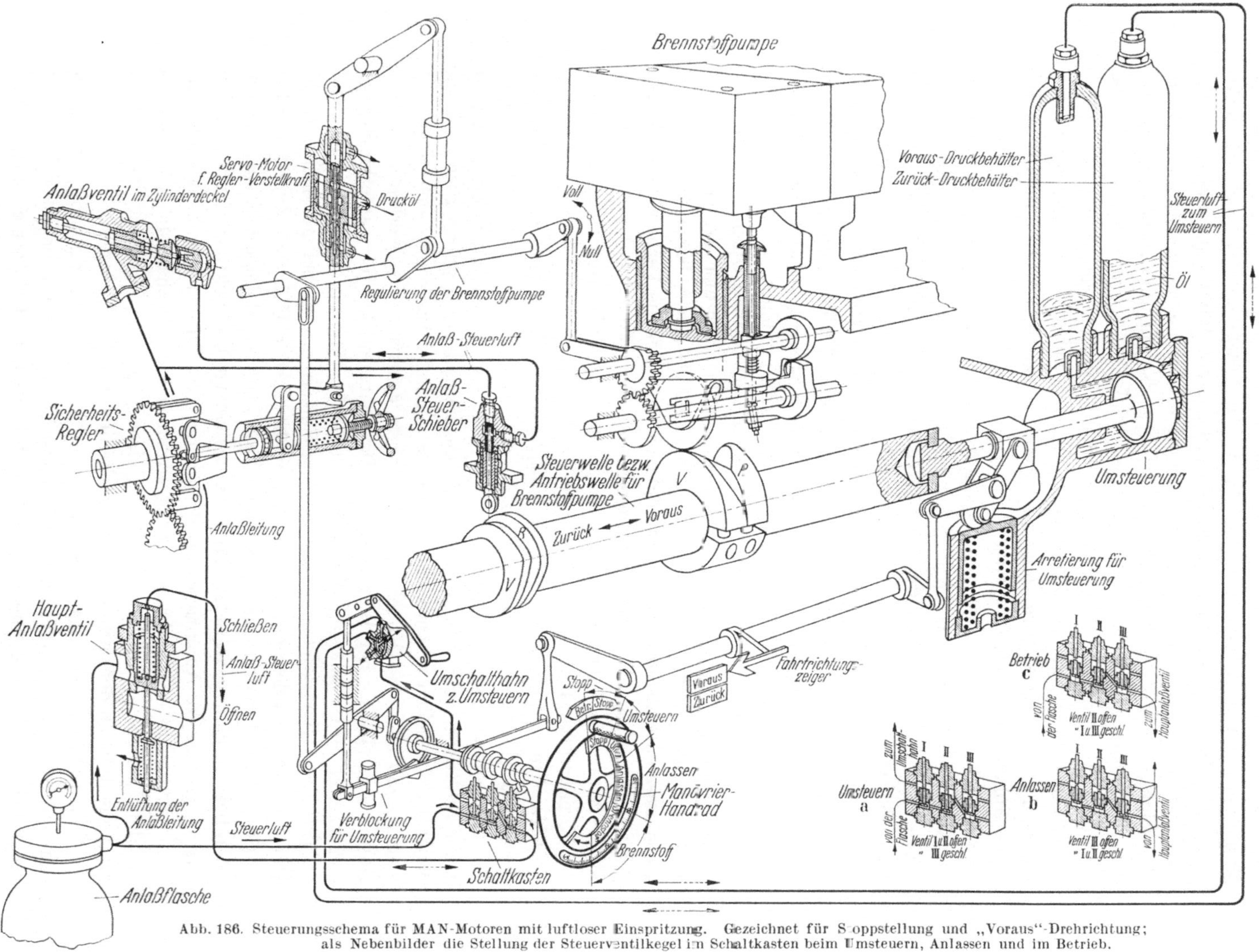

Abb. 186. Steuerungsschema für MAN-Motoren mit luftloser Einspritzung. Gezeichnet für Stoppstellung und „Voraus“-Drehrichtung; als Nebenbilder die Stellung der Steuerventilkegel im Schaltkasten beim Umsteuern, Anlassen und im Betrieb.

der Drehrichtung umgelegt werden mußte, bevor der Servomotor durch das Manövrierhandrad betätigt wurde. Eine sehr geschickte Verblockung sorgte dafür, daß durch Weiterdrehen des Handrades der Anlaßvorgang erst eingeleitet werden konnte, wenn die Wellenverschiebung vollkommen im gewünschten Sinne abgeschlossen war. — Das Manövrieren erfolgte also nur mit den beiden Organen, dem Manövrierhandrad und dem Umschalthahn. Gelegentlich, besonders bei Motoren mit wenigen Zylindern (z. B. den vierzylindrigen doppeltwirkenden Zweitaktmotoren) war ein Zusatzhebel für den Schaltkasten vorgesehen, mit welchem im Falle unsicherer Zündungen noch in der Betriebsstellung des Handrades Anlaßluft angestellt werden konnte.

Der Aufwand bei den neueren GW-Konstruktionen war durch die Anwendung des Archaouloff-Verfahrens noch geringer (Abb. 187). Das Anlassen geschah mit dem Anlaßhebel (rechts), der den Brennstoffregulierhebel (links) mitnahm. Nach Einsetzen der Zündungen wurde der rechte Hebel zurückgenommen und mit dem linken Hebel die Fahrstufe einreguliert. Beim Anlassen wurden die kreisförmig angeordneten und durch einen gemeinsamen Nocken (mit symmetrischem Anlauf und Ablauf) angetriebenen Anlaßsteuerschieber belüftet und wirksam. Das Umsteuern erfolgte dadurch, daß der Radträger eines in die Antriebswelle des Nockens eingebauten Planetengetriebes um den halben Umsteuerwinkel verdreht wurde. Für das Manövrieren bedurfte es also auch hier nur weniger Handgriffe. — Neben der Verblockung, welche ebenfalls das Anlassen erst nach abgeschlossenem Umsteuervorgang ermöglichte, war hier die Verblockung mit dem Schiffstelegraphen, dem Kommandogerät aus dem Steuerhaus, bemerkenswert. Sie gestattete ein Anlassen nur, wenn sich die Lage der Umsteuerung mit der von der Kommandobrücke befohlenen Drehrichtung deckte.

Diese Einrichtung war bei der Wichtigkeit einer derartigen Verblockung für die Schiffssicherheit auch anderweitig zu finden, beispielsweise auch bei den neueren Sulzermotoren. Sowohl die GW-Motoren wie diejenigen von Gebr. Sulzer besaßen außerdem eine Verblockung, teils mechanisch, teils pneumatisch, die ein Anlassen unmöglich machte, solange die Motordrehvorrichtung noch eingerückt war. — Ein einfaches Mittel, unbeabsichtigte Funktionen zu verhüten, war die Anwendung elektrischer Warnanlagen. Der Aufwand hierfür war erheblich geringer, und der Unsicherheitsfaktor bei solider Ausführung ebenfalls gleich Null.

Die Manövriereinrichtung der älteren Sulzermotoren befand sich von der Überlieferung aus dem stationären Motorenbau her in Höhe der Zylinderdeckel. Für den Antriebsmotor hatte dies seine Berechtigung; denn die Steuerung verblieb bei den ganz gekapselten Motoren der einzige beobachtbare Teil. Indessen entzog der längere Aufenthalt auf der oberen Plattform den wachhabenden Ingenieur zu leicht der Beobachtung der Hilfsmaschinen, welche sich vorzugsweise auf den Maschinenraumflur befanden. Sulzer ging daher im Laufe der Entwicklung ebenfalls zu dem unten gelegenen Bedienungsstand über.

Vom Dampfmaschinenantrieb oder vom Marinedienst her glaubten die Kapitäne zunächst häufig, auf das rücksichtslose Umsteuermanöver aus voller Fahrt nicht verzichten zu können. Daß dies hinsichtlich der wärmebeanspruchten Teile der Dieselmotoren unverantwortlich war, ist jedoch einleuchtend. Über die Auswirkung solcher Gewaltmanöver auf den Luftverbrauch wird noch unter „Drucklufteinrichtungen" gesprochen werden. Die luftlose Einspritzung und die verbesserten Anlaßventile hätten für die Ausführung des Manövers zwar günstigere Voraussetzungen geschaffen, indessen kam erschwerend hinzu, daß die neueren Motoren eine sehr lange Auslaufzeit hatten. Bei den Lufteinspritzmotoren wirkte

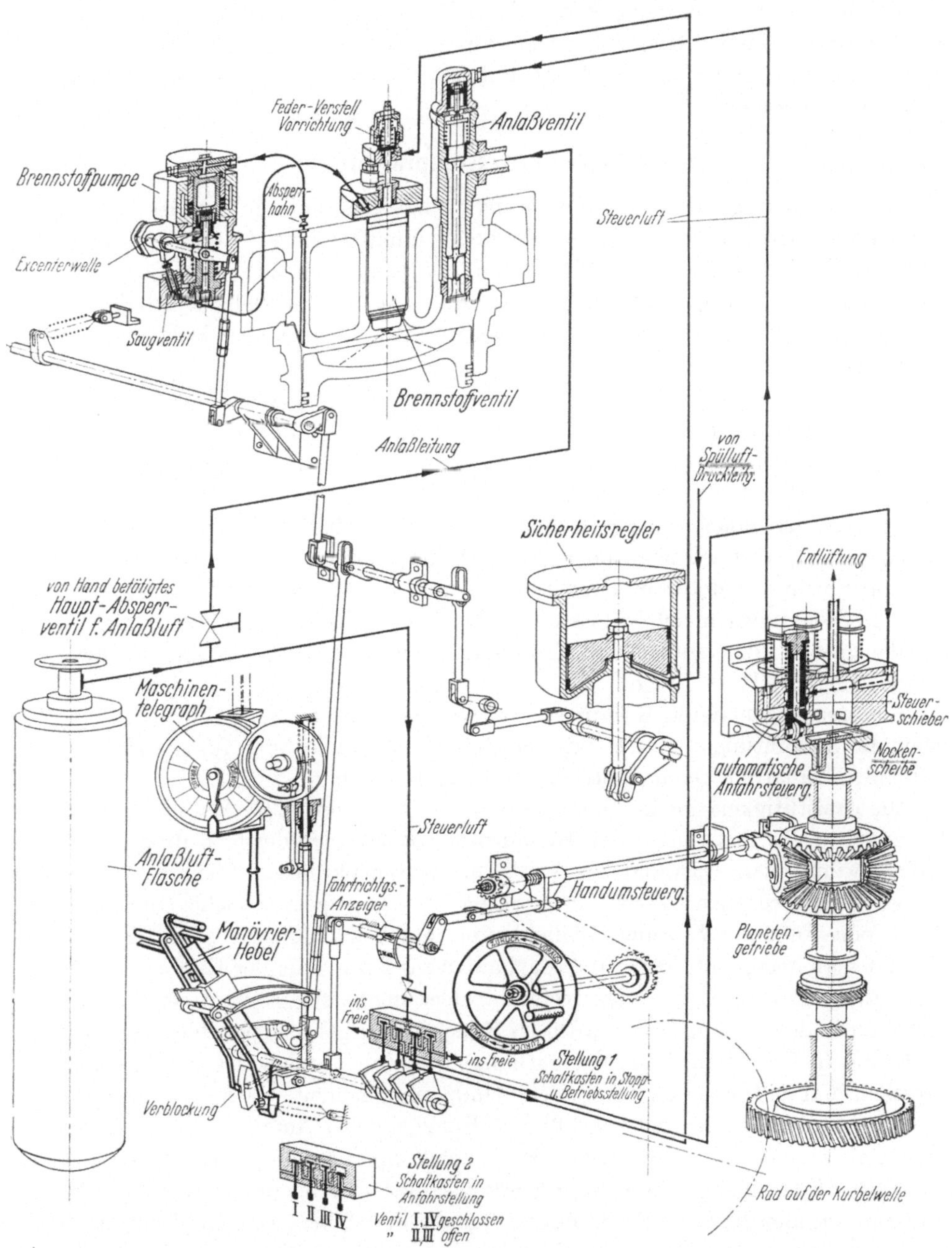

Abb. 187. Steuerungsschema für GW-Motoren mit luftloser Einspritzung und gesteuerter Archaouloff-Einspritzpumpe; Gezeichnet für Stoppstellung und „Voraus"-Drehrichtung. Stellung der Steuerventilkegel im Schaltkasten entspricht auch der Betriebsstellung. Stellung dieser Ventilkegel beim Anlassen im Nebenbild.

der angehängte Einblaseluft-Kompressor stark bremsend. Nach dessen Fortfall dauerte es trotz der verkleinerten Schwungräder stets eine ganze Weile, bis bei reduzierter Fahrt ein Motor zum Stillstand kam. (Eine Bremse am Schwungrad, wie sie gewisse Anlagen für unmittelbaren Antrieb besaßen, war nirgends vorgesehen.) Man mußte also den Motor etwas auslaufen lassen, um ihn schließlich nach Umlegen der Steuerung mit Anlaßluft zur Ruhe und Umkehr der Drehrichtung zu bringen. Umsteuerzeiten von 9 sek. und darunter, wie sie bei Lufteinspritzmotoren nach mäßiger Fahrt erreichbar waren, ließen sich hier nicht mehr erzielen.

28. Einblaseluft-Kompressoren.

Obwohl Kompressoren zur Erzeugung von Einblaseluft infolge des Aussterbens der Lufteinspritzmotoren kaum mehr unmittelbares Interesse besitzen, sollen sie in diesem Rahmen nicht fehlen. Dazu nahmen sie in den Sorgen des Personals wie im Reparaturbudget der Rhedereien einen viel zu bedeutenden Raum ein, und zudem sind die damit gewonnenen Erfahrungen vielfach anderweitig verwendbar.

Als raschlaufende unabhängige Aggregate mit einem Hilfsdiesel gekuppelt, bereiteten die Kompressoren zunächst noch mehr Kummer, und so pflegte man sie, trotz der vielfach unerwünschten Vergrößerung der Motorbaulänge, ein- bis zweizylindrig je nach Größe der Anlage, von der Kurbelwelle der Hauptmotoren anzutreiben. (Schließlich entsprach dies ja auch dem mit der Drehzahl steigenden Luftbedarf.) Dabei ließ sich eine gewisse Ersparnis dadurch erzielen, daß man den Kompressor in der Motorenmitte einbaute, wo durch die unterteilte Kurbelwelle und den Steuerungsantrieb bereits ein größerer Zylinder-Abstand notwendig war. Bei den großen Abmessungen und Kräften kam ein seitlicher Anbau mit Balancierantrieb nicht mehr in Frage.

Von den angehängten Kompressoren wird also hier in erster Linie die Rede sein; die Ausführungen gelten indessen in vieler Hinsicht auch für die schneller laufenden Bauarten fremdangetriebener Kompressoren.

Die Dreistufigkeit, die der hohe Betriebsdruck (60—70 at für Einblaseluft und bis zu 80 at für das Füllen der Hochdruckflaschen) erforderte, bedingte einen außergewöhnlichen Aufwand an Ventilen, Zwischenkühlern, Sicherheits- und Entwässerungsventilen, Verbindungsrohren und sonstigem Zubehör und schuf damit eine Fülle von Störungsmöglichkeiten und Überholungsarbeiten. Berücksichtigt man noch, daß der Kraftbedarf allein zur Erzeugung der Einblaseluft bei Normallast bis zu 10% der effektiven Motorleistung betrug, so wird verständlich, daß man in den Anfängen der luftlosen Einspritzung gerne eine schlechtere Verbrennung in Kauf nahm aus Genugtuung über den Fortfall des Einblasekompressors, und daß man eine so einfache Umbaumöglichkeit, wie sie die Archaouloff-Einrichtung bot, lebhaft begrüßte. — Ein ziemlicher Anteil an den Störungsursachen war der Überdimensionierung zuzuschreiben, über welche noch gesprochen wird. Solange die Kompressorkonstruktionen als unzuverlässig gelten mußten, war allerdings die Forderung verständlich, daß bei einem Zweischraubenschiff *ein* Kompressor imstande sein sollte, auch den zweiten — wenigstens bei verringerter Fahrt — zu ersetzen. Solange zudem Kapitäne und Lotsen mit Motorschiffen manövrierten wie mit Dampfern, konnten die Kompressoren nicht groß genug sein. Leider wurden aber auch später noch übertriebene Forderungen gestellt, wo solche Voraussetzungen schon nicht mehr zutrafen.

Im normalen Betrieb, also nur zur Erzeugung von Einblaseluft, arbeiteten die angehängten Kompressoren mit erheblich verringerter Förderung, und dazu wurde einfach der Ansaugschieber gedrosselt, was bekanntlich eine recht anfechtbare Art der Regulierung ist. Durch das Drosseln erhöht sich ja doch das Gesamtdruckverhältnis erheblich; beträgt es bei 70 at Enddruck für volle Förderung etwa 1:75, so wird es für die reine Erzeugung von Einblaseluft im Vollastbetrieb mit gedrosseltem Ansaugdruck (auf etwa 0,5 ata) rund *doppelt so hoch*, womit natürlich eine beträchtliche Temperaturübersteigerung Hand in Hand geht. Außerdem nehmen an dieser Erhöhung des Druckverhältnisses die einzelnen Stufen in verschiedenem Grade teil. Es konnten dann Verdichtungs-Endtemperaturen von 200° C und darüber entstehen. Bei Störungen an den Ventilen stiegen sie verständlicherweise sogar noch weiter an. Oft waren alle Bedingungen vereinigt, die zu dem raschen und gefährlichen Zukoken der Druckventile führen mußten.

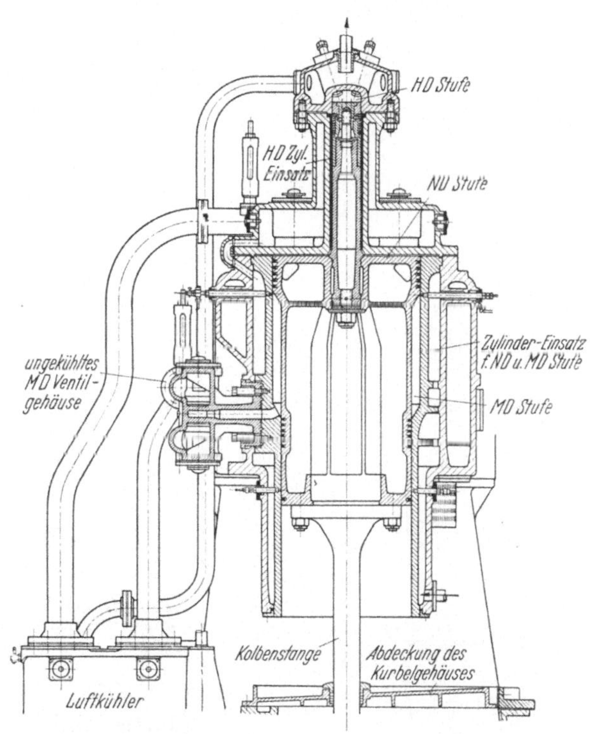

Abb. 188. Dreistufiger Einblaseluft-Kompressor auf MT „C. O. Stillman". Triebwerk mit Kreuzkopf gestattet Abdeckung des Kurbelgehäuses zum Schutz des unten offenen Kompressorzylinders. Zylindereinsätze für sämtliche Stufen; außenliegendes ungekühltes MD-Ventilgehäuse.

Die Abb. 188 und 189 zeigen zwei typische Kompressorkonstruktionen, diejenige des Bremer Vulkan für MT „C. O. Stillman" und die übliche Ausführung von Gebr. Sulzer. Die erste stellte bezüglich des Triebwerkes eine allerdings teuere Ideallösung dar; denn aus der Kreuzkopfbauart ist insofern die letzte Konsequenz gezogen, als das Kurbelgehäuse durch einen Zwischenboden gegen den Zylinder abgeschlossen ist. — Eine ganze Reihe anderer Motoren besaß zwar auch Kompressorantriebe mit Kreuzkopf, aber bei diesen tauchte der Kolben frei ins Kurbelgehäuse ein. In seinen oberen Stellungen konnte sich daher auf der Zylinderlauffläche unterhalb der Mitteldruckstufe Öldunst niederschlagen; vor allem wurde dorthin aber vom Gleitschuh gegen Ende des Aufwärtshubes in reichlichem Maße Öl gespritzt. Wie bei den Arbeitszylindern blieb auch hier lange Zeit diese unangenehme Begleiterscheinung der Geradführung unbeachtet und verursachte durch den niedrigeren Flammpunkt des Lageröles unerträgliche Ventil- und

Kühlerverkokungen, über welche noch gesprochen wird. Das in Abb. 129 gezeigte Fangblech schuf hier wirksame Abhilfe.

Bei der Tauchkolbenkonstruktion von Sulzer (Abb. 189) war eine außergewöhnlich lange Treibstange vorgesehen. Diese brachte die untere Zylinderlauffläche aus dem Bereich der von den rotierenden Triebwerksteilen herrührenden Ölspritzer, so daß die Verkokungen trotz fehlender Spritzbleche sehr mäßig blieben.

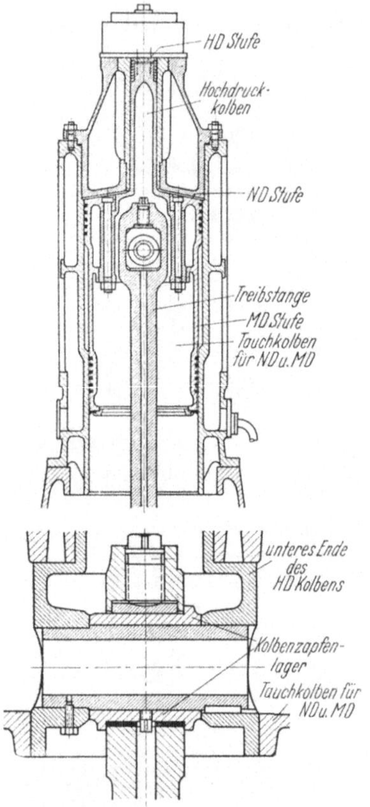

Man pflegte die schädlichen Räume der einzelnen Stufen auf ein Mindestmaß zu beschränken und gab den Kolben in den Endlagen nur 3—4 mm Spiel gegen die Deckel. — Für die Niederdruckstufe war die Kleinheit des schädlichen Raums ja wegen des Liefergrades von ausschlaggebender Bedeutung. — Dies

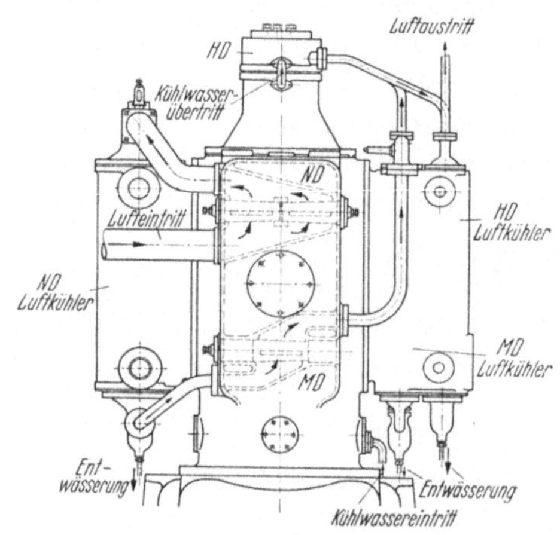

Abb. 190. Sulzer-Kompressor: Einbau der Gruppenventile mit ihren konischen Gehäusen (vier ND- und zwei MD-Konen) im Wasserraum des Zylinders. Anordnung der Luftkühler.

führte bei den oberen Treibstangenlagern zur Verwendung von weniger leicht verschleißenden *Bronze*schalen trotz ihrer bekannten Empfindlichkeit gegen Warmlaufen. In der Konstruktion nach Abb. 189 ruhte der Lagerzapfen des Kompressorkolbens im unteren Ende des eingesetzten HD-Kolbens, so daß ein heißes Lager die Kolbenlauffläche nicht unmittelbar schädigen konnte. Bei einer als Fehlkonstruktion zu bezeichnenden anderen Ausführung war der Lagerzapfen beiderseits fest unmittelbar im Kolben eingesetzt, und dadurch fraßen bei einem eingetretenen Versagen der Ölzufuhr (durch eingedrungenes Seewasser) die Kompressorkolben beider Motoren eines Zweischraubenschiffes. Da die Hilfskompressoren dem Dauerbetrieb nicht gewachsen waren, geriet das Schiff bei schwerem Wetter in Seenot.

Abb. 189. Dreistufiger Einblaseluft-Kompressor, Bauart Gebr. Sulzer. Mit Tauchkolben; Zylindereinsatz nur in HD Stufe. Anordnung des Kolbenzapfenlagers im unteren Ende des eingesetzten HD Kolbens verhindert Rückwirkungen auf die Kolbenlauffläche bei heißem Lager.

Niederdruck- und Mitteldruck-Kolben bildeten stets *ein* Stück, in welches der Hochdruckkolben eingesetzt war. Dabei mußte auf Elastizität der Verbindung geachtet werden. — Wurden die Hochdruckkolbenringe radial so stark bemessen, wie es für eine längere Lebensdauer erwünscht war, so ließen sie sich nicht mehr überstreifen; es wurden also Kammerringe und eine Kolbenkappe notwendig, und auch deren Befestigung bereitete Schwierigkeiten, wenn sie nicht mit reichlicher Dehnlänge ausgeführt, und wenn die Verbindung nicht einwandfrei gesichert war. — Sah man dagegen schwächere, überstreifbare Hochdruck-Kolbenringe vor, so war deren Lebensdauer untragbar gering. — An den übrigen Ringen ergaben sich keine Schwierigkeiten, abgesehen von den am unteren Kolbenende angeordneten Abstreifringen, die erst verhältnismäßig spät so eingebaut wurden, daß sie ihre Aufgabe erfüllen konnten (vgl. das Kapitel „Kolbenringe").

Die Grundlage für die Bemessung des Kompressors bildete der Einblaseluftbedarf, welcher 4,5—6 l/PS min bezogen auf Atmosphärendruck betrug. Über die Anlaßluftmenge, welche dem Einblaseluftkompressor darüber hinaus aufgebürdet wurde, ist in dem Kapitel „Drucklufteinrichtungen" ausführlicher gesprochen. Als Anhalt für die Zylinderabmessungen, welche sich daraus ergaben, sei bemerkt, daß die Durchmesser des in Abb. 188 gezeigten Kompressors 850, 750 und 175 mm und der Hub 650 mm betrugen, woraus sich bei 90 Umdrehungen und ganz geöffnetem Ansaugschieber etwa 27 cbm angesaugte Luft in der Minute ergaben. Der größte, im eigenen Betrieb verwendete angehängte Kompressor förderte bei der gleichen Drehzahl und voller Füllung etwa 34,5 cbm in der Minute bei 1000 mm Hub und Durchmessern von 800, 700 und 175 mm.

Der übliche Aufbau des Kompressorzylinders bot für die Mitteldruckventile normaler Ausführung keine Unterbringungsmöglichkeit im wassergekühlten Mantel. Während Niederdruck- und Hochdruckventile in den gekühlten Deckeln saßen, ordnete man daher die Mitteldruckventile vielfach in besonderen außen liegenden Gehäusen an, die man im Vertrauen auf die günstige Auswirkung der gegenseitigen Nachbarschaft von Sauge- und Druckventil und der einfachen Wasserführung zuliebe ungekühlt ließ (Abb. 188). Dies erwies sich aber für die Austrittstemperatur als unzulässig und bedingte den nachträglichen Einbau wassergekühlter Gehäuse. — Gebr. Sulzer bauten auch die Mitteldruckventile seit jeher in den Wassermantel des Zylinders ein (Abb. 190), was freilich nur durch die besondere Ventilkonstruktion (Abb. 193) möglich war.

In der Regel war nur der Hochdruckzylinder mit einem auswechselbaren Einsatz ausgestattet. (Die gezeigte Konstruktion des Bremer Vulkan stellte eine Ausnahme dar.) Dies war im Hinblick auf die Abnützung gerechtfertigt; denn die anderen Stufen zeigten selbst in jahrelangem Betrieb keinen nennenswerten Verschleiß. Indessen machte sich beim gelegentlichen Warmlaufen des Kolbens das Fehlen eines Einsatzes in den übrigen Druckstufen recht unangenehm bemerkbar, denn die Beschaffung eines so großen neuen Zylinders war nicht nur sehr zeitraubend, sondern auch kostspielig. Die Voraussetzungen zu solcher Störung war aber fast eher gegeben, als bei den Arbeitszylindern. Unter dem Eindruck von verölten bzw. verkokten Ventilen wurde nämlich die Kompressor-Zylinderschmierung oft besonders knapp eingestellt. Dabei arbeiteten mechanische Schmierapparate älterer Ausführung aber nicht immer einwandfrei. Andererseits versagten gar zu leicht die alten Rückschlagventilkonstruktionen, so daß nach dem Abstellen des Motors das Öl weit in die Schmierrohre zurückgedrückt wurde.

Es dauerte dann nach längerem Stillstand geraume Zeit, bis bei so knapper Fördermenge das Öl wieder an die Schmierstelle gelangte. Da bei verringerter Fahrt auch kein Spritzöl aushalf, erreigneten sich Heißläufer an Kompressorkolben meist am Reisebeginn auf dem Revier. Gerade an den Kompressoren war also die in allen Betriebsvorschriften eindringlich erhobene Forderung, nach längerem Stillstand die Schmierapparate zunächst ausgiebig von Hand zu betätigen, besonders wichtig. (Näheres siehe unter Schmierung.)

Der Ausbildung der Ventile kam eine ganz besondere Bedeutung zu. Schäden an ihnen, wie Feder- und Plattenbrüche und Verkokungen, beeinträchtigten den Liefergrad, erhöhten den Kraftbedarf, und vor allem erhöhten sie die Lufttemperaturen in gefährlichem Maße und schufen damit die Voraussetzungen zu Störungen an Ventilen, Kolben, Zylindern und Luftkühlern. Die Ventile waren durchweg selbsttätig, also ohne mechanischen Antrieb, und mit vorwiegend senkrechter Achse eingebaut. Abb. 191 veranschaulicht die mit wenigen Ausnahmen übliche Ausführung von Niederdruck- und Mitteldruckventilen. In der Regel wurden diese wegen der einfacheren Lagerhaltung so bemessen, daß sie für beide Stufen benutzbar und nur in verschiedener Zahl eingebaut waren. Vielfach waren sie auch derart ausgebildet, daß sich Sitz und Fänger für die wechselseitige Verwendung im Sauge- bzw. Druckventil eigneten. Die einzelnen Ringventilplatten waren verhältnismäßig schwach (etwa 3 mm stark) und federbelastet. Im vorliegenden Fall ist je Platte nur eine Feder mit größerer Drahtstärke verwendet; andere Ausführungen hatten am Umfang mehrere kleine, entsprechend schwächere Federn vorgesehen. Dies ergab wohl eine gleichmäßigere Verteilung der Federbelastung, führte aber zu ganz geringen Drahtstärken und damit zu häufigeren Federbrüchen. Brüche und Anrisse von Ventilplatten waren durch die Verwendung von Sonderstählen schon frühzeitig eingedämmt, obgleich der große Ventilhub dazu oft recht bedrohliche Voraussetzungen bot. Man war nämlich meistens bestrebt, den gesamten Spaltquerschnitt eben so groß zu machen wie die übrigen Durchgangsquerschnitte und kam dadurch auf Ventilhübe bis zu 4 mm. Wie Versuche an anderen Typen zeigten, konnte man ohne Bedenken den Hub wesentlich herabsetzen; die geringe Vermehrung des Widerstandes stand in keinem Verhältnis zu der vermehrten Lebensdauer der Ventile. Was — mit Ausnahme der Sulzer-Konstruktion — bei den heißen Druckventilen die Lufttemperatur weiter ungünstig beeinflußte, war die schmale ebene Ringfläche, mit welcher gewisse Ventilsitze in den Zylinderdeckeln bzw. den Ventilgehäusen saßen (Abb. 191). Als einziger Weg für die Wärmeableitung nach der Umgebung hätten diese Auflagen viel breiter sein sollen. Man hat zwar gelegentlich breite konische Einpaßflächen vorgesehen, doch bereiteten

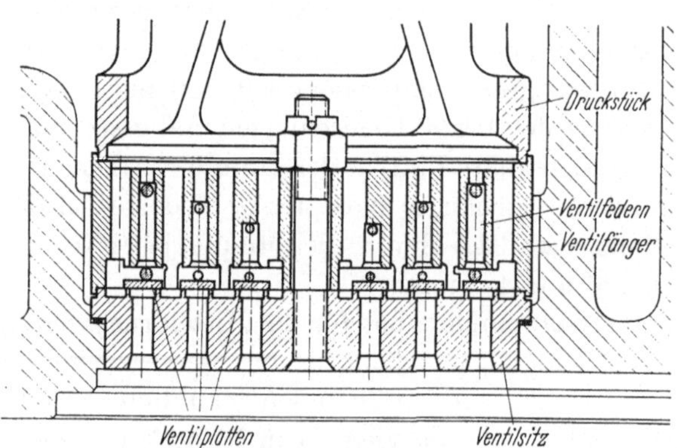

Abb. 191. Normale Ausführung eines Kompressorventils (Druckventil) mit federbelasteten Ringen.

diese leicht Schwierigkeiten beim Austausch, und für die nachträgliche Anordnung eingestemmter Kupferringe nach Abb. 192 fehlte es meist an Wandstärke. Gebr. Sulzer hatten für Niederdruck und Mitteldruck kleinere Gruppenventile in gemeinsamen einheitlichen Ventilkonen zusammengefaßt (Abb. 193), die sich auch für den Mitteldruck in den Zylinderkühlmantel einbauen ließen. (Für Niederdruck waren davon vier, für Mitteldruck zwei vorgesehen.) Diese Konstruktion war zwar sehr kostspielig; indessen zeichnete sie sich durch eine besonders gute Wärmeabfuhr nach dem Zylinder aus, ganz abgesehen davon, daß die unmittelbare gegenseitige Nachbarschaft von Druck- und Saugeventilen schon sehr günstig war, da die Kühlwirkung der angesaugten Luft den heißen Druckventilen zugute kam. Die Druckventile zeigten bei Sulzerkonstruktionen daher selbst bei großem Druckverhältnis kaum Verkokungen. — Zufolge sorgfältiger Werkstattausführung bereiteten die langen Konen bei einem evtl. Austausch kaum Schwierigkeiten; in späteren Jahren bediente man sich dann längs- und rundherumlaufender breiter Kupferbandagen, die die Wärmeabfuhr kaum beeinträchtigten

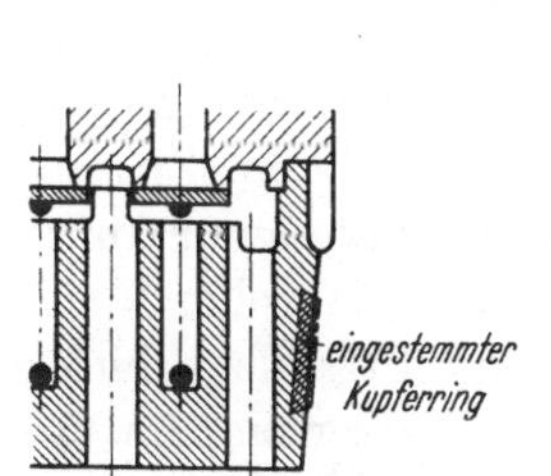

Abb. 192. Eingestemmter breiter Kupferring zur Verringerung der Paßarbeit. Zugleich vorteilhaft für gute Wärmeableitung.

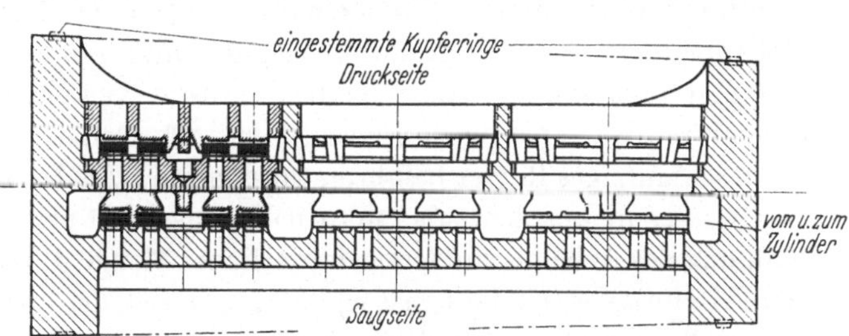

Abb. 193. Sulzer-Gruppenventil für ND- und MD-Stufe in konischem Ventilgehäuse.
Ventilplatten ohne Federbelastung; günstige Kühlwirkung durch gute Wärmeabfuhr nach außen und durch Anordnung von Sauge- und Druckventil untereinander.

und das Einpassen wesentlich erleichterten. Die Ventilplatten waren dicker ausgeführt, und die Ventile besaßen keine Federn. Hier spielte der Ventilhub wegen des Einschlagens der Anschlagflächen in die Platten und der daraus entstehenden Möglichkeit von Plattenrissen eine besondere Rolle. Die Verringerung des Ventilhubes, die bald überall angewandt wurde, ging tatsächlich von dieser Konstruktion aus. — Die Hochdruckventile wurden von Sulzer als Kegelventile ausgebildet; mit einem besonderen Pufferkragen am oberen Ende bewährten sie sich sehr gut. — Normalerweise waren sonst überall auch bei der Hochdruckstufe Plattenventile verwendet; die Platzverhältnisse im Hochdruckdeckel bedingten meist die Anwendung je zweier Ventile, was für die Wärmeabführung durchaus vorteilhaft war. —

Bei den *Druck*ventilen kam noch dazu, daß sie durch das *plötzliche* Öffnen (etwa bei der größten Kolbengeschwindigkeit) mechanisch viel stärker beansprucht wurden.

Es leuchtet ein, daß Störungen durch Verkokung hauptsächlich an den *Druck*ventilen auftraten, in denen ja auch Reste heißer Luft dauernd verbleiben. (Die Saugeventile blieben höchstens bei besonders ölhaltiger Luft in geöffnetem Zustand am „Fänger“ kleben, vor allem, wenn dessen Auflageflächen zu breit gehalten waren.) Waren es bei manchen Konstruktionen nur die Ventile einer einzelnen Stufe, die Störungen verursachten, so waren es bei anderen Kompressoren, die im Niederdruck und Hochdruck durch ein hohes Druckverhältnis benachteiligt waren und deren Mitteldruckventile in ungekühltem Gehäuse saßen, und deren Laufflächen obendrein von Lageröl angespritzt wurden, allesamt. Das eingedrungene Lageröl gelangte ja über die gemeinsame Zylinder- bzw. Kolbenlauffläche auch in die Niederdruckstufe und bei unzulänglicher Entölung hinter den Kühlern auch in die Hochdruckstufe. Regelmäßige Überholung der Druckventile nach längstens 600 Betriebsstunden war also meist eine unerläßliche Forderung, wollte man nicht Gefahr laufen, daß durch Koksablagerungen, deformierte und gebrochene Ventilplatten und -federn sich die Störungen und Gefahren vermehrten, und warmgelaufene Kolben, Rohrbrände u. dgl. auftraten.

Weitere Sorgenkinder waren die *Luftkühler* hinter den einzelnen Stufen. Zur Erfüllung ihrer Aufgabe — der Rückkühlung der Luft auf die Ausgangstemperatur — mußten sie möglichst sauber erhalten werden. Zwar wurden sie im Laufe der Jahre mit größerer Oberfläche ausgeführt, so daß sie auch noch bei einer gewissen Verschmutzung auf der Wasserseite genügend wirksam waren; aber über eine Reparaturperiode hinaus konnten sie auch unter günstigen Bedingungen nicht ungereinigt und unkontrolliert bleiben. Ältere Ausführungen zwangen sogar zwischendurch wasserseitig zum Ausspülen der Gehäuse in eingebautem Zustand, wenn schmutziges Revier befahren worden war. Als Kühlmittel kam ja nur Außenbordwasser in Betracht, das man nach Passieren des Ölkühlers in voller für die Kühlung des Arbeitszylinders erforderlicher Menge durch die Luftkühler schickte. Bei Frischwasser (Umlaufwasser) hätte es wegen der höheren Wassertemperaturen viel größerer Kühlflächen bedurft, ganz abgesehen davon, daß sich Frischwasser an älteren Motoren nie völlig ölfrei halten ließ. — Besonders ungünstig wirkten sich Ablagerungen aus dem Seewasser natürlich am heißen Teil der Kühlerbündel aus; denn zu den Überbeanspruchungen durch das Aufwalzen oder Aufdornen der Rohre im Boden (besonders wenn die Bohrungen im Boden durch mehrere vorangegangene Rohrerneuerungen stark erweitert waren), kamen hier die hohen Lufttemperaturen und evtl. Überhitzungen durch ein Luft- bzw. Dampfpolster sowie die Verunreinigung auf der Wasserseite. — Die Kupferrohre — und um solche handelte es sich lange Zeit fast ausschließlich — wurden daher dort unter dem Einfluß von Korrosionen (die bekanntlich durch hohe Temperaturen begünstigt werden) häufig porös, meist in Löchern von der Größe eines Stecknadelkopfes, welche man nur bei der Prüfung unter Wasser eindeutig feststellen konnte. Seltener rissen Rohre in Längsrichtung auf, was dann für das Gehäuse des Wassermantels sehr gefährlich werden konnte. Gelegentlich wurden auch Rohre in unteren Bereichen, wo bereits die Kondensation des Wasserdampfes stattgefunden hatte, innen ausgewaschen und platzten. Auch mitgerissener Koks wirkte wie Sandstrahl im Innern der Rohre. Bis zu einem gewissen Ausmaß konnten beschädigte Rohre durch Dichtpflocken ausgeschaltet und unschädlich gemacht werden, was natürlich ganz davon abhing, wie reichlich das betreffende Bündel bemessen war. Nach Übergang auf Kupfer-Nickelrohre wurden die Störungen wesentlich verringert. Da diese aber weit spröder waren als Kupferrohre, durften die Bohrungen in den Böden nur wenig größer sein als der Außendurchmesser des Rohres. Meist mußten daher bei Wechsel des Rohrmaterials auch die Böden erneuert werden.

Die aus Gußeisen hergestellten Kühlergehäuse bedurften — vor allem bei größeren ebenen Flächen — eines besonderen Schutzes gegen Einbruch von Druckluft aus einem geplatzten Kühlerrohr in den Wasserraum. Sicherheitsventile erwiesen sich meist als völlig unzureichend. Man sah daher Bruchplatten vor, die aber aus einem spröden, wasserbeständigen Material bestehen mußten, um nicht einfach auszubeulen. — Als recht zweckmäßig erwiesen sich am obersten Punkt jeder Abteilung der Luftkühlergehäuse kleine Hähne mit sichtbarem Ablauf in einen Trichter. Dauernd offen gehalten, verhinderten sie nicht nur die Bildung eines Luft- bzw. Dampfkissens im Gehäuse, sondern zeigten auch rechtzeitig jede Undichtigkeit an den Rohrbündeln an.

Auf die Bedeutung einer regelmäßigen und zuverlässigen Abführung unerwünschter Ölbeimengungen hinter den einzelnen Luftkühlern braucht nach den bisherigen Darlegungen kaum noch hingewiesen zu werden. Die damit selbsttätig verbundene Abführung des Kondenswassers war wegen der Gefahr der Rostbildung an den Saugeventilen und der Beeinflussung der Zylinderlaufflächen ebenfalls von Wichtigkeit. Abb. 194 zeigt einen Öl- und Wasserabscheider, der sich zur Ausscheidung der Flüssigkeit der Zentrifugalkraft bediente, wie er fast ausschließlich verwendet wurde, im Schnitt. Die Entwässerung mußte halbstündlich erfolgen, wenn sie wirksam genug sein sollte.

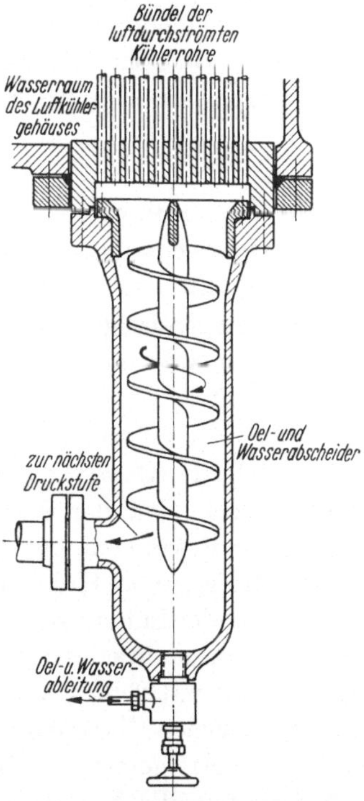

Abb. 194. Öl- und Wasserabscheider am Austrittsende eines Luftkühlerbündels. Beachte die Ausdehnungsmöglichkeit des Bündels nach unten!

Daß die Sicherheitsventile am Austritt der Luft aus den einzelnen Stufen zuverlässig und reichlich bemessen und ihre Kegel zur evtl. Wiedererreichung völliger Dichtheit von außen drehbar sein mußten, sei der Vollständigkeit halber noch angefügt. Ebenso sei noch erwähnt, daß für die heißen Druckrohre ein wirksamer Schutzmantel aus gelochtem Blech vorgesehen werden mußte, um das Personal vor Verbrennungen, besonders beim Zufassen gelegentlich des Begehens der Grätinge im Seegang zu schützen.

Die luftlose Einspritzung der Dieselmotoren setzte den ewigen Kompressorschwierigkeiten ein Ende. Es sei trotzdem aufgezählt, welche Folgerungen aus den gemachten Erfahrungen für Bau und Betrieb solcher Kompressoren deutlich geworden sind:

Es ist ein Fehler, Kompressoren stark überzudimensionieren. Kompressoren sollen grundsätzlich ungedrosselt arbeiten und ihre Kolbenflächen derart abgestimmt sein, daß sich in allen Stufen die gleiche Austrittstemperatur ergibt.

Die Fördermenge fremdangetriebener Kompressoren sollte niemals durch Drosselung der Einsaugöffnung geregelt werden, sondern durch Drehzahländerung oder vorübergehende Stillstände zwischen Betriebszeiten mit ungedrosselter Füllung.

Die Fördermenge angehängter Kompressoren wäre, wenn nicht durch ausrückbare Reibungskupplung, so doch recht einfach durch vorübergehendes mechanisches Offenhalten der entsprechend auszubildenden Saugeventile sämtlicher Stufen zu regeln.

Das Anspritzen der Laufflächen durch Öl aus dem Kurbelraum muß unbedingt verhütet werden.

Die Schmierung der Laufflächen muß durch zuverlässig — auch bis zu den sparsamsten Einstellungen — arbeitende Preßöler und zuverlässige Rückschlagventile an den einzelnen Schmierstellen geschehen.

Die Ventile müssen gut gekühlt sein. Die Druckventile sollen den Saugeventilen möglichst gegenüberliegen (wie im Mitteldruckventilgehäuse), um an der Spül- und Kühlwirkung der kalten Eintrittsluft teilzuhaben.

Die Kühler sollen reichlich bemessen sein, die Kühlerrohre und Entwässerungsventile verschleißfest, die Sicherheitsventilquerschnitte am Kühlermantel sehr viel größer als bisher üblich. (Vergleiche hierzu auch die Bemerkungen über den Hilfskompressor Abb. 215 in Kapitel „Drucklufteinrichtung".)

29. Spülluft-Erzeuger.

Die Zweitaktmotoren hatten vorwiegend *angehängte* Spülluftpumpen, wie es den Betriebsbedingungen für Tankschiffe entsprach.

Nur die älteren Anlagen mit Vierzylinder-Sulzermotoren waren mit elektrisch getriebenen Kreiselgebläsen ausgestattet, von welchen auf See jeweils nur eines in Betrieb war, während das andere in Reserve stillstand. Die Motoren waren nämlich großenteils ohne Spüllufterzeuger vorrätig; zudem wurde bei den Lufteinspritzmotoren mit ihrem angehängten Einblaseluftkompressor die kürzere Baulänge infolge Fortfallens eines Spülpumpenzylinders angenehm empfunden, ebenso die Tatsache, daß der Kraftbedarf eines solchen der Antriebsleistung zugute kam. — Indessen bedingte der Kraftbedarf für die Gebläse mit etwa 150 PS verhältnismäßig große Hilfsmotoren. Bei einem normalen Frachtschiff mit elektrischen Ladewinden, wo solche Hilfsmotoren (Diesel-Dynamo-Aggregate) auch im Hafen ausgenützt werden, waren unabhängige Gebläse eher am Platze. — Die bei 220 Volt mit 2700 U/min angetriebenen Gebläse liefen einwandfrei, nachdem sie einen eigenen Ölkreislauf mit Zahnradpumpe und Rückkühler erhalten hatten und eine Verriegelung der Abschlußklappen in der Druckleitung. Wurde nämlich vergessen, die Klappe am stillstehenden Gebläse zu schließen, so lief dieses unter dem Spülluftdruck rückwärts, die Ölpumpe förderte verkehrt, und die Lager litten Schaden. — Die unabhängigen Gebläse hatten den Vorteil, daß der Spüldruck in voller Höhe sofort verfügbar war; indessen ließ die Anlaßmethode, bei welcher die ersten Zündungen erst nach ein paar Umdrehungen erfolgten (vgl. das Kapitel „Anlaß- und Umsteuereinrichtungen"), diesen Vorteil nicht recht zur Geltung kommen.

Bei den kleinen Spüldrücken — sie betrugen selten mehr als 0,2 atü — und den mäßigen Drehzahlen — gab es auch bei den angehängten doppeltwirkenden Kolbengebläsen, welche im weiteren Verlauf dieser Darlegungen entsprechend der üblichen Bezeichnung als „Spülpumpen" benannt werden, von vornherein weder Störungen noch nennenswerte Überholungen. Spätere Konstruktionen gaben dazu noch weniger Anlaß; z. B. ersetzte man an den Kolben mit der Zeit die federnden Dichtungsringe durch feste Metallringe und ließ mitunter zuletzt jeglichen Dichtungsring weg. — Die Ventile bedurften noch nicht einmal alljährlich der Besichtigung; sie wurden dabei höchstens gereinigt (auf der Saugseite von Ölspuren, um ein Festkleben zu verhindern). Neben terassenförmig aus gleichen Elementen zusammengesetzten und stehend eingebauten Ventilgruppen (Gebr. Sulzer) waren durchweg Spezialventile, Konstruktion Hörbiger, in Gebrauch. Kennzeichnend für diese war eine über mehrere Ringsitze reichende ausgesparte Ventilplatte, welche an elastischen Lenkern befestigt war, und deren Bewegung durch Einzelfedern und eine Polsterplatte besonders weich aufgefangen wurde. Diese Ventilbauart konnte als einzige auch liegend (mit waagrechter Achse) angeordnet werden. Auf Spindeln zu Gruppen aufgereiht oder paarweise zusammengefaßt und senkrecht oder waagrecht in die Ventilkammern eingebaut (Abb. 195 zeigt eine waagrechte Anordnung), unterschieden sich Sauge- und Druckventile nur durch die Art des Einbaus (vgl. Grundriß der genannten Abbildung).

Das Triebwerk war wegen der geringen Beanspruchungen kaum einem Verschleiß unterworfen, wenn ein eigentliches Triebwerk überhaupt existierte. Neben dem vielfach gewählten besonderen Zylinder am vorderen Motorende mit Antrieb von der Kurbelwelle hatte sich nämlich in dem Bestreben nach kurzer Baulänge der Motoren der seitliche Anbau der Spulpumpen in zunehmendem Maße eingebürgert. Dabei bediente man sich der *Posaunenarme* ohne schädliche Rückwirkung auf das Haupttriebwerk (Abb. 3), ordnete indessen nur an jedem zweiten oder dritten Zylinder eine doppeltwirkende Spülpumpe an.

Vorgänger dieser letztgenannten Anordnung war der Antrieb durch Balanciers, wie er auf MT „Wilhelm A. Riedemann" entsprechend der Überlieferung aus dem Schiffs-Dampfmaschinenbau vorgesehen war. In den Lagerstellen etwas knapp bemessen, — obwohl ursprünglich durch Tropfschmierung versorgt — blieb dieser Antrieb trotz der geringen Kräfte eine Quelle vieler Nacharbeiten, nicht zuletzt weil den ungünstigen Schmierbedingungen der schwingenden Bewegung nicht genügend Rechnung getragen war.

Die von der Kurbelwelle getriebenen doppeltwirkenden Kolbenspülpumpen saßen meist am vorderen Motorende. Hatten die Motoren mehr als vier Arbeitszylinder, so wurden im Interesse der Baulänge zwei doppeltwirkende Zylinder übereinander gesetzt. Die geringen Drücke gestatten dies ohne weiteres, und bei dem mäßigen Hub überschritt die Bauhöhe kaum diejenige der Arbeitszylinder. Abb. 195 zeigt eine Ausführung der MAN mit liegenden Hörbiger-Ventilen; bemerkenswert an ihr ist die Befestigung des doppelten Zwischendeckels durch zweiteilige Bajonettringe (Abb. 196). Um den Ausbau des unteren Kolbens zu erleichtern, war er im Durchmesser etwas kleiner gehalten. — Zylinder wie Führungen wurden mittels mechanischer Schmierapparate nur mäßig geschmiert, um ein Festkleben der Saugeventile zu vermeiden. Die aus dem Maschinenraum angesaugte Luft war ja schon selbst etwas ölhaltig. Die unterste Stangenführung bedurfte überhaupt keiner Schmierung; hier mußten sogar Abstreifringe und ein Abschirmblech vorgesehen werden, um das vom Triebwerk herrührende Spritzöl abzuhalten.

Der volumetrische Wirkungsgrad der Kolbenpumpen war dank der niedrigen Drücke sehr günstig, nämlich rund 93%. Ihre Fördermenge betrug, bezogen auf atmosphärischen Druck, je nach Bauart und Spülmethode 25—40 Prozent mehr als das Hubvolumen der Arbeitszylinder, gelegentlich auch mehr. — Der Spüldruck paßte sich bei Belastungsänderungen selbsttätig den Erfordernissen des Spülvorganges an; er stieg mit wachsender Belastung und Drehzahl infolge des verringerten Zeitquerschnittes der Steuerschlitze. Angenähert betrug er bei $^3/_4$ Last etwa 80% bei Halblast etwa 60% und bei 15% Überlast etwa 110% des normalen Betrages (vgl. hierzu Abb. 178).

Als Anhalt für die Spülpumpengröße seien für die beschriebenen Motoren die größten Zylinderabmessungen genannt. Sie betrugen 1600 mm Durchmesser bei 640 mm Hub bzw. 1200 mm Durchmesser bei 1000 mm Hub.

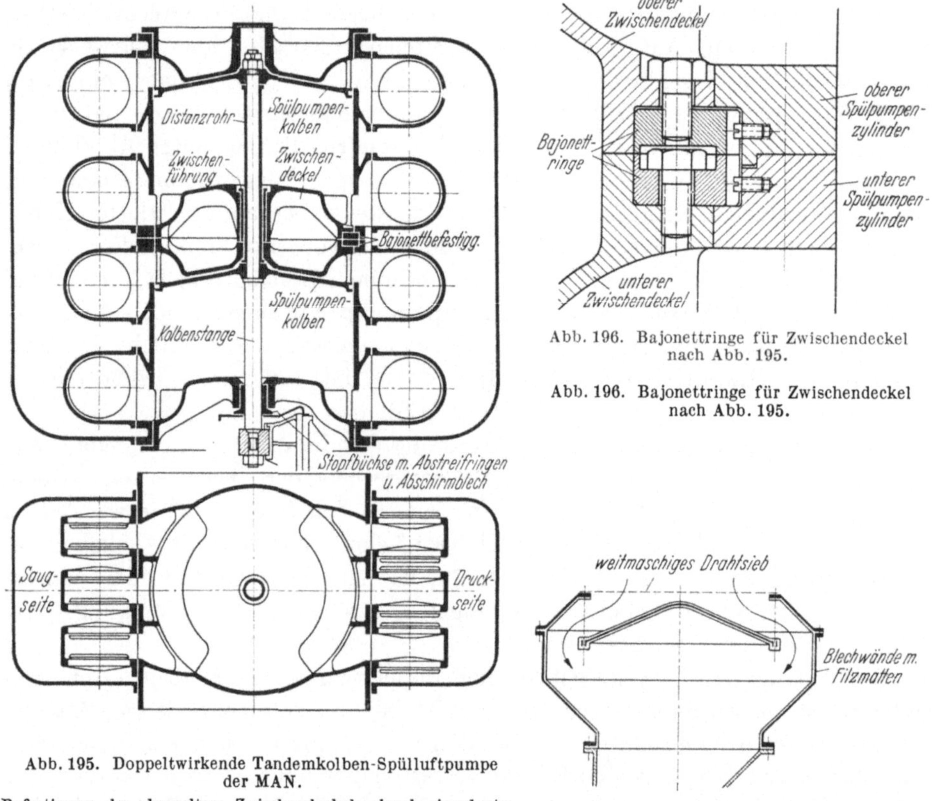

Abb. 195. Doppeltwirkende Tandemkolben-Spülluftpumpe der MAN.
Befestigung des doppelten Zwischendeckels durch eingelegte Bajonettringe; Hörbiger-Ventile mit horizontaler Achse durch (nicht gezeichnete) Spindeln zusammengehalten.

Abb. 196. Bajonettringe für Zwischendeckel nach Abb. 195.

Abb. 196. Bajonettringe für Zwischendeckel nach Abb. 195.

Abb. 197. Schallgedämpfte Einsaugeöffnung einer Kolbenspülpumpe.

Der niedrige Druck legte die weitgehende Anwendung von Blechkonstruktionen für die Ansaugemündungen und -leitungen und die über den ganzen Motor reichenden Druckaufnehmer nahe. Dies bedingte aber eine gründliche Verstärkung durch Rippen, besonders an (besser überhaupt zu vermeidenden!) ebenen Wänden. Nicht nur Festigkeitsgründe waren dafür entscheidend, sondern auch die notwendig werdende Geräuschdämpfung, zu deren Verbesserung nicht selten Filz-Matten angebracht waren. — Leichte runde Gußwände waren daher stets vorzuziehen. Dies traf auch auf die Einsaugöffnungen zu, welche trompetenförmig erweitert oder mit einem Kopf versehen waren, der mehrfache Umlenkungen aufwies (Abb. 197). Scharfe Kanten und selbsttönende Wände wurden dort besonders sorgfältig vermieden, Blechkonstruktionen mußten mit Filz ausgekleidet werden.

Die Anlage des MT „C. O. Stillman“ erhielt — beim Umbau vor der Übernahme durch die eigene Gesellschaft — an Stelle der ursprünglichen seitlichen Kolbenpumpen Kapselgebläse. Die Kolbenpumpen — je eine auf drei Arbeitszylinder — waren erheblich überdimensioniert. Infolge der somit nicht unerheblichen Kräfte am Posaunenarm waren laufend Schwierigkeiten im Antrieb entstanden — allerdings bei einem nicht besonders geschulten ausländischen Personal. — Die neuen Kapselgebläse wurden auf Motorenmitte angebaut, und zwar auf der Außenbordseite. Ihr Antrieb erfolgte von der Kurbelwelle über eine doppelgliedrige Renoldkette. Der Umbau wurde 1937/38 vorgenommen; Gebläse wie Antrieb waren daher bereits in jeder Hinsicht gut durchgebildet. Trotzdem zeigten sich schon nach verhältnismäßig kurzer Zeit Störungen an den Gebläselagern, welche dem Antriebsrad am nächsten lagen und an den Ketten, die entsprechend einer Antriebsleistung von 160 PS sehr kräftig gehalten waren. Die Untersuchungen ergaben, daß die Ursache in Schwingungen der Ketten bestand (die im Betrieb der Beobachtung entzogen waren), und daß diese Schwingungen gerade bei der Fahrtstufe „Halbe Kraft“ auftraten, wo man sich ganz dicht bei der kritischen Drehzahl II/12 befand. Durch ein besonders schweres Schwungrad war der Schwingungsknoten II. Ordnung ziemlich weit aus der Motorenmitte (wo der Kettenantrieb angeordnet war) gerückt, so daß die Stelle des Antriebskettenrades im Resonanzfall beträchtliche Schwingungen ausführte. — Die Kette *eines* Motors bedurfte bereits bei Kriegsausbruch der Auswechslung. — Eine grundlegende Änderung war nicht mehr möglich; sie hätte in der Verringerung des Schwungradgewichtes und wahrscheinlich in der Anbringung von Schwungmassen in dem Antriebskettenrad auf der Kurbelwelle bestanden.

30. Angehängte Hilfspumpen.

Bei den Hauptmotoren des MT „Wilhelm A. Riedemann“ waren die für den Maschinen- wie für den Bordbetrieb laufend benötigten Hilfspumpen ursprünglich wie bei den Schiffsdampfmaschinen angehängt, und zwar wurden sie als Kolbenpumpen von den gleichen Balanciers getrieben wie die Spülpumpen. Auch eine Schmierölpumpe war darunter, und diese blieb als einzige bei allen später gebauten Motoren angehängt, allerdings in andrer Form und für direkte Druckölzufuhr zu den Lagern.

Bei der genannten Anlage hatte sie nämlich nur das von der Tropfölschmierung aufgefangene Öl von der Grundplatte in einen hochgelegenen Sammeltank zu fördern. — Die gleiche Aufgabe hatten die doppeltwirkenden Kolbenpumpen an den älteren Sulzermotoren, wenngleich es sich hier um das Sammelöl aus einem Druckölsystem handelte, also um größere kontinuierliche Mengen, die den Lagern aus Hochtanks mit statischem Druck zuflossen. Daneben besaßen die Sulzermotoren — auch die neuerer Konstruktion — einfachwirkende Kolbenpumpen für die Kreuzkopfschmierung, deren Betriebsdruck je nach der Motorentype bis zu 15 at betrug.

Bei allen übrigen Motoren waren die angehängten Schmierölpumpen Zahnradpumpen. Durch die Erfahrungen an schnellaufenden Motoren während des ersten Weltkrieges schon hoch entwickelt, bewährten sie sich von vornherein aufs beste. An den hier zu besprechenden Motoren wurden sie nur für die normale Lagerschmierung benützt, sie brauchten also höchstens gegen 4 at zu drücken, und ihre Fördermenge genügte mit rund 10 l/PS Std. Anderwärts waren Zahnradpumpen aber auch für die höheren Drücke der Kolbenkühlung, ja selbst für die oben genannten hohen Drücke der Sulzer-Kreuzkopfzapfenschmierung mit bestem Erfolg in Anwendung. — Das Schmieröl als Fördermittel verursachte so gut wie keine Abnützung, weder an den Stirnflächen der Räder noch in den Lagerstellen, obwohl die Pumpen-Drehzahl ein Vielfaches der Motorendrehzahl war (über 300 U/min). — Die Saugewirkung war ausgezeichnet, auch bei schaumigem Öl oder leerer Saugeleitung. Freilich durfte diese nicht auch anderweitig benützt werden! (siehe unter „Schmierung"). — Die Pumpen besaßen ein federbelastetes Überströmventil als Regulierorgan und für die Umkehr der Drehrichtung auf jeder Seite des Zahnradpaares ein Sauge- und ein Druckventil. Wegen des größeren hinteren Tiefganges des Schiffes in der Ballast- und Leerfahrt und der Lage der Schmierölzellen wäre für sie der gegebene Platz am Schwungradende des Motors gewesen, indessen waren dort das Schwungrad bzw. der Drucklagerrahmen im Wege, so daß die Ölpumpen an der vorderen Stirnseite der Grundplatte untergebracht werden mußten.

Hinsichtlich der Wasserversorgung brachte die Elektrifizierung der Hilfsmaschinen im Motorenraum wie an Deck nach dem 1. Weltkrieg auch in der eigenen Gesellschaft eine Teilung. Neben angehängten Kolbenpumpen führten sich die elektrisch angetriebenen Zentrifugalpumpen immer mehr ein, und für einige Jahre beherrschten sie das Feld überhaupt völlig. Und das mit Recht. Allmählich waren ja auch für das Selbstansaugen geeignete Sonderausführungen entwickelt, so daß die Kolbenpumpe nicht mehr ausschließlich den Vorzug des Selbstansaugens für sich in Anspruch nehmen konnte. Für die Kühlwasserpumpen kam die Frage des Selbstansaugens auch nur in seltenen Fällen in Betracht (siehe unter „Motorkühlung").

Wurden für die Wasserförderung *Kolben*pumpen gewählt, so bedurfte es bei einer Fördermenge von 40 l/PS Std. (mit Rücksicht auf die übliche Zulauftemperatur von 25° C vgl. das Kapitel „Motorkühlung") zur Versorgung des Kühlwasserkreislaufs der Motoren dieser Größe *zweier* doppeltwirkender Pumpen. Der bauliche Aufwand war also groß im Vergleich zur Zentrifugalpumpe und nicht minder die Anforderung im Betrieb, besonders bei unzweckmäßigen Konstruktionen. Nicht selten waren die Windkessel zu knapp, mit zu kleiner Oberfläche und vielen Möglichkeiten für das schädliche Entweichen der Luft, die Ventile zu schwer und mit zu großem Hub, Antrieb und Wasserteil nicht einwandfrei durch eine Laterne getrennt usw. So blieben an Ventilen, Kolben, Kolbenstangen und Stopfbüchsen laufende Nacharbeiten. — Das Zusammentreffen von Metall für die Ventile, Kolben und Kolbenstangen mit dem Seewasser und dem Gußeisen der Gehäuse brachte die bekannten elektrolytischen Wirkungen, unter denen an den schlechtesten Stellen das Gußeisen bald morsch wurde. Es bedurfte also frühzeitig des Austausches gegen Bronzegehäuse, die meist aus preislichen Gründen nicht von vornherein vorgesehen waren.

Zwar lagen auch bei den Zentrifugalpumpen die Voraussetzungen für Anfressungen vor; denn auch sie hatten vorwiegend Gußgehäuse. Aber hier fehlte das Übermaß an Luft als zerstörendes Element, wie es bei der Kolbenpumpe durch den Arbeitsvorgang bedingt war. Zur Erzielung eines ruhigen Ganges bei den für eine Kolbenpumpe immerhin etwas ungewöhnlichen Drehzahlen bedurfte es ja laufend des Luftzusatzes durch die Schnüffelventile. — Die schädigende Auswirkung solcher Luft blieb nicht auf die Pumpen beschränkt, sondern setzte sich in den Rohrleitungen und Kühlräumen fort.

Für Lenzzwecke hatte die angehängte Kolbenpumpe eine gewisse Berechtigung, allerdings nur dort, wo dauernd gelenzt werden mußte. Dies traf für diejenigen Motoren zu, deren Kolbenkühlwasser frei in eine Doppelbodenzelle lief, von wo es über Bord gepumpt werden mußte (sofern es nicht zur Mischung mit dem angesaugten Kühlwasser herangezogen wurde). Gebr. Sulzer hatten daher an den älteren Motoren je eine doppeltwirkende Kolbenpumpe für das Lenzen angehängt.

An sonstigen angehängten Pumpen sind z. B. bei der GW die Brennstofförderpumpen zu nennen, mit welchen die laufende Beschickung eines kleinen Hochtanks erfolgte. Aus naheliegenden Gründen wählte man auch hier Zahnradpumpen.

Mittelbar für den Motorenbetrieb — nämlich für die Abgasverwertung — wurde mit deren Einführung meist die Abgaskesselspeisepumpe als Kolbenpumpe angehängt. Bei dieser war wichtig, daß — wie bei den normalen Speisepumpen — die Saugewiderstände ganz gering gehalten wurden, um eine Dampfbildung in den Saugeleitungen (vorgewärmtes Wasser) zu verhüten.

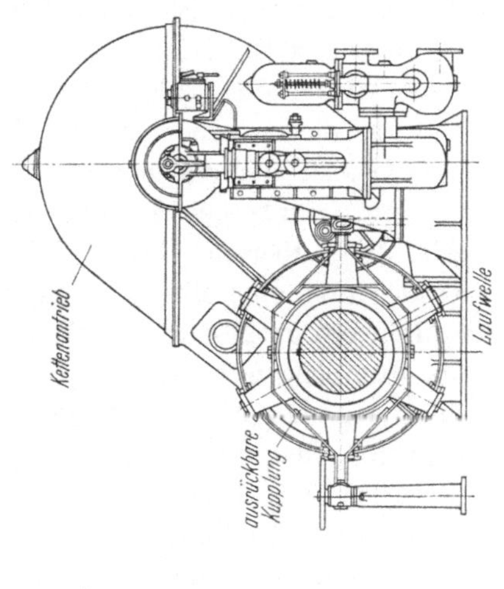

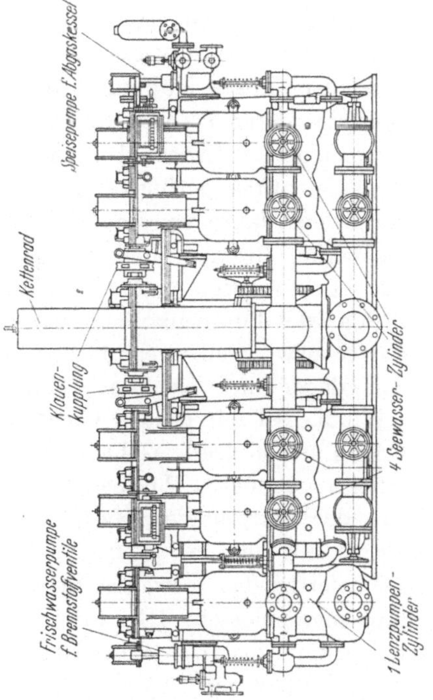

Abb. 198. Kühlwasser-Pumpengruppe mit fünf gleichgroßen stehenden Zylindern. Antrieb (ausrückbar) durch Kette von der Propellerantriebswelle („Laufwelle“).

Die völlige Umgestaltung des Hilfsmaschinenbetriebes im Zusammenhang mit der Ausnützung der Abgaswärme der Hauptmotoren brachte in der eigenen Gesellschaft eine Rückkehr zu angehängten Kolbenpumpen für Wasser. Der aus den Abgasen der Zweitaktmotoren zu gewinnende Dampf genügte auf See nämlich nicht auch noch zur Stromerzeugung für Zentrifugalpumpen (siehe auch unter „Abgaseinrichtungen“). Aus räumlichen Gründen und nicht zuletzt wegen der höheren Drehzahl der neueren Motoren wurden die Pumpen zu Gruppen von gleichen Zylindern zusammengefaßt, welche mit etwa 70 Hüben pro Minute ihren Antrieb über eine Kette von der Laufwelle dicht hinter dem Drucklager erhielten. (Dieser Platz war vor allem auch wegen der Lage der Knotenpunkte bei kritischen drehelastischen Schwingungen der Wellenleitung sehr zweckmäßig.)

Die Entwicklung der Pumpengruppen geht bis auf die Modernisierung der Maschinenanlage des MT „Wilhelm A. Riedemann" im Jahre 1927 zurück, wo man u. a. die veralteten Kolbenpumpen mit Balancierantrieb wegen der vielen Nacharbeiten durch etwas Besseres ersetzen wollte. Die erste Konstruktion wurde von der GW in Zusammenarbeit mit der Rhederei entwickelt. Trotz gewisser Schwächen erwies sie sich als sehr zweckmäßige Lösung speziell für den Tankerbetrieb. In den Grundzügen stimmte sie schon mit der späteren endgültigen Lösung (Abb. 198) überein. Eine Reihe gleicher stehender doppeltwirkender Pumpen wurde durch eine oben gelegene Kurbelwelle über Kreuzköpfe getrieben und zwar durch ein großes, in der Mitte liegendes Rad für eine Westinghousekette. Jede Pumpengruppe konnte bei einer Zweischraubenanlage den vollen Bedarf decken, so daß eine in Reserve verblieb. Daneben konnten auch die Pumpengruppenhälften durch Klauenkupplungen an der Kurbelwelle ein- und ausgerückt werden. Für das Ein- und Ausrücken der ganzen Gruppe war zunächst auf der Laufwelle eine Reibungskupplung vorgesehen, wie auch auf der Abbildung zu sehen. Diese sollte vor allem ein Abschalten bei Manövern ermöglichen, um die plötzlichen Drehzahländerungen von den Pumpengruppen fernzuhalten, was sich aber als überflüssig erwies. Bei späteren Ausführungen verzichtete man daher auf die ausrückbare Kupplung auf der Laufwelle, und schaltete die Pumpengruppe oder deren Hälften nur mit ihren Klauenkupplungen ein und aus, was bei verringerter Drehzahl mühelos gelang. Der Kettenantrieb lief also dauernd, was nicht den geringsten Nachteil brachte.

Im Laufe der Jahre wurden die Pumpengruppen auch unter Einschaltung der Atlas-Werke, Bremen, und maßgeblicher Beteiligung der Rhederei weiter entwickelt. Der Antrieb wurde verstärkt und die Kolbenstangen wurden so unterteilt, daß der Pumpenkolben ohne weitere Berührung des Triebwerkes auszubauen war usw. Selbstverständlich war für gute Schmierung aller Lager (Ringschmierlager und mechan. Schmierapparate) gesorgt, für reichlich bemessene Windkessel mit großen Oberflächen ohne jede Möglichkeit zum Entweichen der Luft, und alle Gehäuse waren aus Bronze. — Die 5 gleich großen Zylinder der abgebildeten Pumpengruppe förderten bei 75 Hüben entsprechend 115 U/min der betreffenden Hauptmotoren (deren Zylinder und Kolben mit Seewasser gekühlt wurden), je 50 cbm/Stde und waren folgendermaßen aufgeteilt: 4 Zylinder lieferten das Seewasser für die Motorkühlung und 1 Zylinder war als Lenzpumpe angeschlossen. (Bei Frischwasserkühlung des ganzen Motors bestand die Pumpengruppe aus zwei Hälften mit je drei gleich großen Zylindern für Seewasser bzw. Frischwasser. Auf der Frischwasserseite versorgten zwei Zylinder die Zylinderkühlung und ein — wegen der Verölungsgefahr und des höheren Druckes abgetrennter — Zylinder die Kolbenkühlung. Ein Lenzpumpenzylinder fehlte; selbst wo mit Rücksicht auf das in den Doppelboden abfließende Kolbenkühlwasser dauernd gelenzt werden mußte, genügte der aus der Abgaswärme erzeugte Dampf zum Betrieb der unabhängigen Lenzpumpe.) — Eine der kleinen Pumpen diente als Abgaskesselspeisepumpe, die zweite als Frischwasserkühlpumpe für die Brennstoffventile.

Diese Pumpengruppen haben sich so bewährt, daß sie auch anderwärts für Tanker-Antriebsanlagen verwendet wurden, wenn auch nicht immer mit gleichgroßen Zylindern, wie dies in der eigenen Gesellschaft für die Ersatzteilhaltung als sehr vorteilhaft empfunden wurde.

31. Verschalungen, Spritzbleche.

Die *Verschalungen* ließen an älteren Konstruktionen vielfach recht zu wünschen übrig, selbst wenn sie von vornherein vorgesehen waren. In besonderem Maß traf dies bei den Motoren des MT „Wilhelm A. Riedemann“ zu, die beim Umbau auf Druckschmierung nachträglich verschalt werden mußten; denn hier fehlten an den Ständern die für eine einwandfreie Abdichtung erforderlichen bearbeiteten Flächen. Zu der Wachsamkeit für eine ordnungsgemäße Betriebsführung kamen für das Personal in solchem Fall ständige Säuberungsarbeiten, um den Ölverbrauch und eine Verölung der Bilge möglichst klein zu halten. Ganz abgesehen davon widerstrebte es jedem ordentlichen Personal, mit einer Maschine umzugehen, deren Wände allerorts mit Öl bedeckt waren.

Für eine ordnungsgemäße Abdeckung des Kurbelgehäuses bot die Konstruktion des Sulzermotors von jeher die besten Voraussetzungen. Bei den weitgehend geschlossenen Ständern (Abb. 34) bedurfte es nur des Abschlusses der großen ovalen Öffnungen im Bereich jedes Triebwerkes. Dies geschah mit einteiligen Türen, die durch Knebel an den Rändern mittels Lederstreifen abgedichtet waren. Schaudeckel im oberen Bereich ermöglichten die Beobachtung des Triebwerkes bei laufendem Motor.

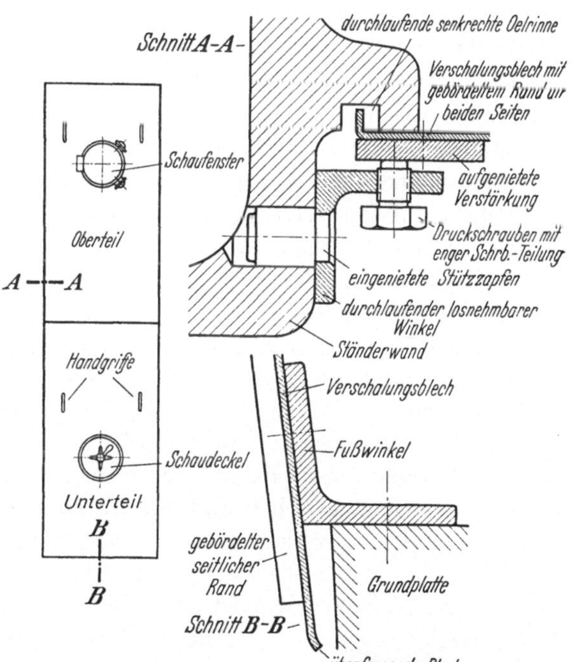

Abb. 199. Abnehmbares zweiteiliges Verschalungsblech für das Kurbelgehäuse eines neueren GW-Motors.
Oberteile mit aufklappbarem Schaufenster (Bullauge), Unterteil mit leicht losnehmbarem Schaudeckel; Abdichtung der Seitenkanten durch gebördelte Ränder, welche in durchgehende Ölrinnen an den Ständern ragen; waagrechte Fugen durch Blechzungen überdeckt. Durchgehende mit Stützzapfen in die Ständerwände eingesteckte Winkel und Druckschrauben gestatten rasche Demontage.

Viel schwieriger war die zuverlässige Verschalung des Kurbelgehäuses bei den üblichen säulenförmigen Einzel-Ständern, und es dauerte geraume Zeit, bis die Forderung vollkommener Dichtheit mit derjenigen nach Handlichkeit und leichter Losnehmbarkeit zufriedenstellend erfüllt wurde.

Abb. 199 zeigt Einzelheiten einer neuzeitlichen Verschalung der GW, die allen Anforderungen entsprach, und zwar für den auf der Bedienungsseite liegenden, leicht losnehmbaren Teil. Die beiden Hälften mit einem Einzelgewicht von etwa 40 kg bestanden aus 3 mm Blech, das nur rundherum durch einen kräftigen Rand verstärkt war. Mit diesem Rand wurden die Bleche durch Druckschrauben enger Teilung ohne besondere Dichtung gegen Arbeitsleisten an den Ständern gepreßt. An den Seiten der Bleche waren sehr geschickte gebördelte Ränder angebracht, welche in Rinnen an den Ständern ragten (Schnitt A—A). Waagrechte Auflage- und Trennfugen waren durch überfassende Blechzungen geschützt (Schnitt B—B); wo solche nicht in Frage kamen, z. B. an der obersten Befestigung gegen die Gehäusedeckplatte, war darunter eine waagrechte Fangrinne mit Ablauf ins Innere vorgesehen.

Für große Überholungsarbeiten wurden beide Verschalungsteile entfernt, für die laufende Triebwerkskontrolle nach jeder Reise indessen nur die untere Hälfte. Es kam sehr darauf an, daß die Befestigung rasch und einfach lösbar war, damit sich das Personal auch tatsächlich bei jeder Gelegenheit der Mühe des Losnehmens unterzog. Im vorliegenden Fall war dies dadurch erreicht, daß die Druckschrauben für die Blechränder in leicht losnehmbaren Winkeleisen-Leisten angeordnet waren. Diese Leisten griffen einfach mit einer Anzahl von Zapfen in die Ständerwände, die Druckschrauben brauchten also nur wenig mit dem Schraubenschlüssel gelöst zu werden, um die Winkeleisen und danach die Bleche herausnehmen zu können. — Die Blechstärke von 3 mm ersparte besondere Verstärkungen der großen ebenen Flächen. Gelegentlich bediente man sich auch schwächerer Bleche, welche dann durch Profileisen oder eingepreßte Nuten versteift waren. — Ein leicht herausnehmbarer kleiner Deckel in Höhe der Kurbel und ein Bullauge (also mit Glas) im Bereich der Gleitbahn ermöglichten eine Kontrolle des Triebwerks im Betrieb bzw. in kurzen Betriebspausen. Voraussetzung für die Dichtheit solcher Öffnungen war die steife Bauart von Deckel und Auflagerahmen. Fangrinnen unter ihnen mit Ablauf ins Gehäuse sorgten für einwandfreie Reinhaltung.

Derartige Klappen und Bullaugen, aber auch größere Türen, wurden zur raschen Bedienung mit Druckstücken, Knebel- oder Klappschrauben angedrückt, mit Teilen also, die auch im gelösten Zustand an Ort und Stelle bleiben und nicht verloren gehen können. Nicht selten waren im Bereich von Scharnieren die Andrückschrauben bzw. Riegel weggelassen, weil man die Deckel durch die Scharniere als genügend befestigt ansah. Diese Auffassung erwies sich aber als irrig, weil Scharniere Spiel haben müssen. Es bedurfte dann zur einwandfreien Dichtung immer nachträglich des Einbaues zusätzlicher Knebel oder ähnlicher Befestigungen.

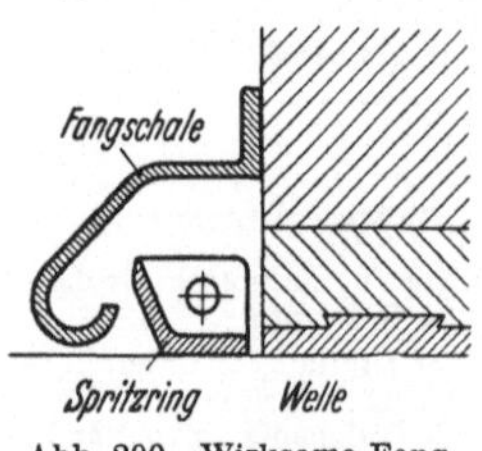

Abb. 200. Wirksame Fangschale für Spritzring mit Fangrinne.

Größtenteils waren die vorerwähnten Maßnahmen auch an anderen Verschalungen verwirklicht, zum Teil auch an *festen* Abdeckungen, welche dort angewandt wurden, wo nur ein gelegentlicher Abbau notwendig war. An solchen Stellen griff man in zunehmendem Maße zu Leichtmetall.

Gegen die Forderung, daß jede aus einer Verschalung austretende Welle durch einen Spritzring mit einer sachgemäßen Fangschale (also mit Fangrinne Abb. 200) von mitgeführtem Öl befreit werden muß, wurde in früheren Jahren ebenfalls oft verstoßen.

Bei der Erwähnung von *Spritzblechen* denkt jedermann zunächst an diejenigen über den Kurbeln, wie sie bei Tauchkolbenmotoren meist unerläßlich sind, um zu verhüten, daß von den Kurbeln Öl gegen die Zylinderlauffläche gespritzt wird, das dann in unwillkommener Menge nach oben gelangt und verbrennt. Da diese Gefahr bei den Kreuzkopfmotoren nicht besteht, wurden dort solche Spritzbleche oft als überflüssig angesehen und weggelassen. Auch das Personal neigte gern zu dieser Auffassung, weil ihm diese Bleche bei Überholungen im Wege waren bzw. ausgebaut werden mußten. Es kam daher immer wieder vor, daß ursprünglich eingebaute Bleche einfach entfernt wurden.

Indessen wurden sie für eine sparsame und zweckmäßige Betriebsführung als wertvolles Hilfsmittel erkannt. Zunächst erleichterten sie die Abdichtung der Gehäuseverschalung beträchtlich. Vor allem aber verminderten sie die Ölspritzer im Kurbelgehäuse, die sich nach den früheren Darlegungen für die Abdichtung der Kolbenstangen, Kolbenhemden und Posaunen so ungünstig auswirkten. Gleichzeitig damit wurde die sehr unerwünschte Öldampfbildung gründlich verringert, welche einerseits das Altern des Öles beschleunigt und andrerseits die Entzündungsgefahr steigert. In der eigenen Gesellschaft wurde daher auf das Vorhandensein dieser Spritzbleche der größte Wert gelegt, sie wurden beim Neubau gefordert, soweit sie nicht schon vorgesehen waren.

An manchen einfachwirkenden Zweitaktmotoren verursachten die Spritzbleche über den Kurbeln allerdings eine unerwünschte Nebenerscheinung. Da sie eine gewisse, wenn auch nicht völlige Abtrennung des Arbeitsbereiches der Kurbeln vom übrigen Raum des Kurbelgehäuses darstellten, verstärkten sie die Druckschwankungen im Kurbelgehäuse beim Auf- und Abwärtsgang des ins Gehäuse eintauchenden Kolbens, und dies um so mehr, je kleiner die Öffnungen in den Ständern gegen die benachbarten Kurbelräume waren. Diese Druckschwankungen erschwerten die Abdichtung der Gehäuseverschalung, die dann auch zum Atmen neigte, und führten zu verstärktem Hin- und Herströmen von Öldunst, welches das Altern des Öles beschleunigte.

Kaum weniger wichtig waren die Spritzbleche und Fangrinnen im Bereich der Gleitbahn. Welch außergewöhnlichen Erfolg ein Spritzblech nach Abb. 129 brachte, das als seitlich geneigte Fangrinne über die ganze Gleitbahnbreite reichte und das im oberen Totpunkt abgespritzte Öl erfaßte und ableitete, ist bereits im Kapitel „Gleitschuhe, Gleitbahnen“ erwähnt.

32. Abgaseinrichtungen.

Der Querschnitt der Auspuffsammelrohre war bei älteren Motoren sehr knapp bemessen, zumal wenn der Anschluß nach den Schalldämpfern am Motorende lag, wie dies wegen der einfacheren Rohrführung meist der Fall war. Dabei lief das Sammelrohr mit gleichem Durchmesser über den ganzen Motor hinweg.

So war bei den Viertaktmotoren des MT „Prometheus“ das Verhältnis des Sammelrohr-Querschnittes zur Kolbenfläche bei durchlaufendem Sammelrohr zunächst nur 0,6! Auch bei den älteren Zweitaktmotoren lag dieses Verhältnis oft noch reichlich ungünstig. Es fehlte daher auch nicht an schädlichen Rückwirkungen. — Wie das Schwachfederdiagramm Abb. 201 zeigt, das am letzten Zylinder eines Motors auf MT „Prometheus“ bei der ursprünglichen Ausführung des Auspuffsammelrohres entnommen wurde, stieg der Gegendruck gegen Ende des Ausschubhubes bis zu 0,2 atü an. Der Grund lag in der Stauung, welche beim Öffnen des Auspuffventils des in der Zündfolge anschließenden Zylinders entstand. Dies beeinträchtigte den Füllungsgrad des Einsaughubes (der auch durch die knappen Querschnitte im Einsaugventil stark benachteiligt war), wesentlich. Bei dem Druck in der Abgasleitung gasten die Auspuffventile durch die Führungen sehr stark, was zu einer unangenehmen Belästigung des Bedienungspersonals führte. — Eine Trennung der Sammelrohre für die beiden Zylindergruppen bei gleich-

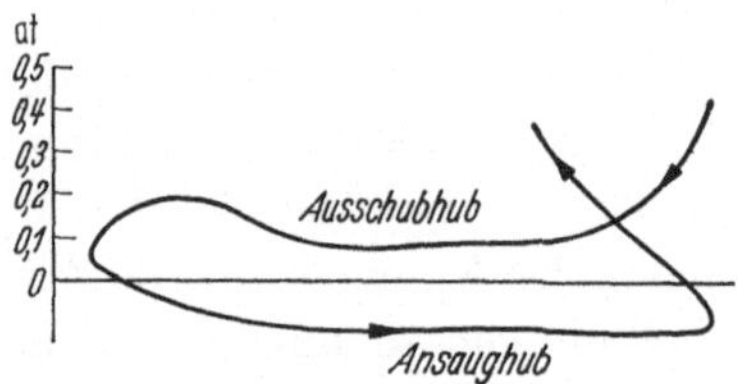

Abb. 201. Schwachfederdiagramm vom letzten Zylinder eines Viertaktmotors auf MT „Prometheus“.
Knapp bemessene durchlaufende Auspuff-Sammelleitung führte zu Druckanstieg gegen Ende des Ausschubhubes durch den Auspuffstoß des nachfolgenden Zylinders.

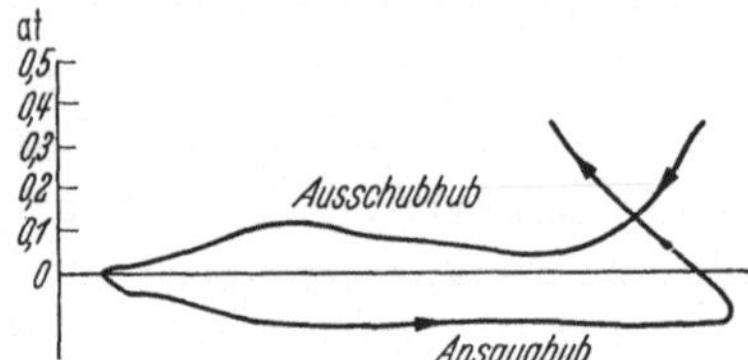

Abb. 202. Schwachfederdiagramm am gleichen Zylinder nach Trennung der Sammelrohre für beide Zylindergruppen und Vergrößerung des Sammelrohr-Durchmessers um 15%.

zeitiger Vergrößerung der lichten Weite um 15% brachte eine beträchtliche Besserung in jeder Hinsicht (vgl. das Diagramm Abb. 202).

Bei gewissen älteren Anlagen mit Vierzylinder-Zweitaktmotoren (Zweischraubenschiffe) ließ sich aus solchen Gründen ein bestimmter Zylinder des einen Motors nicht auf die vorgesehene Leistung bringen. Der Versuch, sie durch Steigerung der Brennstoffüllung zu erzwingen, veränderte die Diagrammbreite nicht, es verschlechterte sich lediglich die Verbrennung bei gleichzeitigem Anstieg der Auspufftemperatur. — (Auf dem Prüfstand hatten in dieser Hinsicht keine Schwierigkeiten bestanden, und auch an Bord zeigte der andere Motor der Anlage mit der spiegelbildlichen Zündfolge diese Erscheinung nicht.)

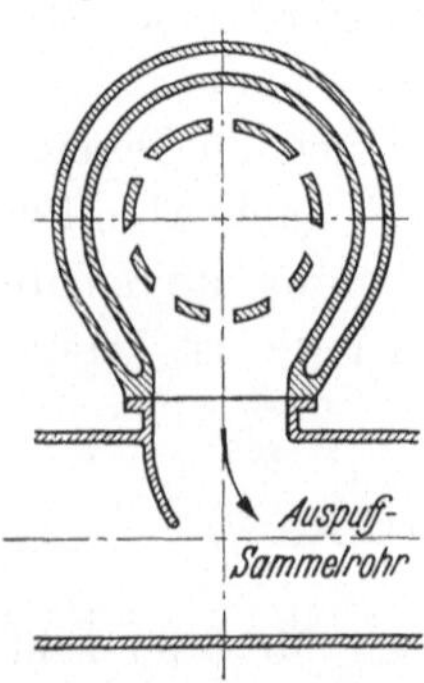

Abb. 203. Strömungsgerechte Einmündung der Abgase in die Sammelleitung.

Die Sammelleitung neuzeitlicher Zweitaktmotoren war wesentlich weiter (eingangs genannte Verhältniszahl 1,2 und mehr), sie mußte es schon wegen der grundsätzlich eingebauten Abgasverwerter sein (siehe später). Zudem war der Rohrdurchmesser bei mehr als vier Zylindern in der Mitte abgesetzt, wenn die Sammelleitung durchlief, oder der Austritt erfolgte auf Motormitte.

Die Rückwirkung auf den Auspuff- und Spülvorgang erforderte die möglichst strömungsgerechte Einmündung der Abgase aus dem Zylinder in die Sammelleitung (Zunge nach Abb. 203). Bei den einfachwirkenden und doppeltwirkenden MAN-Motoren führte die Lage der Auspuffleitung(en) und der Spülluftsammelleitung auf der gleichen Zylinderseite (Abb. 2 u. 4) dazu, daß man den Auspuffstrahl mit einem Drall an der Wand der Auspuffleitung(en) entlang führte, was als günstig hinsichtlich der Schalldämpfung angesprochen werden muß.

Der Gesamtwiderstand der Sammelleitung und aller Einbauten wurde bei den Zweitaktmotoren grundsätzlich unter 300 mm WS gehalten. (Über die Aufteilung vgl. später.) — Die Messung von Drücken und Temperaturen ist im Kapitel „Meßeinrichtungen“ näher erörtert.

Sammelrohre wie Anschlußstutzen waren an älteren Motoren aus Gußeisen hergestellt, das wegen schwefelhaltiger Gase und Kondensate weniger empfindlich ist, und grundsätzlich mit einem Mantel für Wasserkühlung versehen. Sie waren also reichlich schwer und deswegen vielfach zur Entlastung der Befestigungsflansche an den Stützen für die darüberliegende Gräting aufgehängt, welche ohnedies wegen gelegentlich abzusetzender schwerer Motorteile kräftig ausgeführt wurden. — Bei Verwertung der Abgaswärme mußten die Kühlmäntel — zumal an Zweitaktmotoren — natürlich fortbleiben. Die ungekühlten Rohre wurden geschweißt und zum Schutze gegen Wärmeverluste sorgfältig isoliert. Im eigenen Betrieb verwendete man hierzu die stets bewährten Glasgespinstmatten mit einem dünnen Blechmantel zum Schutze gegen Beschädigungen. Die Flansche und Dehnungsstücke wurden mit leicht abnehmbaren Asbest-Matten isoliert.

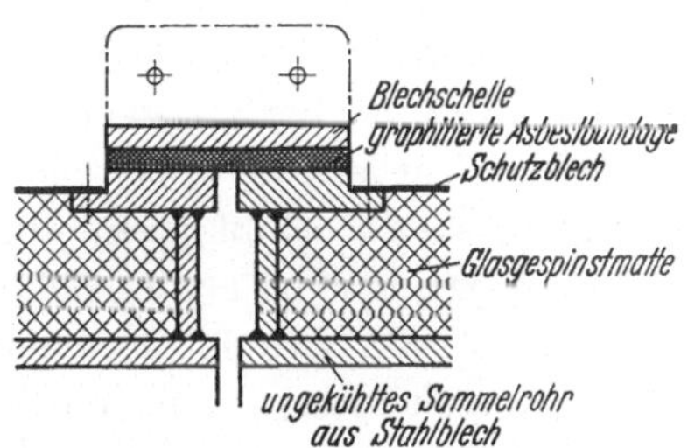

Abb. 204. Einfache Abdichtung der Verbindung ungekühlter Auspuffrohre mittels graphitierter Asbestbandage.

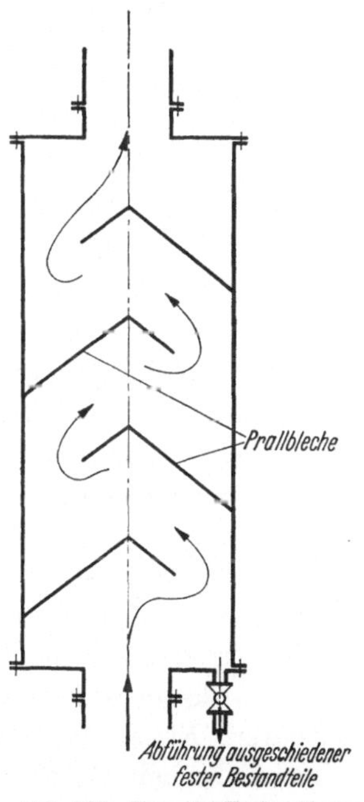

Abb. 205. Versuchs-Funkenfänger mit winkeligen Prallblechen. Hoher Auspuffwiderstand.

Bei den *un*gekühlten Rohren war eine ausreichende Dehnungsmöglichkeit zwischen den Sammelrohrstücken der einzelnen Zylinder besonders wichtig. Früher verwendete man dazu hauptsächlich Stopfbüchsen mit Asbestdichtung; daneben bewährte sich z. B. eine einfache Abdichtung nach Abb. 204, die sehr bequem instandzusetzen war. Später bediente man sich ausschließlich der Dehnfalten, da sie keinerlei Nacharbeit bedurften.

Ältere Anlagen besaßen als *Schalldämpfer* die bekannten Konstruktionen mit mehreren Kammern, zwischen denen der Übertritt durch Drosselung und Richtungsänderung erfolgte. Dabei erforderte die stoßweise Beanspruchung eine besonders steife Ausbildung aller Wände, also zylindrische äußere Form und gewölbte oder sonst steife bzw. verankerte Trennwände und Böden. Als späterhin für größere Anlagen akustische „Schallfilter“ angewandt wurden, war die eigene Gesellschaft bereits allgemein zum Einbau von Abgaskesseln übergegangen, und diese erwiesen sich zugleich als hinreichende Schalldämpfer.

Der Beseitigung der Funken bzw. deren Unschädlichmachung vor dem Austritt des Auspuffs ins Freie kam im Tankschiffbetrieb erhöhte Bedeutung zu und zwar nicht nur aus Rücksicht auf das Schiff selbst (wobei die Gefahr vor allem auf der Ballastfahrt bestand, wenn die Deckel der Ladetanks zu deren Entgasung und Reinigung geöffnet waren), sondern auch wegen des Verkehrs in den Hafenbecken der Ölplätze. Die meisten Hafenbehörden machten im Zusammenhang damit die Benützung der Antriebsmotoren bei der Ein- und Ausfahrt von anerkannten, fest eingebauten Funkenfängern abhängig, — wenn sie überhaupt gestattet wurde. Die bei Belastungsänderungen und Manövern losgelösten Krusten aus den Schlitzen der Zweitaktmotoren waren in dieser Hinsicht besonders bedenklich. Auf älteren Schiffen (ohne Funkenfänger und ohne Abgaskessel), deren Schornstein am vorderen Ende des Maschinenhauses saß, konnte es tatsächlich vorkommen, daß bei achterlichem Wind größere, noch glühende Koksteile bis zu den hinteren Ladetanks flogen.— Auf den später gebauten Schiffen war der Schornstein am hinteren Ende des Maschinenraumes angeordnet und damit die Gefahr für das eigene Schiff beseitigt. Daneben sorgten Abgaskessel und Funkenfänger für eine starke Verkleinerung der besagten Krusten, welche nach dem Austritt ins Freie rasch abkühlten.

Wegen der hafenbehördlichen Vorschriften erhielten die eigenen Schiffe auch dann noch Funkenfänger, als überall Abgaskessel vorhanden waren. Mangels bewährter Konstruktionen wurden zunächst Versuche mit Prallblechen in besonderen Kammern, etwa nach Abb. 205, unternommen. Die scharfen Richtungsänderungen, die man für erforderlich hielt, führten aber zu einer übermäßigen Steigerung des Auspuffgegendruckes. Zudem wurden die Koksteile nicht ausgeschieden, sondern vom Auspuffstrom immer wieder erfaßt, wenn auch in stark zerkleinertem Zustand. — Als die zweckmäßigste Lösung erwies sich schließlich die Ausnützung der Zentrifugalkraft wie z. B. beim „Turbulo“-Funkenfänger der Deutschen Werft, Hamburg. Eine restlose Ausscheidung der festen Bestandteile erfolgte zwar auch hier nicht, doch wurden sie bei geringstem Widerstand derart zerkleinert, daß sie völlig ungefährlich waren.

Die wirksamste Lösung wäre wohl gewesen, den Auspuff durch ein Wasserbad zu führen. Ein solcher Versuch wurde auch auf einem kleineren eigenen Fahrzeug angestellt, scheiterte aber daran, daß sich aus dem Seewasser rasch starke Salzablagerungen bildeten, welche die Wirksamkeit beeinträchtigten.

Der Ausnützung der Abgaswärme, die bei den erörterten Motoren rund ein Drittel der im Brennstoff zugeführten Wärme betrug, wurde im eigenen Betrieb von vornherein das größte Interesse entgegengebracht, obgleich die niedrigen Auspufftemperaturen der fast ausschließlich verwendeten Zweitaktmotoren wenig Anreiz boten und zunächst (im Gegensatz etwa zum Passagierschiff) auch kein größerer Bedarf an Hilfsdampf oder Warmwasser bestand. (Wie schon anderwärts erwähnt, waren die Hilfsmaschinen zunächst vorzugsweise elektrisch betrieben.) — Man beschränkte sich daher anfangs auf kleine Abgaskessel zur Erzeugung von Heizdampf, um den Einbau eines ölbeheizten Hilfskessels bzw. auf See den unwirtschaftlichen Betrieb eines großen, für den Löschbetrieb bestimmten Zylinderkessels nur zum Zwecke der Heizung während der kalten Monate zu sparen. — Als aber eingehende Versuche zeigten, daß bei Zweitaktanlagen — mit direkt von der Motorwelle angetriebenen dauernd laufenden Pumpengruppen (vgl. das Kapitel „Angehängte Hilfspumpen“) — der gesamte Hilfsbetrieb auf See neben der Heizung durch den aus den Abgasen erzeugten Dampf versorgt werden konnte, wurden in der eigenen Gesellschaft alle weiteren Neubauten auf dieser Basis eingerichtet.

Bei einer unteren Abgastemperaturgrenze von 150° C (im Hinblick auf den Taupunkt der in den Abgasen enthaltenen schwefligen Säure), welche eine Sicherheit für zeitweise geringere Belastung einschloß, und einer Höchsttemperatur der Auspuffgase von rund 360° blieb nur ein verhältnismäßig geringes Wärmegefälle zur Ausnutzung. Es bedurfte also aller Sorgfalt, um aus den Abgasen das letzte herauszuholen und dabei die Abgasverwerter nicht übermäßig groß werden zu lassen. Hierzu gehörte z. B. die Ausnutzung der unteren Abgastemperaturbereiche in einem Speisewasservorwärmer, der also hinter dem Abgaskessel angeordnet war. Bei Ausführung dieser kältesten Teile aus Gußeisen (wie beispielsweise bei den Nadelvorwärmern der Fa. Liesen) wurde die Kondensation der schwefligen Säure bei niedrigeren Belastungen weniger bedenklich.

Natürlich wurde auch auf der Verbraucherseite alles getan, um den Dampfbedarf auf See zu beschränken. So waren grundsätzlich an allen Heizeinrich-

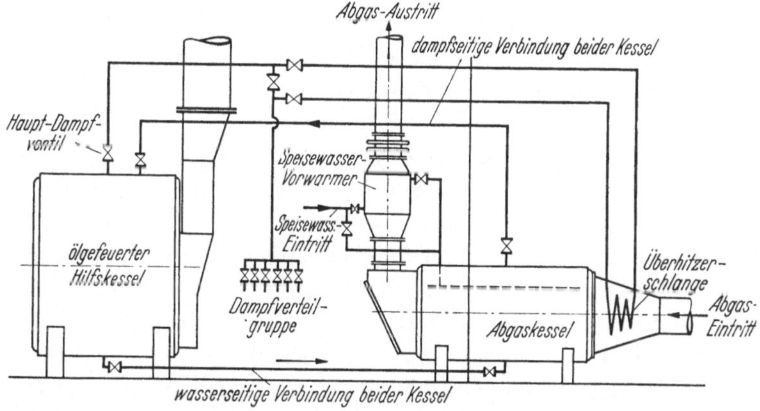

Abb. 206. Verbindung der Dampf- und Wasserräume eines Abgaskessels und eines Hilfskessels (für Entladebetrieb).
Erhöhte die Dampferzeugung im Abgaskessel und schuf einen erheblichen Dampfvorrat. Abgaskessel mit Speisewasser-Vorwärmer und Überhitzer ausgestattet.

tungen Kondenstöpfe eingebaut, die eine Ausnützung der Verdampfungswärme erzwangen. Daneben wurden die Kondensationsverluste in den Dampfleitungen und in den Dampfzylindern durch leichte Überhitzung des Dampfes und hochwertige Isolierung verringert. Die Überhitzung, die mit etwa 40° vollauf genügte, erfolgte in einer Rohrschlange, welche in die Eintrittsvorlage des Abgaskessels eingebaut war.

Bezüglich des Dampfdruckes war man zu einem Kompromiß gezwungen. Höherer Druck vermehrte zwar die Leistungsfähigkeit der Abnehmer, verringerte aber die erzeugbare Dampfmenge. Als zweckmäßigste Lösung erwies sich ein Druck von 7 atü. — Damit ließen sich z. B. bei neueren Anlagen mit einer eff. Leistung von 3600 PS stündlich 1250 kg Dampf von 210° erzeugen, also fast 0,3 kg/PSi Std. Berücksichtigt man, daß durch die dampfseitige Verbindung des Abgaskessels mit den großen Zylinderkesseln (für den Löschbetrieb) vermehrte Strahlungsverluste entstanden, so deckt sich die genannte Zahl sehr gut mit Angaben in der Literatur, welche auf 0,34 kg/PSi Std lauten. — Die in Abb. 206 gezeigte Verbindung des Dampf- und des Wasserraumes mit denjenigen der im Abgasbetrieb unbefeuerten Hilfskessel (Zylinderkessel von rund 200 m² Heizfläche) war in vieler Beziehung vorteilhaft. Sie bewirkte eine kräftige Zirkulation des Wassers und begünstigte dadurch im Abgaskessel die Dampferzeugung. Daneben schuf sie für Verbrauchsschwankungen einen beträchtlichen Dampfvorrat im Dampfsammelraum der Hilfskessel. Vor allem aber war für den Tankerbetrieb von größter Bedeutung, daß die großen Kessel als Dampfspeicher für Feuerlöschzwecke ständig unter Druck und Temperatur standen.

Auch bezüglich des Auspuffwiderstandes mußte ein Kompromiß gefunden werden; denn mit einer für einen guten Wärmeübergang erwünschten starken Durchwirbelung bzw. hohen Gasgeschwindigkeit stieg rasch der Widerstand. Der früher angegebene bewährte Gesamtwert von 300 mm WS verteilte sich etwa wie folgt: für Abgaskessel einschließlich Überhitzerschlange etwa 200 mm, für Speisewasservorwärmer etwa 40 mm, für Funkenfänger 25 mm und für die gesamten Auspuffleitungen 35 mm.

Eine wichtige Voraussetzung für die Ergiebigkeit der Abgaskessel war natürlich eine möglichst gleichmäßige Beaufschlagung. Bei Rauchrohren boten z. B. die aus dem Dampfkesselbau bekannten „Retarder" (spiralig gewundene Blechstreifen) mit der Möglichkeit zur Abstufung der Steigung, und damit des Widerstandes, ein einfaches Hilfsmittel zu gleichmäßiger Verteilung der Rauchgase und besserem Wärmeübergang. Auch die Überhitzerschlange in der Eintrittsvorlage konnte durch entsprechende Gestaltung zur Verbesserung der Beaufschlagung herangezogen werden. Bei seitlichem Zustrom der Abgase suchte man durch besondere Leitschaufeln in den Vorlagen die Verteilung günstig zu gestalten.

An älteren Anlagen hielt man zur Regelung der Dampferzeugung und wegen etwaiger Überholungsarbeiten im Betrieb eine Umgehungsmöglichkeit für die Gasseite der Kessel für unerläßlich. Dies bedingte dann sperrige Abzweigstutzen mit Drossel- bzw. Absperrklappen, die wegen der Auspuffstöße sehr stabil (Gehäuse aus Gußeisen, kräftige Klappe mit sehr solider Feststellvorrichtung) ausgeführt sein mußten. Allmählich führte aber die Einsicht, daß bei den niedrigen Gastemperaturen die Kessel auch ohne Wasserfüllung völlig ungefährdet sind, zum Verzicht auf diese Komplikation. Man veränderte für die Regelung der Dampferzeugung einfach die Wasserfüllung, eine Maßnahme, die bei direkt gefeuerten Kesseln unerhört wäre.

Auf ausländischen Tankern fand man vielfach die großen Zylinderkessel (für den Löschbetrieb) zur Abgasverwertung herangezogen. Wegen ihrer beträchtlichen Heizfläche konnten sie trotz des ungünstigen Wärmedurchganges, der sich aus den großen Querschnitten ergab, einen größeren Bedarf decken. Indessen war die Beanspruchung der ebenen Wände durch die Auspuffstöße sehr nachteilig, und vor allem bot der evtl. Niederschlag unverbrannten Brennstoffes aus Zündversagern bei Manövern und kleinen Belastungen der Motoren eine Gefahr beim Anstecken der Brenner. Aus diesem Grund standen deutsche Behörden von jeher solchen Anlagen ablehnend gegenüber. Da hierbei Umgehungsleitungen mit allem Zubehör erforderlich wurden, dürfte sich auch kein nennenswerter Vorteil in den Anlagekosten dadurch ergeben haben.

Wegen der Rohrführung benutzte man im Hinblick auf die anfänglich kleinen Leistungen die stehende Bauart der Abgaskessel mit Rauchrohren in festen oder ausziehbaren Bündeln. Bei den geringen Ansprüchen, welche an sie gestellt wurden, bedurften sie selten der Reinigung. Auch kam es auf den Wärmeübergang auf der

Wasserseite, welcher durch das Aufsteigen des erwärmten und verdampften Wassers ohne Durchwirbelung nicht besonders günstig war, damals kaum an. — Die neuzeitlichen Rauchrohrkessel wurden stets liegend gebaut. Es wurden dabei selbst nach einiger Betriebszeit, also bei einer gewissen Verschmutzung, Wärmedurchgangszahlen von mehr als 60 WE/m^2 °C · Std erreicht. — Zunächst baute man auch diese mit Rücksicht auf die Reinigung der Wasserseite mit ausziehbaren Bündeln oder einem ausziehbaren Bündelkern. Der Ausbau gestaltete sich aber immer recht zeitraubend und kostspielig wegen des Abreißens zahlreicher Schrauben, deren Muttern festgebrannt waren.

Auf einer Serie von Schiffen waren in England hergestellte Clarkson-Abgaskessel verwendet. Bei dieser stehenden Bauart wurden von den Abgasen viele Reihen 280 mm langer und an der Einwalzstelle etwa 35 mm weiter Fingerhutrohre („thimble-tubes") bestrichen, die in einen den zentralen Auspuffraum umschließenden Zylinder mit der Öffnung nach dem Wasserraum eingewalzt waren. Die Kessel bauten reichlich groß, bewährten sich im Betrieb aber gut und zeigten auch einen recht günstigen Wärmedurchgang. Im Gegensatz zu den Rauchrohrkesseln, wo sich durch den Betrieb ohne Wasserfüllung eine weitgehende Selbstreinigung durch Abplatzen des Kesselsteins erreichen ließ, blieb eine solche Selbsthilfe bei den steifen Fingerhutrohren wirkungslos. Die Reinigung mußte daher durch reibahlenartige, einer starken Abnützung unterliegende Werkzeuge erfolgen, was ziemliche Unkosten verursachte.

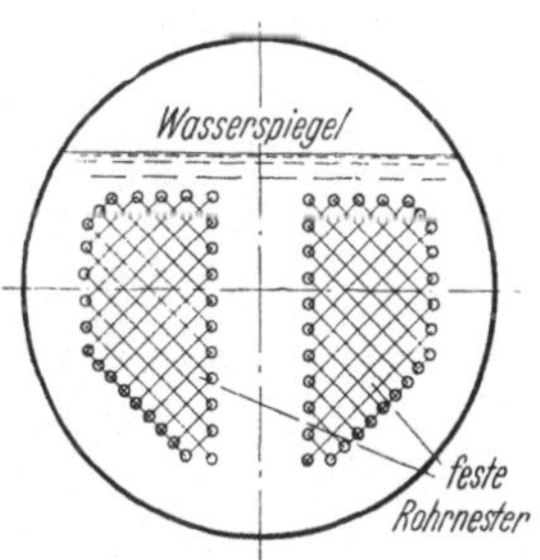

Abb. 207. Liegender Abgaskessel mit fest eingebauten Rohren. Breite Gassen um und zwischen den Rohrnestern ermöglichen sorgfältige Reinigung auf der Wasserseite.

Eine Ausführung mit „Field"-Rohren befriedigte nur teilweise, weil die Rohre leicht verschmutzten. Besonders ließen sich die Verschraubungen am unteren Ende sehr schwer lösen, wenn eine gründliche Reinigung vorgenommen werden sollte.

Dagegen erwies sich ein stehender Lamont-Kessel von zylindrischer Form mit übereinanderliegenden Einzelspiralen als wirksam und geeignet, nachdem durch sorgfältige Abdeckung aller freien Durchgangsquerschnitte die Abgase gezwungen worden waren, ausschließlich die Rohrsysteme zu passieren.

Als die zweckmäßigste Lösung wurden zuletzt nur noch liegende Rauchrohrkessel nach Abb. 207 verwendet. Sie besaßen fest eingebaute Rohrnester mit einer breiten Gasse in der Mitte und reichlichem Abstand vom Zylindermantel, so daß eine einwandfreie Reinigung auf der Wasserseite möglich war. Zum Fegen der Rauchrohre auf der Gasseite waren die Vorlagen mit großen Einsteigöffnungen ausgestattet.

33. Brennstoffversorgung.

Die Unterbringung des Brennstoffvorrates erfolgte in den eigenen Schiffen, auf welche auch das Schema Abb. 208 für eine neuzeitliche Anlage zugeschnitten ist, vornehmlich in den direkt vor dem Maschinenraum gelegenen Querbunkern *A*. Doppelbodenzellen wurden wegen der umständlichen Reinigung nicht herangezogen. Wie schon in den Kapiteln „Zylindereinsätze" und „Kolbenstangen" erwähnt, wurde bei späteren Neubauten von vornherein eine kleine Bunkerabteilung B für besseren (weniger schwefelhaltigen) Brennstoff zu Revierfahrten von den Hauptbunkern A abgetrennt, auf älteren Schiffen geschah dies vielfach noch nachträglich.

Der Aufnahme des unmittelbaren Verbrauchsvorrats dienten, wie allgemein üblich, zwei möglichst hoch liegende Verbrauchstanks C (meist „Tagestanks" genannt, obwohl sie nicht immer einen vollen Tagesverbrauch fassen konnten). Ihre Füllung erfolgte mit einer Umförderpumpe E über ein umschaltbares Drahtgazefilter oder ein Selbstreiniger-(„Auto-Clean"-)Filter D. Die Umförderpumpe ist bei dem gewählten Beispiel den besonderen Verhältnissen entsprechend (vgl. die Kapitel „Angehängte Hilfspumpen" und „Abgaseinrichtungen") eine Dampfpumpe. Von den „Tagestanks" war jeweils nur einer angestellt, während sich

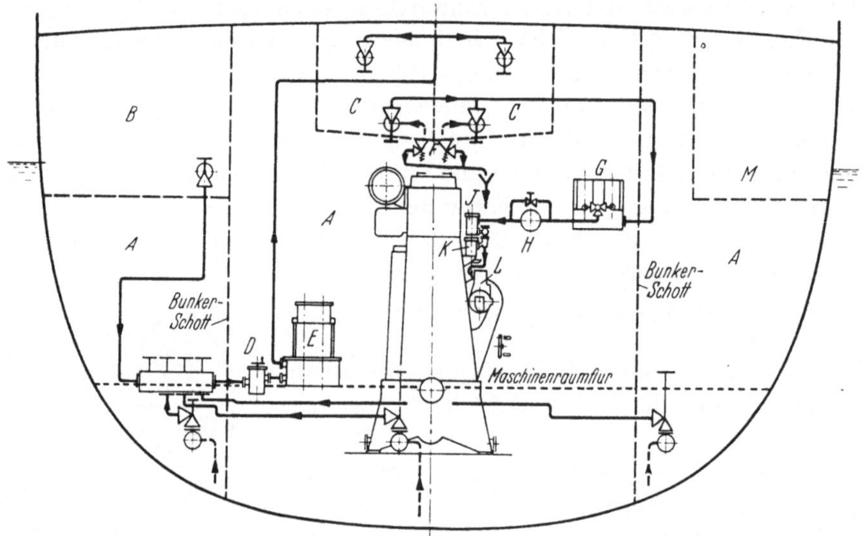

Abb. 208. Schema der Brennstoffleitungen für eine neuere Einschrauben-Anlage.

A Hauptbunker
B Bunkerabteilung für die evtl. Unterbringung hochwertigeren Brennstoffs
C Tagestanks
D Saugefilter für Umförderpumpe, dargestellt als Selbstreiniger-Filter
E Brennstoffumförderpumpe (Dampfpumpe)
F Entwässerungsventile an den Tagestanks
G Turbulo-Feinfilter
H Meßuhr mit Umgehungsleitung
J Umschaltbares Feinfilter am Motor
K Schwimmertank am Motor
L Brennstoffpumpe am Motor
M Heizölbunker

im anderen bei ruhiger Schiffslage Wasser und Schlamm absetzten, die, begünstigt durch einen schrägen Boden, ohne großen Brennstoffverlust durch ein schnellschließendes, federbelastetes Absperrventil F abgelassen werden konnten. Waren bei älteren Anlagen diese Tanks oft freistehend im Maschinenraum angeordnet, so wurden sie bei den neueren eigenen Anlagen durchweg in die Hauptbunker eingebaut. Dadurch entstand eine vereinfachte Rohrführung; allerdings mußten bei schiffbaulichen Nacharbeiten auch die umliegenden Bunkerräume entleert und entgast werden.

Aus den Tagestanks gelangte der Brennstoff durch natürliches Gefälle zu den Brennstoffpumpen der Motoren L, und zwar über ein „Turbulo"-Feinfilter G der Deutschen Werft, eine Meßuhr H und einen mit dem Motor gelieferten Feinfilter J und einen Schwimmertank K für die Brennstoffpumpen. In dem Turbulo-Feinfilter erfolgte die Reinigung bei geringem Widerstand (in Kaskadenkammern mit kleiner Geschwindigkeit und dahintergeschalteten Tuch- oder Drahtgazefiltern). — Wegen der Meßuhr vergleiche das Kapitel „Meßeinrichtungen". Der Schwimmertank, welcher für die Brennstoffpumpen einen konstanten Zulaufdruck gewährleistete, war bei dem dargestellten Beispiel gleichfalls am Motor angebaut und diente gleichzeitig zur Aufnahme des Brennstoffs aus der Überström-Regulierung.

Bei der Einführung der kompressorlosen Motoren mit ihren empfindlichen Brennstoffdüsen bürgerte sich anderwärts in zunehmendem Maße die Reinigung durch Separatoren auf dem Wege von den Bunkern zu den Tagestanks ein. In der eigenen Gesellschaft erwiesen sich jedoch bei der einwandfreien Belieferung an den Ölplätzen des Konzerns die vorher beschriebenen Vorkehrungen als völlig ausreichend. Unbekannt waren indessen solche Einrichtungen auch hier nicht; ältere Schiffe waren nämlich wegen der unmittelbar nach dem ersten Weltkrieg gestellten Forderung nach Verwendung von Kesselheizöl neben Separatoren auch mit zusätzlichen Filtern, vor allem aber mit weitgehenden Heizeinrichtungen versehen. Diese erstreckten sich sogar auf die Brennstoffpumpen und -leitungen an den Motoren. Erfreulicherweise entbanden die absinkenden Gasöl- bzw. Dieselölpreise bald von der Benützung dieser Einrichtungen; denn die Dampfbildung bei Überheizung, die Komplikationen durch das Umschalten auf Gasöl bzw. Dieselöl bei Manövern, die Geruchsbelästigung im Maschinenraum u. a. waren sehr unerwünschte Begleiterscheinungen.

Daß es gerade beim Brennstoffsystem und da vor allem bei der luftlosen Einspritzung auf die Entfernung von Schmutz und Zunder aus neuen Rohren (durch Sandstrahlen, Ausblasen und Ausspülen) und auf die Verhütung von Verunreinigungen bei Überholungen (Verschluß offener Rohre durch Pfropfen, Umwickeln der Enden mit Lappen und nachfolgender Reinigung) ankam, leuchtet ein.

An kompressorlosen Motoren bereiteten zunächst die Druckrohre zu den Brennstoffventilen häufig Schwierigkeiten; sie rissen trotz der großen Wandstärke (rd. 5 mm für 6 mm l. W. bei 500 PS Zylinderleistung). Die Ursachen waren nur teilweise zu beseitigen, soweit sie nämlich in Rohrschwingungen bei ungenügender Halterung oder Materialfehlern bzw. Materialschwächungen bei der Herstellung (z. B. durch Einbrand bei der Hartlötung) bestanden. Die starken Stöße, welche sich aus der Überlagerung reflektierter Druckwellen ergaben, mußten hingenommen werden; vermeidbar waren indessen die unkontrollierbar gesteigerten Stöße bei verkokten Düsen (vgl. das Kapitel „Brennstoffventile"). Rohrschwingungen wurden durch verbesserte Halterung oder durch aufgesetzte Massen beseitigt. Hartlötung wurde für die Bunde schließlich durch Weichlötung bzw. durch die bei niedrigerer Temperatur mögliche Lötung mit Silberlot ersetzt, wie die Abb. 209 zeigt. Die GW stauchte die Konen sogar einfach auf.

Bei der Bedeutung dieser Rohre wurden, auch wo die Schwierigkeiten behoben waren, fertige Ersatzrohre mitgeführt, übrigens sogar auf Vorschrift der Klassifikationsgesellschaften.

Der Vollständigkeit halber sei als unentbehrliches Konstruktionsteil von Lufteinspritzmotoren noch das Brennstoff-Rückschlagventil erwähnt, welches, dicht am Brennstoffventil jedes Arbeitszylinderdeckels sitzend, das Zurückdrücken des Brennstoffs durch die Einblaseluft verhütete.

Schließlich sei noch angefügt, daß bei der eigenen Gesellschaft die Verwendung von Hähnen im Brennstoffsystem grundsätzlich abgelehnt wurde, obwohl sie eine einfachere Rohrführung gestatteten. Abgesehen davon, daß Hahnküken immer schwer nachzuarbeiten sind, halten sie bekanntlich selten dicht, wenn sie gangbar sind oder umgekehrt.

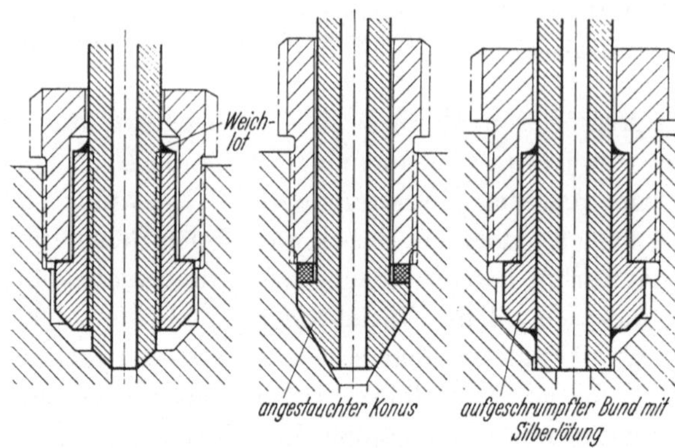

Abb. 209. Verschraubungen an Brennstoffrohren für Motoren mit luftloser Einspritzung.

Die Auswahl der Brennstoffe konnte für die Lufteinspritzung etwas weitherziger sein; für die luftlose Einspritzung erforderte sie natürlich besondere Sorgfalt, weshalb die Betriebsanleitungen aller Motorfirmen entsprechende Vorschriften enthielten. In der nachstehenden Tabelle sind Mittelwerte aus solchen neben einigen anderen charakteristischen Zahlenangaben zusammengestellt; dabei sind diejenigen Daten, welche bei der Bunkerung vorgeschrieben, oder über welche Angaben eingeholt wurden, besonders gekennzeichnet.

*	Spez. Gewicht	kg/ltr	0,85—0,95
*	Viscosität bei 20° C	Englergrade	max. 5
*	Flammpunkt	°C	über 65
	Zündpunkt	,,	265—300
*	Unterer Heizwert	WE/kg	über 9600
	Oberer Heizwert	,,	,, 10400
*	Rückstände (Conradson Test)	%	max. 3
*	Wasser	,,	,, 1
*	Asche	,,	,, 0,05
*	Mech. Verunreinigungen	,,	,, 0,5
*	Hartasphalt	,,	,, 1
*	Schwefel f. einfachw. Motoren	,,	,, 1,5
	f. doppeltw. Motoren	,,	,, 1
*	Säuregehalt auf SO_3 Basis	,,	,, 0,3
	Siedeanalyse Beginn	°C	etwa 150
	bis 350° C übergegangen	%	,, 75
*	Stockpunkt	°C	unter Null

34. Motorkühlung.

Bei den Schiffsmotoren bedeutete die Kühlung mit Außenbordwasser den geringsten Aufwand; dementsprechend waren auch alle älteren Motoren der eigenen Flotte für „Seewasserkühlung" eingerichtet. Der einfachen Einrichtung standen aber erhebliche Nachteile gegenüber. Der Salzgehalt erhöhte die Rostgefahr und die elektrolytischen Einwirkungen sowie die Emulsionsgefahr für das Umlauföl im Falle von Leckagen innerhalb des Kurbelgehäuses und beschränkte die Wasserablauftemperatur auf höchstens 55° C (zur Verhütung von Salzausscheidungen). Der hohe Schmutzgehalt des Flußwassers auf den Revieren, welcher sich bei geringer Wassertiefe besonders bemerkbar machte (tiefbeladene Schiffe hatten oft kaum noch „Wasser unter dem Kiel"), ließ bei mangelhafter Zirkulation an den überhitzten Stellen der Kühlräume starke Ablagerungen entstehen.

Der Vorteile der Frischwasserkühlung war man sich wohl frühzeitig bewußt, doch scheute man zunächst die Kosten für den größeren baulichen Aufwand für die Rückkühlanlagen und für den Ersatz der Leckverluste, welche bei älteren Anlagen oft recht ansehnlich waren.

Da die Verschmutzung der Kühlräume im eigenen Betrieb als unangenehmster Nachteil empfunden wurde, mußte schon eine Zwischenlösung in Form eines geschlossenen Kreislaufes mit reinem Seewasser als beträchtliche Verbesserung angesehen werden, und so wurde eine ältere Anlage derart abgeändert, daß man alles Kühlwasser in einer Doppelbodenzelle sammelte und diese gleichzeitig als Rückkühler benützte. Die Bedienung dieser neuen Einrichtung stellte aber an die Aufmerksamkeit des Personals Anforderungen, welche nicht allenthalben aufgebracht wurden. Da Zylinder- und Kolbenkühlkreislauf durch die Sammelzelle wie die Pumpe vereinigt waren, und man beim Umbau anderer solcher Anlagen auf ausgesprochenen Frischwasserbetrieb wegen Verölung schlechte Erfahrungen gemacht hatte, verließ man die Umlaufeinrichtung mit reinem Seewasser wieder, obwohl sie als weiteren Vorteil den kostenlosen Ersatz der Leckverluste gehabt hätte.

Der größere Aufwand für die Frischwasserkühlung bestand in einer zusätzlichen Pumpe, Rückkühlern und einem umfangreicheren Rohrleitungsnetz. Die Kosten für den Ersatz der Leckverluste fielen bei den neueren Anlagen kaum noch ins Gewicht. Als Vorteile wurden aber nun geboten: der Fortfall der Verschmutzung neben verringerter Rost- und Korrosionsgefahr in den Kühlräumen, — wobei noch die Möglichkeit bestand, besondere Schutzmittel dem geschlossenen Kreislauf zuzufügen (z. B. Kaliumchromat oder Korrosionsschutzöl), — die Verringerung der Emulsionsgefahr für das Umlauföl, nicht zuletzt aber die Möglichkeit, mit höheren Kühlwassertemperaturen zu fahren. Statt mit einer Ablauftemperatur von 45—50° C bei einer Zulauftemperatur von 25—30° C konnte nun mit 65° C Ablauf bei 45° C Zulauf gearbeitet werden, und dies kam dem Brennstoffverbrauch des Motors wie den Wärmebeanspruchungen seiner gekühlten Konstruktionsteile zugute. Zudem ließen sich die Motoren während des Manövrierens bei ununterbrochenem Wasserumlauf länger warm halten.

Bei den doppeltwirkenden Motoren forderte die Kolbenkühlung kategorisch die Anwendung von Frischwasser, und darauf dauerte es im eigenen Betrieb nicht mehr lange, bis auch die gesamte Kühlung darauf umgestellt wurde, allerdings unter völliger Trennung der Kreisläufe für die Zylinder- und die Kolbenkühlung, so daß eine Verölung des Zylinderkühlwassers durch die Kolbenkühlung (Posaunen!) nicht mehr eintreten konnte.

Abb. 210 zeigt eine solche neuere Einrichtung für einen Motor mit hochgeführten Kolbenkühlwasser-Abläufen (vgl. das Kapitel „Kolbenkühlung") und Dampfpumpen als Reservepumpen im Schema, wobei der Seewasserkreislauf stark ausgezeichnet ist und die Frischwasserkreisläufe strichpunktiert sind. —

Das Seewasser wurde also durch einen der beiden tiefliegenden Seekasten A auf jeder Schiffsseite bzw. einen hochliegenden Seekasten B (für die Fahrt auf schmutzigem Revier) über die zugehörigen Seeventile C und D und die Filter E (vielfach zu einem umschaltbaren Doppelfilter vereinigt) einer großen Verteilleitung zugeführt, aus welcher alle Seewasserpumpen saugten. Die Seewasserzylinder der Pumpengruppe F (siehe diese unter „Angehängte Hilfspumpen") förderten das Seewasser zu den Frischwasser-Rückkühlern H für die Zylinderkühlung und dem Rückkühler J für die Kolbenkühlung, von wo es über ein

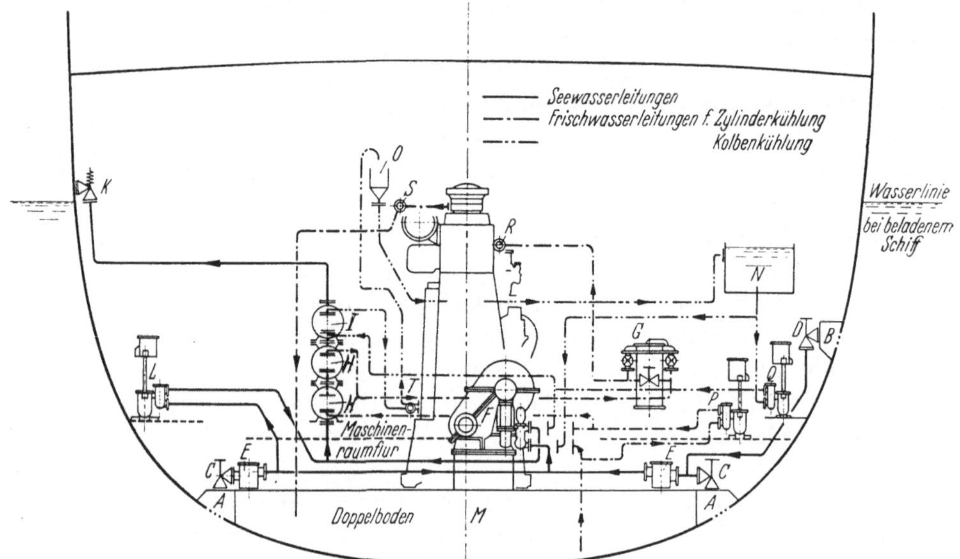

Abb. 210. Schema der Kühlwasserleitungen für eine neuere Einschraubenanlage mit hochgeführten Kolbenwasser-Abläufen.

A Tiefliegende Seekasten auf beiden Schiffsseiten
B Hochliegender Seekasten auf einer Schiffsseite
C Seeventile zu *A*
D Seeventil zu *B*
E Beiderseitige Seewasserfilter
F Von der Wellenleitung angetriebene Pumpengruppe
G Schmierölkühler
H Frischwasser-Rückkühler für Zylinderkühlung
J Frischwasser-Rückkühler für Kolbenkühlung
K Ausgußventil für Seewasser
L Reservepumpe (Dampfpumpe) für Seewasser
M Doppelbodenzelle als Sammelbehälter für Frischwasser zur Zylinderkühlung
N Hochliegender Sammelbehälter für Frischwasser zur Kolbenkühlung
O Trichter für sichtbaren Austritt der einzelnen Kolbenkühlabläufe
P Reservepumpe (Dampfpumpe) für Frischwasser zur Zylinderkühlung
Q Reservepumpe (Dampfpumpe) für Frischwasser zur Kolbenkühlung
R Verteilleitung für Zylinderkühlwasser am Motor
S Sammelleitung für Zylinderkühlwasser am Motor
T Verteilung für Kolbenkühlwasser am Motor

selbstschließendes (feder- oder gewichtsbelastetes) Ausgußventil K sichtbar über der Wasserlinie nach außenbord geführt wurde. (Häufig wurde das gesamte Seewasser dem Schmierölkühler G — Durchlauf *durch* die Rohre! — zugeleitet, bevor es den Frischwasser-Rückkühlern zugeführt wurde. — Auch in den Frischwasser-Rückkühlern wurde natürlich das Seewasser *durch* die Rohrbündel und das Frischwasser um dieselben geleitet; das Schema könnte wegen der im Interesse einer übersichtlichen Rohrführung gewählten Lage der Anschlußstutzen eine gegenteilige Auffassung erwecken.) — Die dampfbetriebene Reservepumpe L ersetzte den Seewasserteil der Pumpengruppe bei stillstehendem Hauptmotor.

Auf der Frischwasserseite waren die Systeme getrennt. Für die *Zylinderkühlung* saugten die Zylinder der Pumpengruppe aus einer Doppelbodenzelle M, die als Sammelbehälter diente, und drückten über die Frischwasserkühler H und den Schmierölkühler G in die Verteilleitung R am Motor. — Der Frischwasserzylinder für *Kolbenkühlung* an der Pumpengruppe saugte aus dem hochliegenden Sammelbehälter N und drückte durch den Frischwasser-Rückkühler J in die tiefliegende Verteilleitung T am Motor. Das unten aus den Posaunengehäusen austretende Wasser der Kolbenkühlung wurde sichtbar über einen Trichter O in den Sammelbehälter geleitet. Zur wirksamen Ausscheidung von Luft (zum Teil vom Trichter herrührend) mußte die Oberfläche des Behälters N möglichst groß gehalten werden, was andrerseits den Einbau von Beruhigungsblechen (Seegang!) bedingte. Die Dampfpumpen P und Q dienten als Reserve-Frischwasserpumpen.

Auf der Seewasserseite mußte Luft, welche im Seegang oder durch Wirbel an der Außenhaut bei geringem Tiefgang in die Seekasten gelangen (und zum Versagen gewöhnlicher Zentrifugalpumpen führen) konnte, entweder dort oder an den Filtergehäusen abgeführt werden. Dabei gewährleisteten weite, nach oben bis über die Wasserlinie geführte, offene Rohre am besten den Erfolg. (Daß die Saugeleitung von Zentrifugalpumpen einen ständigen Anstieg ohne Luftsäcke verlangt, wird als bekannt vorausgesetzt.) Für die Einsätze der Seewasserfilter erwies sich ein gelochtes Blech mit 5 mm Lochdurchmesser als zweckmäßig und ausreichend.

Ölkühler wie Frischwasserkühler, ursprünglich mit Kupferrohren versehen, wurden an neueren Anlagen wegen der Korrosionen und Erosionen mit Kupfer-Nickel-Rohren ausgestattet; mit Rücksicht auf die Verschmutzung wurde das Seewasser grundsätzlich *durch* die Rohre geführt. Im Gegenstrom dazu wurde das Öl bzw. das Frischwasser um die Rohre geleitet, wobei Zwischenbleche mit abwechselnden Öffnungen im Kern und am Rand für eine ständige Richtungsänderung und damit für einen besseren Wärmeübergang sorgten. Ältere Kühler genügten häufig im verschmutzten Zustand nicht mehr; neuere Ausführungen berücksichtigten dies durch Annahme einer kleineren Wärmedurchgangszahl bei der Berechnung. Für den Ölkühler wurde grundsätzlich auch eine Umgehung auf der Wasserseite vorgesehen, welche weniger der Überholungsmöglichkeit im Betrieb als der rascheren Erwärmung des Umlauföles nach der Inbetriebsetzung diente.

Die ständig ansteigende Wasserführung bis zum Austritt, also ohne Umkehrstellen nach unten, war unbedingt anzustreben, um nirgends Heberwirkungen entstehen zu lassen und um Entlüftungsrohre an Scheitelpunkten zu ersparen. Diese Entlüftungsrohre waren nämlich, besonders wenn sie von warmem Seewasser durchströmt wurden, eine Quelle fortgesetzter Reparaturen. Meist waren sie auch zu eng, versalzten also bei Seewasserkühlung leicht; nicht selten war ein Absperrhahn eingebaut, der geschlossen blieb, um Wasserverluste bzw. Leckagen nach der Bilge zu vermeiden, so daß der Sinn des Rohres illusorisch blieb. Derartige Rohre mußten weit bemessen und ohne Abschlußmöglichkeit zu einem Sammeltrichter geführt und zur Verringerung der austretenden Wassermenge am Ende eingezogen oder mit einer leicht abnehmbaren Düse versehen sein. — Da Kupfer durch das lufthaltige Wasser schnell zerstört wurde, ging man vielfach zu Gummischläuchen über.

Wie bereits angedeutet, bot bei Frischwasserkühlung die Drosselung des Seewasserumlaufes ein einfaches Mittel, den Motor auch bei niedriger Außentemperatur und bei Manövern in dem gewünschten betriebswarmem Zustand zu erhalten. — Bei Seewasserkühlung hatte es hierfür einer regulierbaren Rückführung warmen Frischwassers vom Austritt in die Saugeleitung bedurft. Während der Reise genügte die Heranziehung des Zylinderkühlwassers, das etwa $^2/_3$ der Kühlwasserwärme enthält. Wollte man aber auch in den Betriebspausen während der Manöver, in welchen ja der Wasserumlauf aufrechterhalten werden mußte, eine allzu rasche Abkühlung vermeiden, so konnte auf die gleichzeitige Heranziehung des Kolbenkühlablaufes nicht verzichtet werden. Sofern das Kolbenkühlwasser in einem hochgelegenen Sammeltrichter aufgefangen wurde, bedurfte es also eines weiteren Rücklaufes, und die Regulierung der Kühlwassereintritts-Temperatur erforderte die Einstellung zweier Rücklaufventile sowie des Seeventiles. — Erfolgte der Ablauf des Kolbenkühlwassers nach einer Doppelbodenzelle, so mußte für eine solche Temperaturregelung auch das Zylinderkühlwasser dorthin geführt werden, und dann erforderte die Bedienung einer zusätzlichen Lenzpumpe vom Personal sehr viel Aufmerksamkeit. Zudem waren in dieser Zelle, welche ja an die Außenhaut des Schiffes grenzte, die Abkühlungsverluste recht erheblich, so daß der Erfolg gerade dann unvollständig war, wenn er am dringendsten gewünscht wurde, nämlich bei kaltem Außenbordwasser. Man begnügte sich daher meist mit der Rückführung des Zylinderkühlwassers und baute gelegentlich an der Vereinigung der beiden Leitungen ein Mischventil ein. Sollte dieses bei allen Zulaufhöhen einwandfrei arbeiten, so mußten seine Querschnitte auf beiden Seiten stark verengt werden. Neben der vereinfachten Bedienung hatte dieses Ventil den Vorteil, daß in keiner Endlage eine Unterbrechung des Wasserzustroms möglich war. — Der tiefere Grund für die Vorwärmung des Zulaufwassers war die Aufrechterhaltung einer intensiven Strömung in den Kühlräumen, wie in den einschlägigen Kapiteln bereits angedeutet wurde.

Vor der Inbetriebsetzung nach längerem Stillstand empfahl es sich, auch neuere Motoren in den kälteren Monaten anzuwärmen; bei älteren Konstruktionen mit Lufteinspritzung und niedriger Kompression war dies eine unerläßliche Voraussetzung, wollte man nicht durch zahllose Fehlmanöver den Anlaßluftvorrat sinnlos vergeuden. Wo im Hafenbetrieb Dieseldynamos mit stärkerer Belastung liefen, benutzte man deren Ablaufwasser zur Vorwärmung. Da in der eigenen Gesellschaft diese Voraussetzung meistens fehlte, griff man zunächst zu Dampfanschlüssen, da Dampf vor der Ausreise stets verfügbar war. Dabei blieb aber die Wirkung eines kleinen Anschlusses an die Verteilleitung örtlich beschränkt, und ein größerer Anschluß erforderte zur Vermeidung von Wasserschlägen besondere Apparate (Hydrokineter). Man bediente sich daher zuletzt des warmen Ablaufwassers vom Kondensator, der ja gleichzeitig mit den Kesseln in Betrieb war, und zwar mit bestem Erfolg. Dabei wurde mit der Reserve-Kühlwasserpumpe umgepumpt.

Der Ablauf des Kolbenkühlwassers über tiefliegende Trichter in eine Doppelbodenzelle (GW-Motoren) wirkte sich in einem Fall sehr verhängnisvoll aus. Auf einem im Zusammenhang mit kriegerischen Ereignissen örtlich in Brand geratenen, vollbeladenen, also tief gehenden Tanker hatte das Personal den Maschinenraum verlassen, ohne die Seeventile zu schließen. Das Außenbordswasser konnte dadurch die nur schwach belasteten Sauge- und Druckventile der angehängten Pumpengruppe aufdrücken, in die (für Seewasserkühlung eingerichteten)

Motoren gelangen und durch die in den unteren Kurbelstellungen unter dem äußeren Wasserspiegel liegenden Kolben in die Doppelbodenzelle gelangen. Diese lief allmählich über, und das Schiff sank hinten so tief, bis der Wasserspiegel im Maschinenraum dem äußeren Wasserstand entsprach. — Dies konnte natürlich nur bei Seewasserkühlung geschehen; bei Frischwasserkühlung hätte eine offene Stelle im Kühlwasserkreislauf diese Wirkung nicht gehabt. — Wenn an dem geborgenen Schiff auch die Motoren so gut wie keinen Schaden erlitten hatten, so blieb natürlich die Auswirkung auf die elektrische Einrichtung nicht aus; von den elektrischen Maschinen konnte nur ein Teil durch Trocknen wieder hergestellt werden, während andere neugewickelt werden mußten.

An älteren Anlagen wurde bei Reparaturen oft sehr störend empfunden, daß die an einer Verteilleitung unter Flur angebrachte Entwässerung der großen Motoren sehr klein war. Um dadurch nicht kostbare Zeit zu verlieren, mußte das Personal dann irgendeine tiefliegende große Flanschverbindung lösen. Später wurde daher darauf geachtet, daß eine solche Entwässerung nicht unter 50 mm lichter Weite hatte.

Für die Leitungen mußte natürlich hochwertiges Kupferrohr verwendet werden, am besten mit aufgewalzten Flanschen. Auflöten führte wegen der damit verbundenen Strukturänderung des Materials zu elektrolytischen Wirkungen und daher zu Zerstörungen. Aus dem gleichen Grunde war auch das Anlöten von Abzweigstutzen unvorteilhaft. Wenn irgend möglich, wurden später an solchen Stellen Formstücke eingesetzt und zwar aus Gußeisen. Deren Lebensdauer erreichte zwar nicht diejenige von Bronze und im Laufe vieler Jahre verengte sich der lichte Querschnitt und mußte von Zeit zu Zeit wiederhergestellt werden, doch hatte das Gußeisen den weiteren Vorteil, die anschließenden Kupferrohre vor Korrosionsangriffen zu schützen. — Aus diesem Grund wurden in den letzten Jahren sogar in durchgehende Kupferleitungen für Seewasser stellenweise Gußeisenstücke als Schutz eingebaut. — Die Anbringung der zahlreichen benötigten Abzweigstutzen läßt sich beim normalen Frachtschiff, dessen Motorraum über die ganze Schiffsbreite reicht, leicht verwirklichen. Bei den eigenen Tankern neuerer Bauart, deren Seekästen wegen der von den Laufwellen getriebenen Pumpengruppen in dem spitz zulaufenden Hinterschiff lagen, (das Schema gibt der Übersicht über die Rohrleitungen zuliebe in dieser Hinsicht nicht die tatsächliche Schiffsform wieder), war es aber äußerst schwierig, auf der kurzen Länge der Hauptleitung zwischen den Seeventilen die Abzweigungen für alle Seewasserpumpen unterzubringen. Hier mußte schon mit aufgelöteten Stutzen gearbeitet werden, wenngleich dies bei der Größe der Rohre und der Paßarbeit im Falle einer Reparatur recht erhebliche Unkosten verursachte.

Daß zur Schonung der Kühlräume am Motor wie an den Apparaten, vor allem den Kühlern, Zinkschutzplatten oder -sterne eingebaut wurden, gehörte zum Allgemeingut der Konstruktion.

Wegen der Anfressungen durch Seewasser wurden gelegentlich selbst die Seekasten aus Gußeisen hergestellt. Damit war wohl eine längere Lebensdauer gewährleistet, doch bestand bei einer Kollision oder Grundberührung (vor allem aber bei Minenexplosionen im Kriegsfall) die Gefahr des Bruches, der dann den Maschinenraum gefährdete. Das Gleiche traf für die Seeventile zu, die man allgemein aus Stahlguß oder Bronze herstellen sollte.

35. Schmierung.

Von den beiden Systemen, der Umlaufschmierung und der Zylinderschmierung soll zunächst die erstgenannte an Hand des Schemas für eine neuere Anlage (Abb. 211) besprochen werden. (Reserve-Schmierölpumpe wieder als Dampfpumpe.)

Das in den einzelnen Abteilungen der geschlossenen Grundplatte aufgefangene Öl wurde aus deren beiderseitigen Ablaufstutzen über Sammelrohre *R* wechselweise einer der beiden nebeneinander liegenden Schmierölsammelzellen *A*

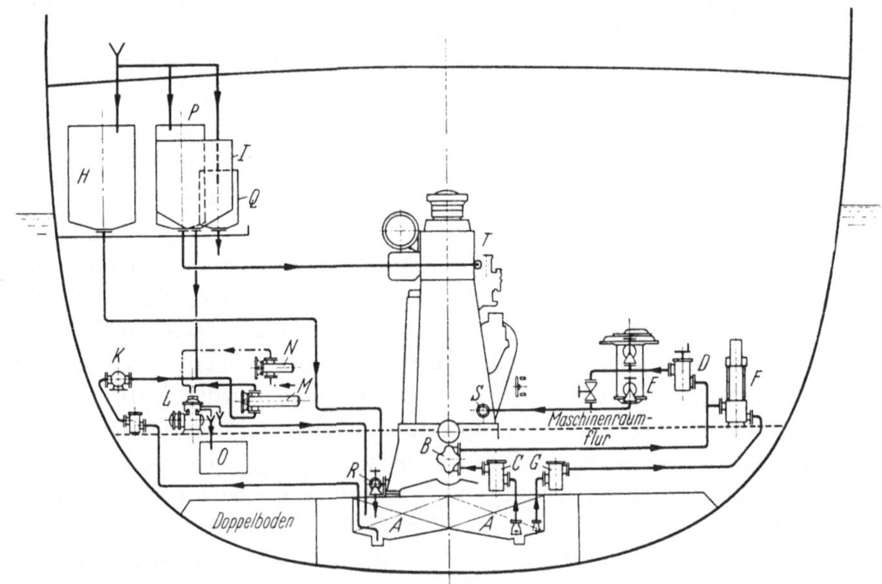

Abb. 211. Schema der Schmieröl-Einrichtung für eine neuere Einschraubenanlage.

A Schmieröl-Sammelzellen im Doppelboden (jeweils eine im Betrieb)
B Angehängte Schmieröl-Zahnradpumpe
C Umschaltbares Saugefilter vor derSchmierölpumpe *B*
D Spaltfilter mit Selbstreinigungs-Einrichtung in der Druckleitung der Schmierölpumpe
E Schmierölkühler mit Umgehungsleitung
F Reserve-Schmierölpumpe (Dampfpumpe)
G Umschaltbares Saugefilter in der Saugeleitung der Reserve-Schmierölpumpe
H Vorratstanks für Umlauföl
J Schmutzöltank
K Elektrisch getriebene Schmutzölpumpe
L Schmieröl-Separator
M Ölvorwärmer für Separator
N Wasservorwärmer für Separator
O Schmutzöltank für Separator
P Vorratstanks für Zylinderöl
Q Vorratstank für Kompressoröl (Hilfskompressor)
R Sammelleitung für Ölabläufe aus den Grundplattenabteilungen
S Verteilung für Lagerschmierung im Motor
T Fülleitung für Zylinder-Schmierapparate am Motor

im Doppelboden zugeleitet, welche mit Rücksicht auf den größeren hinteren Tiefgang in der Ballast- und Leerfahrt möglichst im hinteren Bereich des Motors angeordnet waren. Dabei verhüteten innerhalb der Grundplatte gelochte Bleche die Mitführung größerer (etwa von Überholungsarbeiten herrührender) Fremdkörper und sorgten für eine gewisse Entschäumung zum besseren Abfluß des Öles. — Im Betrieb nur teilweise gefüllt, wurden die Zellen natürlich größer bemessen als der gesamten Umlaufmenge entsprach. Diese betrug z. B. bei den 3600 pferdigen neueren Einschrauben-Anlagen etwa 3000 Liter. — Auf den eigenen Schiffen waren grundsätzlich (also auch bei Einschraubenschiffen) *zwei* Sammelzellen vorgesehen, von denen eine in Betrieb und die andere leer war, also für eine Reinigung oder — in dem seltenen Fall gänzlicher Unbrauchbarkeit des benützten Umlauföles (durch einen größeren Wassereinbruch) — zur sofortigen

Füllung mit gutem Öl zur Verfügung stand. (Erfreulicherweise mußte von dieser Vorsorge nur in *einem* Fall Gebrauch gemacht werden, wo tagelanges Schlechtwetter eine einwandfreie Beobachtung des Zelleninhaltes — durch regelmäßiges Peilen — verhindert hatte.) — Von außen wurden die Sammelzellen allenthalben durch Leerräume gegen umliegende benützte Doppelbodenzellen, vor allem aber gegen die Außenhaut, geschützt.

Die Ablaufleitungen *R* mit dem nötigen Gefälle, — auch bei einer Schräglage des Schiffes in der Querrichtung bis zu 5°! — in die Sammelzelle zu führen, stellte bei dem geringen Höhenunterschied für die Konstruktion meist eine sehr schwierige Aufgabe dar (vgl. das Kapitel „Grundplatten"); denn am Zelleneintritt war wegen der Umschaltbarkeit ein Absperrventil erforderlich. Bei Zweimotorenanlagen ergaben sich aus den zusätzlichen querschiffs gerichteten Rohrsträngen zu den auf Schiffsmitte liegenden Zellen in dieser Hinsicht noch größere Schwierigkeiten. Es galt ja unbedingt, die Grundplatte so restlos zu entleeren, daß auch die *hinteren* Kurbeln nicht ins Sammelöl schlugen.

Der Zellenboden wurde möglichst schräg abfallend gegen die Pumpensauger verlegt, damit bei ruhiger Schiffslage die Abscheidung von Wasser und Schmutz begünstigt wurde. Häufig war noch ein Sumpf eingebaut, aus welchem mit einer kleinen Schmutzölpumpe gesaugt werden konnte, während die ständige Entnahme durch die am Motor angehängte Ölpumpe und die fremdangetriebene Reservepumpe etwas über dem Boden erfolgte. Wichtig für das einwandfreie Arbeiten der beiden genannten Pumpen während der Manöver war, daß jede ihre eigene Saugleitung hatte, an deren Eintritt zweckmäßigerweise ein Fußventil angeordnet wurde. Für die Erwärmung des Öles in kalten Gewässern war eine Dampf-Heizschlange um alle Sauger gelegt (gänzlich geschweißt, also ohne Flanschverbindung, zur Verhütung von Leckagen).

Die angehängte Zahnradpumpe *B* saugte das Umlauföl über ein umschaltbares gröberes Saugfilter *C* an und drückte es bei mehrmaliger Umwälzung in der Stunde weiter. (Die Regulierung erfolgte mit einem federbelasteten Umlaufventil an der Pumpe oder in der Leitung.) Von der Pumpe gelangte das Öl über ein umschaltbares feinmaschiges Drahtgaze-Filter oder ein Spaltfilter mit Selbstreinigungs-Einrichtung *D* (natürlich in beiden Fällen mit Doppelmanometer für den Druck vor und hinter dem Filter zur Anzeige der Verschmutzung) in den Ölkühler *E* und von dort in die Verteilleitung *S* innerhalb des Motors. Der Übersicht wegen sind im Schema die Ablaufleitungen aus der Grundplatte, die Fülleitungen und die verschiedenen Saugeleitungen auf die beiden Sammelzellen verteilt. Tatsächlich war jede Zelle mit diesen Leitungen entsprechend der wechselseitigen Inanspruchnahme ausgestattet.

Der Ölvorrat war in Vorrats-Tanks *H* untergebracht, welche durch eine festverlegte Rohrleitung von Deck gefüllt wurden. Ihr Inhalt wurde (im eigenen Betrieb) so bemessen, daß man neben dem größten laufenden Verbrauch bis zur nächsten Ölbelieferung eine volle Betriebsfüllung unterbringen konnte (für die Notwendigkeit gänzlicher Erneuerung der Umlaufmenge). Auf diesen großen Schiffen war im Zwischendeck immer genügend Platz, die Behälter zylindrisch, also mit einer Form der geringsten Gefahr von Leckagen, auszubilden.

Ein besonderer Schmutzöltank *J* war dazu vorgesehen, das gesamte benützte Umlauföl aufzunehmen, wenn z. B. im Hafen Ausbesserungs- oder Reinigungsarbeiten an den Sammelzellen nötig waren, oder wenn das Öl durchsepariert werden sollte. Um in diesem Schmutzöltank schon eine gewisse Vorreinigung durch Absetzen der Verunreinigungen und des Wassers zu erzielen, erhielt er Heizschlangen und einen möglichst ausgeprägten trichterförmigen Boden.

In früheren Jahren wurde im eigenen Betrieb wiederholt das Umlauföl zur völligen Aufarbeitung durch Spezialfirmen „an Land“ gegeben; dabei wurde es sogar mit Fullarerde gebleicht. Möglich, daß heute die Voraussetzungen hierfür, namentlich was die Abgabe, den Transport und die Übernahme betrifft, günstiger sind; damals waren jedenfalls die Gesamtkosten so hoch, daß man dafür die durch die Behandlung stark verringerte Ölmenge auch neu hätte kaufen können.

In der eigenen Gesellschaft wurde daher später das Öl laufend selbst aufbereitet. Dem Umlauföl wurde dazu mittels der Schmutzölpumpe K fortwährend eine kleine Menge entnommen, dem Separator L über einen Vorwärmer M zugeführt und nachher wieder in den Kreislauf zurückgeleitet. Da für die Vorwärmung meistens Dampf aus der Abgasverwertung verfügbar war, konnte diese Reinigung praktisch überall über die ganze Seereise ausgedehnt werden, und dies ergab mit dem Öl, welches als Ersatz für den Verbrauch zugefügt werden mußte, stets ein tadelloses Umlauföl.

Für das Separieren des Umlauföles, das übrigens stets in gleicher Qualität angeliefert wurde, erwies sich als wichtig, daß nicht nur die dunklen Beimischungen, also etwa die im Schmutzöltank abgesetzten Reste, zu behandeln waren, sondern daß es noch viel mehr galt, das stark vorgewärmte Öl durch reichlichen Zusatz von Wasser, und zwar von sehr heißem Wasser (dazu der Vorwärmer N), fortgesetzt auszuwaschen. Dadurch erst wurde die Säure, welche sich durch die dauernde Berührung des Spritzöles und der Öldämpfe mit Luft im Kurbelgehäuse gebildet hatte oder infolge Vermischung mit Zylinderölresten durch ungenügende Abstreifung an Kolbenhemd oder Kolbenstange in das Umlauföl gelangt war, restlos entfernt. Nur so ließ sich auf die Dauer der Angriff der Zapfen (Braunfärbung), sowie eine erhöhte Auswirkung der vielfach erwähnten Kapillarwirkungen an atmenden Fugen, besonders am Triebwerk, und eine vermehrte Emulsionsgefahr im Kurbelgehäuse bei Wasserleckagen vermeiden. — (Übrigens diente die gesteigerte Neigung zur Emulsionsbildung als Kennziffer für wachsenden Säuregehalt: Eine Ölprobe wurde mit Wasser in einem Reagenzglas geschüttelt, und die Zeit bis zur Emulgierung festgestellt.) — Wichtig war für das Separieren die hohe Temperatur von Öl wie von Wasser; am besten wurden beide auf 90° C in den Vorwärmern M und N gebracht. Seewasser konnte, um Salzausscheidungen zu vermeiden, nur auf 55° C erwärmt werden. — Wasser und Öl wurden im Verhältnis 1:1 dem Separator zugeführt. (Die heute weitgehend verwendeten HD Öle, welche beim Separieren nur einen geringen Zusatz von Wasser gestatten, waren damals noch nicht in Gebrauch.)

Die Verwendung von *Seewasser* zur Ölseparierung hatte nur den Nachteil, daß die Mischtemperatur niedriger wurde; sie hatte aber den Vorteil, daß die Betriebskosten geringer wurden. Die *Ausgaben* für zugesetztes Frischwasser wurden von manchen Maschinenleitungen neben dem unvermeidlichen Ölverlust nur zu gerne als Vorwand benutzt, um das Separieren einzuschränken. Indessen ließ man solche Erwägungen nicht aufkommen und verlangte im Journalauszug laufend die Angabe der Betriebsdauer für den Separator. — Das Separieren mit Seewasser hat sich in keinem Fall als nachteilig erwiesen.

Indessen war für den vollen Erfolg des Separierens noch wichtig, daß man den Separator nur mit einem Bruchteil der vollen Nennleistung betrieb.

Für den Verbrauch an Umlauföl ergaben sich als Mittelwert bei neueren Anlagen rund 0,25 gr/PSe Std, bei einigen Anlagen lag er sogar wesentlich darunter. Dieser Verbrauch umfaßte den verlorenen Aufwand an Handschmierung, kleine Leckverluste und den Verlust beim Separieren.

Selbstverständlich wurde als Umlauföl nur reines Mineralöl verwendet, das frei von Wasser, Säure und Asche war und keine besonderen Verkokungsrückstände hinterließ; der Stockpunkt mußte unter 0° C liegen. Für die Viskosität erwiesen sich 6—8 Englergrade bei 50° C als zweckmäßig.

Die Tatsache, daß es sich bei der *Zylinderschmierung* um sehr kleine Verbrauchsmengen handelt, welche jeder Schmierstelle zwangläufig durch ein eigenes Pumpenelement in regelmäßigen Zeitabständen zugeführt werden müssen, kennzeichnet die Schwierigkeiten bei diesem System. — Mit dem üblichen Verbrauch von 0,6—0,7 gr/PSe Std für die Arbeitszylinder ergab sich z. B. an den beschriebenen Motoren pro Schmierstelle bei etwa 3 Förderungen in der Minute nur ein Fördervolumen von 0,2 ccm und das bedeutete an den mechanischen Schmierapparaten nur Stempelhübe von wenigen Millimetern, also sehr kleine Überdeckungen der Steuerkanten. Trotz der Dickflüssigkeit des Öles mußten die Stempel also sehr gut eingeschliffen sein. — Für die Kolbenstangen-Stopfbüchsen doppeltwirkender Motoren, deren Versorgung in Einzelzuteilung durch das gleiche System erfolgte, waren die Ölmengen noch kleiner und die Schwierigkeiten daher noch größer; am ungünstigsten waren die Verhältnisse bei der Hochdruckschmierung der alten dreistufigen Einblasekompressoren, wo zu der ganz geringen Menge hoher Gegendruck kam. Dabei betrugen dann die Stempelhübe oft nur 1 mm, und man konnte sich bei einer Kontrolle mit sichtbarem Tropfenfall auf die Förderung nur verlassen, wenn der Kontrolltropfen selber zur Schmierstelle gedrückt wurde.

Für den Antrieb der mechanischen Schmierapparate bedurfte es natürlich einer starken Verringerung der vom Motor abgenommenen Hubzahl durch Schaltwerke. Bei ihrer Einregulierung verfolgte man die Absicht, daß man die Stempelhübe auf Kosten der verminderten Stempelhubzahl pro Minute vergrößerte, um mit der besseren Überdeckung der Steuerkanten ein sichereres Arbeiten zu erreichen.

Zur Erzielung kurzer Rohrleitungen wurde für jeden Zylinder, höchstens für je zwei Zylinder, ein Apparat vorgesehen. — Die Leitungen zu den Schmierstellen (wie schon erwähnt, möglichst je eine zu jeder Schmierstelle) mußten eng (früher 5, heute 3 mm l. W.) und dickwandig sein und am Anschluß an den Schmierstutzen ein wirksames Rückschlagventil erhalten, das im Stillstand das Zurückdrücken des Öles oder ein Leerdrücken der Leitung in den Zylinder, verursacht durch eingeschlossene Luftblasen, verhinderte. Konstruktionen mit federbelasteten kleinen Kegeln oder Kugeln, wie an alten Motoren, erwiesen sich bei dem dicken Zylinderschmieröl als nicht zuverlässig, auch die damit verbundenen

Probierhähne erfüllten ihren Zweck nicht völlig, weil bei ihrer Öffnung die Schmierapparate ja ohne Gegendruck arbeiteten. — Die beste Lösung stellte das später überall verwendete „Olva“-Ölsperrventil (Abb. 212) dar, bei welchem ein stark federbelasteter Stahlkegel für einwandfreien Abschluß sorgte, während das Anheben durch eine abgestützte Membrane mit geringem Überdruck erfolgte. Die Kontrollmöglichkeit (mit selbsttätigem Abschluß gegen den Schmierstutzen) war unter dem Ventilkegel abgezweigt, so daß eine Kontrolle des Schmierapparates unter Druck geschah.

Außer den genannten Verbrauchern und den Spülpumpenzylindern (welche auch mit ganz geringen Ölmengen versorgt werden mußten, aber nur bei minimalem Gegendruck) wurden gelegentlich auch untergeordnete Lager- und Abdichtungsstellen, denen nur eine geringe Ölmenge zuzuführen war, die aber für die Handschmierung nicht erreicht werden konnten, durch mechanische Schmierapparate bedient.

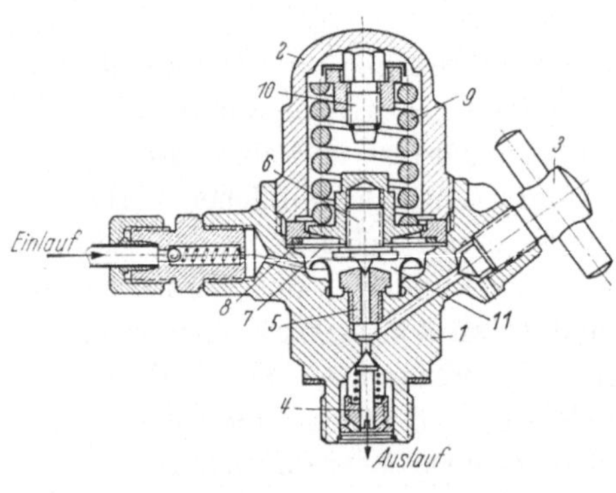

Abb. 212. „Olva“-Ölsperrventil der Firma De Limon-Fluhme für Zylinderschmierung.

1 Gehäuse
2 Kappe
3 Prüfschraube
4 Kegel zum Bodenventil
5 Ventilsitz
6 Ventilkegel
7 Membrane (2 Blechscheiben)
8 Stützplatte
9 Feder
10 Einstellschraube
11 Schmutzfang

Die Aufbewahrung des Zylinderöles erfolgte ebenfalls in zylindrischen Tanks (mit festem Füllanschluß), wobei auf alle Fälle Heizung eingebaut sein mußte. Für die Verteilung am Motor wurde das Öl gelegentlich in einen kleinen Verbrauchstank geleitet, der die mengenmäßige Kontrolle gestattete, und aus diesem erst durch eine festverlegte Rohrleitung T über die Schmierapparate (mit Absperrhahn) geführt. Allgemein empfahl es sich, zur einwandfreien Mengenkontrolle bestimmte Abschlußorgane absperrbar (mit Schloß) einzurichten.

Die Anforderungen an die Eigenschaften des Zylinderschmieröles waren natürlich besonders hoch. Der Flammpunkt mußte über 250° C liegen, und das Öl durfte keine Rückstände hinterlassen. In der eigenen Gesellschaft wurde für die Zylinderschmierung ein Öl mit 18 Englergraden Viskosität bei 50° C mit bestem Erfolg benützt. Die alten Einblasekompressoren wurden sogar mit einem Öl von 32 Englergraden und einem Flammpunkt von 300° C versorgt, welches noch bei 100° C 4 Englergrade besaß.

36. Drucklufteinrichtungen.

Die Abb. 213, in deren rechter Hälfte eine ältere Anlage mit einem Lufteinspritzmotor und in deren linker Hälfte die Einrichtung für einen Motor mit luftloser Einspritzung dargestellt sind, zeigen deutlich die große Vereinfachung, welche auch hier die Entwicklung gebracht hat. Nicht nur die Einblaseflaschen sind verschwunden, sondern die Vielzahl der Druckluftbehälter hat sich überhaupt auf zwei verringert und damit der Aufwand an Rohrleitungen wesentlich vereinfacht. Nebenbei ist eine Menge wartungsbedürftiger Armaturen weggefallen.

Die Grundlage für die Bemessung der Anlaßluftbehälter bildete der Luftbedarf für das Anlassen und Umsteuern sowie die Leistungsfähigkeit der Kompressoren.

Wie aus früheren Kapiteln ersichtlich, hing der Luftbedarf stark von den konstruktiven Voraussetzungen ab. Daneben war er natürlich bei kaltem Motor größer als bei warmem, beim Anlassen in stilliegendem Schiff und beim Umsteuern größer als bei Inbetriebsetzung in gleicher Fahrtrichtung, am größten bei dem unsinnigen Umsteuermanöver aus voller Fahrt. Schließlich erhöhten ausgelaufene Zylindereinsätze und abgelaufene Kolbenringe den Luftbedarf ganz allgemein. Bemerkenswert war auch, daß er stark vom Inhalt des angestellten

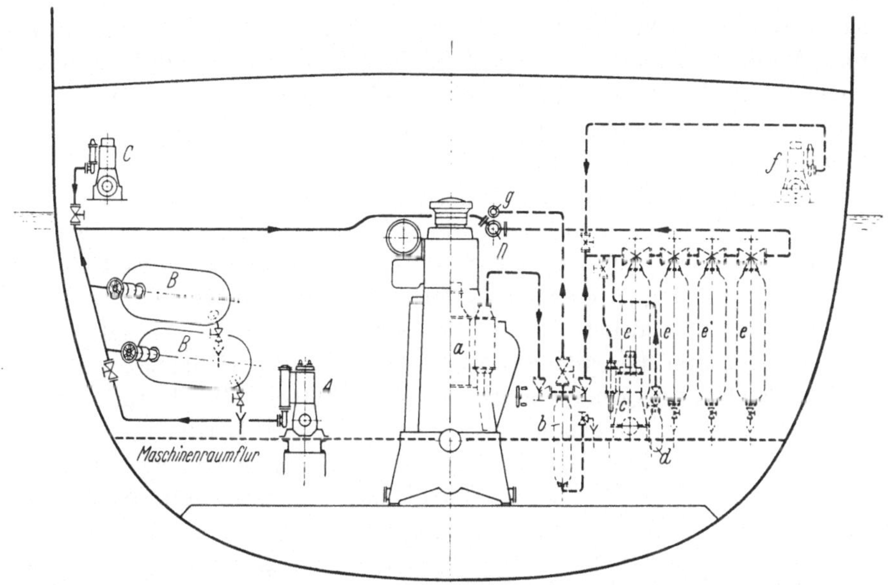

Abb. 213. Linke Bildhälfte: Schema der Drucklufteinrichtungen für eine neuere Einschraubenanlage mit luftloser Einspritzung.

A Hilfskompressor (zweistufig mit Antrieb durch Dampfmaschine), *B* Anlaßluftbehälter für 30 at Höchstdruck, *C* Notkompressor (mit Notdynamo gekuppelt, über der Wasserlinie aufgestellt, Antrieb durch kleinen, von Hand anzuwerfenden Dieselmotor), *D* Anlaßluft-Verteilleitung am Motor.

Rechte Bildhälfte: Schema der Drucklufteinrichtungen für eine ältere Einschraubenanlage mit Lufteinspritzung.

a Am Motor angehängter Hochdruck-Einblaseluft-Kompressor (dreistufig), b Einblaseluftflasche am Hauptmotor, *c* Hilfskompressor (dreistufiger Hochdruck-Kompressor, Antrieb durch Hilfsdiesel), *d* Einblaseluftflasche für Hilfsdiesel, *e* Hochdruck-Anlaßluftflaschen, *f* Notkompressor (wie *C*), *g* Einblaseluft-Verteilleitung am Motor.

Anlaßluftbehälters abhängig war. Er war größer bei hohem Druck, auch wo dieser durch ein Reduzierventil auf ein bestimmtes Maß verringert wurde, wie das bei den Lufteinspritzmotoren fast durchweg der Fall war, und sank mit abnehmendem Behälterdruck.

Besonders ungünstig lagen im Verbrauch die alten Motoren mit der Zylindermindestzahl und den großen Propellern. Aus der langen Eröffnungszeit der Anfahrnocken ergaben sich große Zylinderfüllungen, und das gruppenweise Umschalten tat ein übriges. Wenn eine hohe Kompression (Sulzermotoren) die Zündungen sicherte, war der Verbrauch der Anlaßluft noch annehmbar. Bei einer normalen Kompression von 30 at brachten aber in der kalten Jahreszeit z. B. bei Pfahlproben nach einer Werftüberholung viele Fehlmanöver nicht selten den ganzen Luftvorrat zur Erschöpfung.

Laufende eigene Beobachtungen an den „Phoebus“-Motoren mit $n = 85$ U/min ergaben folgende Durchschnittsverbräuche bei Manövern mit vollbeladenem Schiff, bezogen auf atmosphärischen Druck und das gesamte Hubvolumen des Motors:

Anlassen in alt. Fahrtrichtg.,	Schiff in langs. Fahrt,	Mot. warm:	6fach.	Hubvol.
Anlassen	„ in Ruhe,	„ kalt:	10 „	„
Umsteuern	„ in voller Fahrt,	„ warm	20 „	„

Der Übergang auf höhere Drehzahlen, also kleinere Propeller, verringerte den Luftbedarf schon beträchtlich, und der Übergang zur „automatischen“ Anlaßmethode natürlich noch weiter.

Der durchschnittliche Verbrauch der neueren Motorentypen lag für das erstgenannte Manöver (Anlassen des warmen Motors in gleicher Fahrtrichtung bei langsamer Fahrt des vollen Schiffes) etwa beim 1,5fachen Hubvolumen, meist darunter. Er war bei vollem Anlaßluftbehälter etwa das 2,5fache und sank schließlich auf das 0,7 bis 0,5fache.

Wie nachteilig es sich bei der „Phoebus“-Anlage auswirkte, daß man der Forderung der Schiffsführung nach der Durchführbarkeit des Umsteuermanövers aus voller Fahrt Gehör schenkte, zeigt die Tatsache, daß man den Luftvorrat um 45% und die Leistung der Kompressoren um 100% erhöhen mußte.

Als kleinsten Anlaßdruck für die Bemessung der Anlaßluftbehälter nahm man 10 at an, obwohl die einfachen Manöver noch mit geringeren Drücken gelangen (vgl. das Kapitel „Anlaß- und Umsteuereinrichtungen“). Unter Zugrundelegung dieser unteren Grenze wurde der erforderliche Inhalt der Anlaßluftbehälter in Zusammenarbeit von Motorenfirmen, Rhedern und Klassifikationsgesellschaften festgelegt. Der Germ. Lloyd hatte Formeln für Mindestwerte ausgearbeitet, allerdings mit dem Zusatz, daß „Eigentümlichkeiten der Maschinen und der Betriebsverhältnisse der Anlage“ zu berücksichtigen sind. Hierzu gehörten nicht zuletzt die Möglichkeiten für die Luftbeschaffung. Lloyds Register of Shipping begnügte sich demgegenüber mit der Forderung, daß mit dem vorhandenen Luftvorrat 15 gewöhnliche Manöver durchführbar sein müssen.

Nach diesen Vorschriften (G. L.) errechnete sich z. B. für die „Phoebus“-Anlage ein nutzbarer Luftvorrat von nahezu 500000 l bezogen auf atmosphärischen Druck; er wurde zu Sicherheit schon auf 600000 l vergrößert, wurde aber dann wegen des Umsteuermanövers aus voller Fahrt auf 1 000 000 l gesteigert. Das waren also 300 l/PSe!

Der nutzbare Luftvorrat neuerer Einschraubenschiffe betrug vielfach nur 100 l/PSe, in der eigenen Gesellschaft 140 l/PSe, um auch schwierigeren Bedingungen gerecht zu werden.

Bei dem großen Vorrat, welchen die älteren Anlagen verlangten, kamen schon aus räumlichen Gründen nur Hochdruck-Luftbehälter in Betracht. Außerdem mußten ja u. U. die Einblaseflaschen mit höherem Druck nachgefüllt werden können. Nur Gebr. Sulzer hatten für jeden Motor noch einen Mitteldruck-Anlaßluft-Behälter für 25 at und 5 cbm Inhalt eingeschaltet, der automatisch aus den Hochdruck-Behältern nachgefüllt wurde. Damit wurde das allgemein übliche Reduzierventil überflüssig, und die Luft gelangte nicht so kalt in die Zylinder wie bei der direkten Zuleitung aus den Hochdruck-Behältern.

Die binnenländischen Motorenfirmen bevorzugten für die Hochdruck-Luftbehälter, die meist zu ihrer Lieferung gehörten, nahtlos gewalzte oder gepreßte Flaschen bis zu 1200 l Inhalt, die einen Höchstdruck von 85—90 at gestatteten. Diese Flaschen waren leicht unterzubringen, aber verhältnismäßig teuer. Werften als Motorlieferanten stellten daher ihre Hochdruck-Behälter gerne in genieteter Ausführung selbst her und dann gleich möglichst groß, um auch die Zahl der Ventile und des sonstigen Zubehörs zu beschränken. So waren auf älteren Schiffen derartige Behälter bis zu 2700 l Inhalt, allerdings nur für 65 at Höchstdruck, in Gebrauch.

Für die Motoren mit luftloser Einspritzung wurden ausschließlich genietete oder geschweißte Mitteldruck-Behälter für 25—30 at verwendet und zwar stets zwei. Die laufende Entnahme geschah zunächst aus einem bis zu dessen Entleerung, während der andere als Reserve, etwa für besonders schwierige Manöver, unangetastet blieb. Beispielsweise waren für die Anlage des MT „Friedrich Breme" 2 Behälter von je 13,8 cbm für 28 at Höchstdruck eingebaut.

Die Einblaseluft-Flaschen waren natürlich durchweg nahtlos hergestellte Hochdruck-Gefäße für 80 at Höchstdruck und einen Inhalt bis zu 300 l. Ihre Ausrüstung an Ventilen war besonders umfangreich. Neben einem Entwässerungsventil an der tiefsten Stelle hatten sie in dem (für die Besichtigung des Inneren) abnehmbaren Ventilkopf die drei Absperrventile für das Füllen vom angehangten Kompressor, für die Entnahme und für das Überfüllen aus den Hochdruck-Anlaßbehältern, ein Sicherheitsventil und ein kleines Manometerventil.

Die Anlaßluftbehälter besaßen für das Füllen und die Entnahme nur ein gemeinsames Absperrventil, natürlich von großen Abmessungen. — Die Dichtheit der Ventile im geschlossenen Zustand spielte im Interesse des Lufthaushaltes eine besondere Rolle. Man begnügte sich deshalb bei den größeren Ventilen nicht mit einem gewöhnlichen Handrad, sondern versah es mit einer Schlagklaue. Dies erforderte andrerseits eine hochwertige Ausführung von Spindel, Ventilkegel und -sitz, die überdies widerstandsfähig gegen das mitgeführte Wasser sein mußten. — Dies war besonders wichtig bei den Entwässerungsventilen (die natürlich am besten unmittelbar an der tiefsten Stelle der Behälter angeordnet wurden. Entwässerungs*rohre*, welche zu einem Ventil *im Kopf* hochgeführt waren, konnten abrosten und die Entwässerung unwirksam machen). — Für das Befahren der großen Anlaßluftbehälter waren Mannlöcher vorgesehen. Solche inneren Besichtigungen waren in regelmäßigen Zeitabständen auch von den Klassifikationsbehörden vorgeschrieben. — Im Falle eines Brandes im Maschinenraum bilden gefüllte Druckluftbehälter eine besondere Gefahr; man begnügte sich daher vielfach nicht mit Sicherheitsventilen, sondern ordnete reichlich bemessene Bruchplatten an. Diese mußten aber zur sofortigen Freigabe ihres vollen Querschnittes aus einem spröden Material (Gußeisen) und nach genau erprobter Form, etwa nach Abb. 214 ausgebildet sein. Blechplatten rissen nur in der Mitte auf und erfüllten also nicht ihren Zweck.

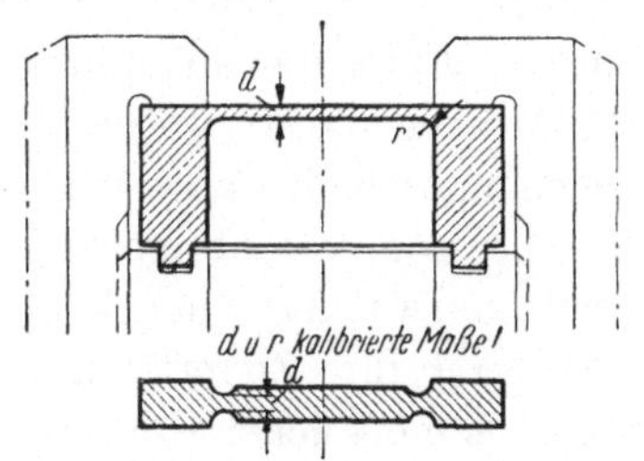

Abb. 214. Bruchplatten für Anlaßluftflaschen und Anlaßluftleitungen. Kräftiger Einspannbund verhütet zusätzliche Beanspruchungen des Bruchquerschnittes.

Die Luftbeschaffung stützte sich in erster Linie — bei den Anlagen mit luftloser Einspritzung ausschließlich — auf die Hilfskompressoren, welche durch Hilfsdiesel, elektrisch, oder, wie in der eigenen Gesellschaft, durch Hilfsdampfmaschinen getrieben wurden.

Für die Lufteinspritzmotoren nahmen gelegentlich die stark überdimensionierten angehängten Einblaseluft-Kompressoren der Hilfsdiesel die Stelle der Hilfskompressoren ein. Liefen erst einmal die Hauptmotoren, so kamen als kräftige Unterstützung deren überdimensionierte Einblaseluft-Kompressoren hinzu (vgl. dieses Kapitel). — Auf diese Weise ließ sich z. B. bei der „Phoebus"-Anlage der Anlaßluftbedarf für ein normales Manöver (mit *einem* Motor) durch den Luftüberschuß der Hilfsdiesel allein in 2 Minuten decken, nach der Mitwirkung der beiden laufenden Hauptmotoren in einer Minute und nach dem Einbau eines Hilfskompressors mit 8,3 cbm/min (wegen des Umsteuermanövers aus voller Fahrt) in $3/4$ bzw. $1/2$ Minute!

Die neueren Anlagen waren vernünftiger ausgerüstet. So hatte z. B. die Anlage des MT „Friedrich Breme" für die Druckluftbeschaffung nur einen einzigen Hilfskompressor von 6 cbm/min Förderleistung. Er konnte den Bedarf für ein normales Manöver in rund einer Minute decken. Da der Höchstdruck jetzt nur noch 30 at betrug, brauchten die Hilfskompressoren nur zweistufig zu sein. — Im eigenen Betrieb war hierfür seit Einführung der luftlosen Einspritzung eine mit der GW entwickelte Konstruktion (Abb. 215) allenthalben mit bestem Erfolg, vor allem auch hinsichtlich der Ventile, in Gebrauch. Der Antrieb erfolgte wegen der Besonderheit des ganzen Hilfsbetriebes auf den neueren Schiffen durch eine dreizylindrische Dampfmaschine mit 375 U/min. — Bei diesem zweizylindrigen zweistufigen Kompressor waren alle am Schluß des Kapitels „Einblaseluft-Kompressoren" zusammengefaßten Konstruktionsregeln verwirklicht. Die abgesetzten Tauchkolben mit Durchmessern von 240 und 205 mm (bei 220 mm Hub) ergaben gleiche Druckverhältnisse in beiden Stufen. Der Ansaugschieber blieb grundsätzlich ganz geöffnet; der Antrieb durch eine eigene Dampfmaschine ermöglichte eine Drehzahlregulierung. Die Kurbelwelle war mit Gegengewichten versehen, die Treibstangen waren zur Verringerung der Gleitbahndrücke besonders lang ($r/l = 1:7$), ihr oberes Lager ruhte in einem eigenen Einsatz (wie in Abb. 189). In dem geschweißten Gestell war über den Kurbeln ein Spritzblech eingebaut. Die Zylinder besaßen eine eingesetzte Laufbüchse. Auch die außenliegenden (in Längsrichtung des Aggregates sitzenden) MD-Ventilgehäuse waren gekühlt und die Luftkühler reichlich bemessen. Eine angehängte Kühlwasserpumpe und eine Schmieröl-Zahnradpumpe machten den Kompressor vom übrigen Hilfsmaschinenbetrieb völlig unabhängig. — Die Konstruktion war natürlich kostspieliger als sonstige marktgängige; aber sie machte sich durch ihre Zuverlässigkeit vielfach bezahlt. Am sinnfälligsten trat dies zutage, als ein solcher Kompressor an Bord eines gestrandeten Schiffes das einzige Hilfsmittel darstellte, mit welchem in schwerer Dünung das vollbeladene Schiff wieder flott gemacht werden konnte. Der Kompressor mußte dazu in tagelangem ununterbrochenen Betrieb die Druckluft liefern, mit deren Hilfe die Ladung aus dem auf die ganze Länge beschädigten Schiffsboden herausgedrückt wurde und anschließend dauernd für Ersatzluft sorgen, als man das Schiff in mehrtägiger Fahrt zum Reparaturhafen überführte.

Der Dampfantrieb des Hilfskompressors war jederzeit betriebsbereit, weil auf diesen neueren Schiffen während der ganzen Seereisen die großen Hilfskessel im Zusammenhang mit den Abgaskesseln (vgl. das Kapitel „Abgaseinrichtungen“)

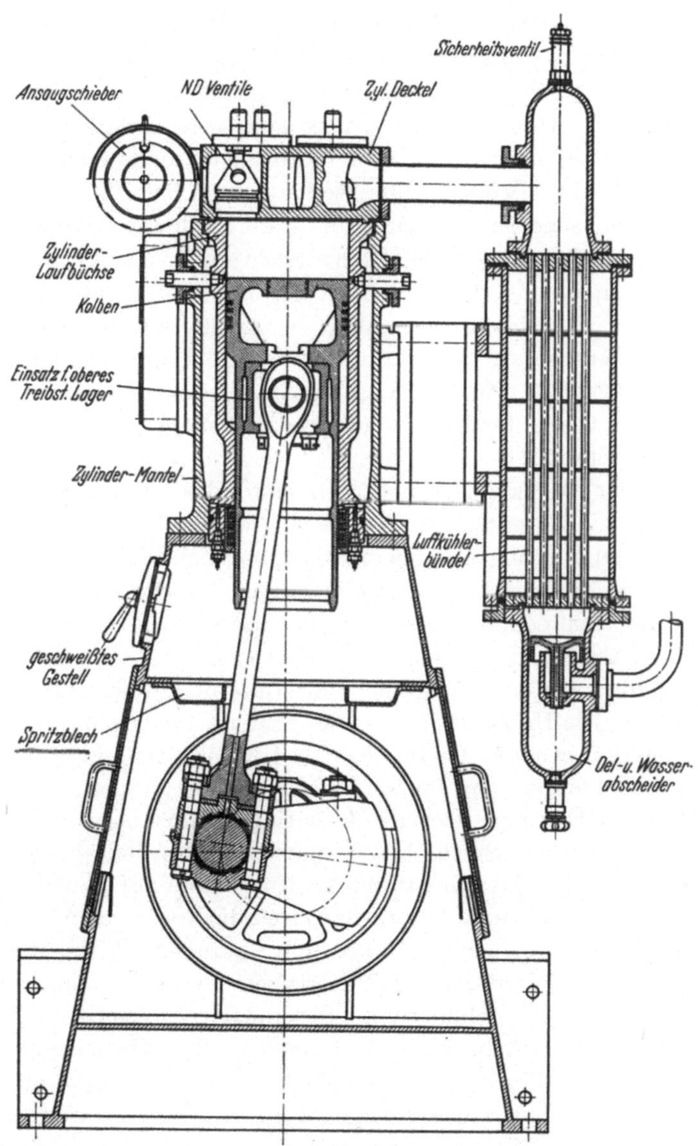

Abb. 215. Zweizylindriger zweistufiger Hilfskompressor der GW.
Geschweißtes Gestell (mit Spritzblech); lange Treibstange und besonderer Einsatz für oberes Lager; durchweg gekühlte Ventile (nicht sichtbare Mitteldruckventile in gekühltem Gehäuse); reichlich bemessene Luftkühler; Antrieb durch eigene Dampfmaschine.

unter Druck standen, und auf dem Revier ohnedies die Ölbrenner angesteckt waren. Da der Kompressor auch mit allen Hilfseinrichtungen versehen war, erübrigte sich also ein Notkompressor, wie er für andere Hilfskompressoren unerläßlich und daher mit Recht vorgeschrieben war. Denn die Hilfsdiesel zu ihrem unmittelbaren oder mittelbaren Antrieb waren ja so groß, daß sie nicht mehr von Hand angelassen werden konnten, wenn der Luftvorrat erschöpft, der Notzustand also eingetreten war. Es bedurfte für diese Hilfsdiesel einer kleinen gefüllten Anlaßflasche, und deren Füllung mußte letzten Endes das von Hand anzuwerfende Notaggregat übernehmen. — Mit einer Notdynamo gewöhnlich noch gekuppelt, fand dieses Aggregat mit Vorbedacht seine Aufstellung über der Wasserlinie. — Bei der Bedeutung für die Schiffssicherheit waren diesbezügliche Vorschriften von den Klassifikationsgesellschaften erlassen, die sich natürlich auch mit der Bemessung der Hilfskompressoren befaßten.

Der elektrische Hilfsbetrieb der älteren Anlagen bedingte also solche Notkompressoren. Glücklicherweise mußten sie im eigenen Betrieb auf der Reise nie in Tätigkeit treten, sondern nur dann und wann nach einer Werftüberholung, wenn etwa bei druckluftbetriebenen Drehvorrichtungen und zugleich betriebsunfähigen Hilfskompressoren der ganze Luftvorrat erschöpft war, oder wenn dies bei Pfahlproben nach zahllosen vergeblichen Anlaßversuchen eintrat. Nicht selten stellte sich dann heraus, daß das nie gebrauchte Aggregat nicht in Ordnung war. Im eigenen Betrieb wurde daher eine regelmäßige vierteljährliche Erprobung gefordert, über welche unter Angabe der Förderleistung an die Inspektion berichtet werden mußte.

Einzelheiten der Druckluftleitungen am Motor lassen die früher gezeigten Abbildungen 186 u. 187 erkennen. — Das Hauptanlaßventil wurde meist von der Manövriereinrichtung her pneumatisch betätigt. Sein durch Federkraft geschlossener tassenförmiger Kegel mit abgesetztem Durchmesser (vgl. Abb. 186) wurde nur für die Anlaßperiode selbst geöffnet. Dazu wurde der Raum über dem Kegel, welcher während der Stopp-, der Umsteuer- und der Betriebsperiode mit Druckluft gefüllt war, über ein Steuerventil (in Abb. 186 Ventil III des Schaltkastens) entlüftet. Die Druckluftfüllung des Raumes erfolgte bei dem Beispiel über das gleiche Steuerventil. Bei den Konstruktionen von Gebr. Sulzer geschah dies durch eine kleine Bohrung im Ventilkegel, welche während der Anfahrzeit nicht soviel Luft nachströmen ließ, als das entlüftende Steuerventil entweichen ließ. Die Konstruktion von Sulzer besaß zudem eine Gewindespindel, mit welcher der Ventilkegel notfalls von Hand geöffnet bzw. auf den Sitz gedrückt werden konnte. — Die Hauptanlaßventile waren durchweg so eingerichtet, daß bei ihrem Abschluß die Anlaßleitungen am Motor automatisch entlüftet wurden.

Die GW versah bei ihren neueren Motortypen die Rohrkrümmer der Anlaßluftleitung zu den einzelnen Zylindern mit Bruchplatten, welche — in Schußrichtung einer evtl. Rückzündung liegend — einen großen Querschnitt freigeben und damit einen Übergriff auf die Sammelleitung verhindern bzw. abschwächen sollten. Erfreulicherweise brauchten sie nie in Tätigkeit zu treten, nachdem die „automatischen" Anlaßventile abgeändert waren (vgl. das Kapitel „Anlaßventile").

Auch die Vorsicht, druckluftführende Rohre möglichst von Bedienungsstandsnähe und Punkten regelmäßiger Wartung fernzuhalten, war auf jeden Fall zu begrüßen.

An Lufteinspritzmotoren bedurfte es eines wirksamen Schutzes gegen das Zurückschlagen einer Rückzündung in die Einblasesammelleitung. Hierzu war in jede Luftzuleitung dicht am Brennstoffventil (und vielfach mit dem

Brennstoff-Rückschlagventil in ein Gehäuse zusammengefaßt) ein Rückschlagventil eingesetzt. Bei den verhängnisvollen Auswirkungen solcher Rückzündungen kam es sehr darauf an, daß das Ventil sicher wirkte und nicht etwa eckte; es mußte also einen zentralen Zu- und Abstrom haben.

Der Einblasedruck mußte, mit 42—45 at für die Manöver und die kleinen Belastungen beginnend, bekanntlich für Vollast bis zu 65—75 at gesteigert werden. Maßgebend war vor allem, neben der Güte der Verbrennung, daß er immer höher war als der Druck im Zylinder, um die Gefahr der Rückzündung zu vermeiden. Diese Gefahr lag aber besonders bei den Manövern vor, wo das Personal an sich stark in Anspruch genommen war, und so lag es nahe, den Einblasedruck, wenigstens in großen Zügen, automatisch zu regeln, besonders den Mindestwert zu sichern. — Da es sich bei diesen Einblasedruckreglern um durch die Entwicklung längst überholte Spezialkonstruktionen handelt, werden sie aus Raummangel nicht weiter besprochen, obwohl ihre Konstruktion sehr sinnreich war und sie oft nur ganz geringfügiger Nachhilfe durch außenliegende nachstellbare Federn bedurften.

37. Massenausgleich.

Unter den zahlreichen eigenen Motorenanlagen besaß nur eine einzige „vollkommenen" Massenausgleich, nämlich diejenige mit Viertaktmotoren älterer Bauart. Bei einer für den Viertakt üblichen (und nur für diesen angängigen) Kurbelfolge der 6 Zylinder nach Abb. 216 hoben sich für die rotierenden und die hin- und hergehenden Triebwerksmassen sowohl die Kräfte wie die Momente 1. und 2. Ordnung vollständig auf. Da es sich um Lufteinspritzmotoren handelte, war dies allerdings nur möglich, weil die Einblaseluft durch unabhängige Kompressoren erzeugt wurde, so daß der Ausgleich des Hauptmotors durch kein zusätzliches Kompressortriebwerk gestört wurde.

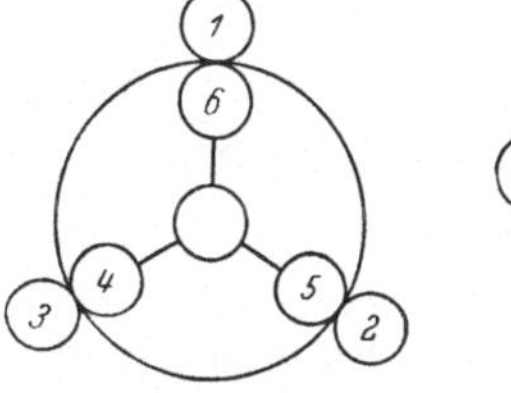

Abb. 216. Kurbelfolge von Sechszylinder-Viertaktmotoren.

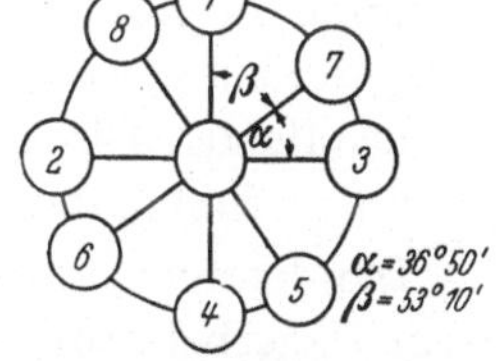

Abb. 217. Kurbelfolge eines Achtzylinder-Zweitaktmotors mit vollkommenem Massenausgleich.

Die Viertaktmotoren sind hinsichtlich des Massenausgleichs allgemein im Vorteil. Bei ihnen ist bekanntlich der gänzliche Ausgleich der Kräfte und Momente für das Haupttriebwerk von 6 Zylindern aufwärts bei allen geraden Zylinderzahlen möglich, unbeschadet der Forderung gleichmäßiger Zündfolge. Die Kurbelwelle besitzt dabei spiegelgleiche Hälften, gesehen von Mitte Motor. Beim Fehlen eines Kompressors, also bei Fremdantrieb des Kompressors oder luftloser Einspritzung ist der Ausgleich dann also ein vollkommener.

Anders beim Zweitakt, selbst bei gleichmäßiger Kurbelfolge. Selbst wenn angehängte Kolben-Spülluftpumpen fehlen, läßt sich erst am Zehnzylindermotor der Idealfall vollkommenen Ausgleichs erzielen. (Ein Achtzylindermotor kann ihn allenfalls mit einer geringen Ungleichmäßigkeit in der Kurbelfolge verwirklichen nach Abb. 217, wie dies bei anderen Schiffsmotoren gelegentlich geschehen ist.) Zwar sind die freien *Kräfte* aus Symmetriegründen immer ausgeglichen. Beim Sechszylindermotor aber gibt es z. B. nur je *eine* Kurbelfolge, bei welcher sich auch die freien *Momente* erster *oder* zweiter Ordnung aufheben, und beim Achtzylindermotor mit gleichmäßiger Kurbelfolge nur *eine* Ausführung, bei welcher die Momente zweiter Ordnung ausgeglichen sind. — Sonst treten größere oder kleinere Momente 1. und 2. Ordnung auf.

Von dem vollkommenen Massenausgleich als dem Idealfall schlechthin zu sprechen, ist allerdings unangebracht. Denn der Vorteil für das Fundament und das Schiff wird fast durchweg durch vergrößerte „innere Momente“ erkauft, welche sowohl die Kurbelwelle wie auch den Aufbau des Motors und die Verbindung mit dem Fundament in erhöhtem Maße beanspruchen.

Die freien Kräfte und Momente, welche sich aus den Massen angehängter Einblaseluftkompressoren und Spülluftpumpen ergeben, sind zwar klein im Vergleich zu denen des Haupttriebwerks; trotzdem kann ihre Auswirkung recht beachtlich werden. An Hand eines praktischen Beispiels seien die in Frage kommenden Größen verdeutlicht. Für die Sechszylinder-Zweitaktmotoren des MT „C. O. Stillman“ mit 700 mm Bohrung, 1200 mm Hub, 90 U/min, zwei an die mittleren Zylinder angehängten Spülluftpumpen, einem Kompressor zwischen den mittleren Zylindern und einer Kurbelfolge 1-5-3-4-2-6 ergaben sich folgende Werte:

Freie Kraft 1. Ord.	(herrühr. v. Spülp. u. Kompr.)	2 900 kg
„ „ 2. „	(„ „ „)	1 600 „
Freies Moment 1. Ord.	(„ „ „)	420 000 cmkg
„ „ 2. „	(auch ohne Spülp. und Kompr. unausgeglichen!)	3 000 000 „
Inneres Moment 1. Ord.	angenähert	5 900 000 „

Die vorgenannte Kurbelfolge ist für Sechszylinder-Zweitaktmotoren die übliche. Abweichend davon war eine Serie großer Tanker mit Motoren ausgerüstet mit der Kurbelfolge 1-5-3-6-2-4. Hier waren neben den freien Kräften die Momente *2.* Ordnung ausgeglichen, — angeblich, um Schiffsschwingungen höherer Ordnung zu vermeiden. Solche Gedankengänge mögen für Mittschiffsmotorenanlagen eine gewisse Berechtigung haben, für Tanker erwiesen sie sich aber als unzutreffend. Die unausgeglichenen Momente 1. Ordnung erreichten nämlich etwa den fünfzigfachen Betrag des vorgenannten Beispiels.

Die letztgenannte Kurbelfolge hatte dagegen z. B. den Vorteil kleinerer Grundlagerbelastungen, Ständer- und Ankerbeanspruchungen zwischen den Mittelzylindern 3 und 4, wie ja überhaupt die Kurbelfolge nicht nur vom Gesichtspunkt des Massenausgleichs beurteilt werden darf (vgl. hierzu die Ausführungen in dem Kapitel „Kurbelwelle“).

Im Gegensatz zu den Kräften des Arbeitsprozesses, die sich innerhalb des Motorgestelles selbst ausgleichen, übertragen sich bekanntlich freie Kräfte und Momente der Massenwirkungen in voller Größe auf den Schiffskörper. Ihre Frequenz ist einmal pro Umdrehung bei allen Impulsen erster Ordnung und zweimal bei solchen zweiter Ordnung. Normalerweise vermögen sie bei der großen Masse des Schiffskörpers und der Ladung nichts auszurichten; trifft aber die Erregerfrequenz mit einer Eigenschwingungszahl des Schiffes zusammen, so schaukeln sich die Auswirkungen auch bei geringer Größe der Erregenden, wie bei allen Resonanzerscheinungen typisch, zu beträchtlicher Größe auf. Es entstehen dann Biegeschwingungen des Schiffskörpers, mit 2, 3 oder mehr Knoten, etwa nach Abb. 218, wobei mit steigender Zahl der Schwingungsknoten die Auswirkungen weniger gefährlich werden. Am bedenklichsten sind die vertikalen Biegeschwingungen mit 2 Knoten, und gerade mit diesen hatte es bei den Tankschiffen besondere Bewandtnis. Ihre Eigenschwingungszahl liegt nämlich je nach dem Beladungszustand etwa zwischen 70 und 95/min — genauer gesagt betrug sie für das volle Schiff rund 70/min, für das leere Schiff rund 95/min — und lag bei Teilladungen (bei Zwischenreisen und auf der Ballastfahrt) dazwischen. Je mehr Massen dabei im Schwingungsbauch und an den Enden saßen, um so niedriger lag sie. Natürlich wurden die Resonanzausschläge um so größer, je geringer die Beladung war; bei stark entleertem Schiff hatte man manchmal das Empfinden, als bewege man sich im Resonanzgebiet an den schlimmsten Stellen um Dezimeter auf und nieder. Es waren tatsächlich zwar nur mehrere Zentimeter, aber ein Verharren in diesem Betriebszustand war für die Verbände des Schiffskörpers untragbar.

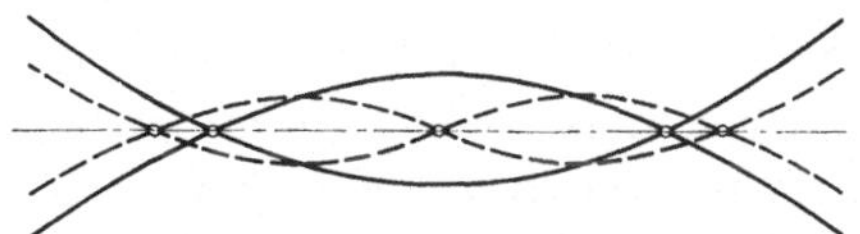
Abb. 218. Schaubild für Biegeschwingung des Schiffskörpers mit zwei und drei Schwingungsknoten in der senkrechten Längsebene.

Die älteren Anlagen mit einer Motorendrehzahl um 90 U/min waren hier besonders im Nachteil; denn bei Ballastfahrt lag die Betriebsdrehzahl der Motoren in oder in nächster Nähe der Schiffs-Eigenschwingungszahl. Erfreulicherweise bot die Besonderheit des Tankschiffes die Möglichkeit, durch entsprechende Verteilung des Ballasts die Eigenschwingungszahl des Schiffes zu verlagern, doch ergaben sich dabei häufig unerwünschte Anhäufungen des Ballasts, die ungünstige Durchbiegung des Schiffes und unvorteilhafte Beanspruchungen zur Folge hatten. Dies war also nicht im Sinn des Schiffsbauers, der am liebsten eine gleichmäßige Verteilung sieht, und äußerte sich auch in einem vermehrten Auftreten von Undichtheiten.

Bei den neueren Anlagen, deren Motoren eine normale Drehzahl von etwa 115 U/min hatten, war die Gefahr der Resonanz nur bei stark verringerter Fahrt gegeben, und dabei bestand immer die Möglichkeit, mit der Drehzahl etwas auszuweichen.

Schwingungen des Schiffskörpers mit mehr als drei Knotenpunkten traten eigentlich nie in Erscheinung, auch horizontale Schwingungen machten sich nicht bemerkbar. (Nach den vertikalen Biegeschwingungen mit 2 Knoten waren die Torsionsschwingungen des Schiffskörpers — mit einer Eigenschwingungszahl, die rund das 2—3fache der vertikalen Biegeschwingungen mit 2 Knoten betrug — die bedeutsamsten. Sie rührten von den ungleichförmigen Drehmomenten der Antriebsmotoren und Propeller her.)

Was die Auswirkungen der freien Massenkräfte und -momente anbelangt, so unterscheidet sich das Tankschiff mit seiner Maschinenanlage im Hinterschiff von den größeren normalen Frachtschiffen bzw. Passagierschiffen, deren Maschinenanlagen mittschiffs liegen. Während sich z. B. für die vertikalen Biegeschwingungen mit 2 Knoten bei den Mittschiffsanlagen die freien *Kräfte* im Schwingungsbauch stärker auswirken als beim Tanker, wo sie näher am Schwingungsknoten auftreten, ist bei den *Momenten* das Umgekehrte der Fall (vgl. Abb. 218). Auf den Ausgleich der Massen*momente* war also bei den Tankern erhöhter Wert zu legen.

Vor allem *freie Momente erster Ordnung* führten im eigenen Betrieb mehrfach zu nachträglichen Ausgleichmaßnahmen. Man ordnete zwei Gegengewichte in möglichst großem axialen Abstand an, z. B. einerseits im Schwungrad und andrerseits an einer Kompressorkurbel des vorderen Motorendes. Diese Lösung befriedigte indessen nie völlig; mit Rücksicht auf den Zuwachs der waagrechten Kraftkomponenten solcher umlaufenden Gegengewichte konnte man schon nie auf das äußerste Maß weitestgehenden Ausgleichs der auf- und abgehenden Getriebemassen gehen. Vor allem blieb aber der völlige Erfolg deswegen aus, weil sich der Ausgleich nicht ausschließlich innerhalb des Motors vollzog, sondern z. T. über das schwungradbenachbarte Außenlager und über den Schiffskörper.

Richtiger ist daher die Anbringung von Gegengewichten *an den Kurbeln* der Arbeitszylinder, und zwar bei vielzylindrigen Reihenmotoren nicht nur an der vordersten und der hintersten Kurbel, sondern auch — zur Schonung der Kurbelwelle und des Motorverbands — an mittleren Kurbeln.

38. Kritische Drehzahlen.

Von den verschiedenen Schwingungsformen, welche bei dem aus der drehelastischen Wellenleitung und ihren Massen bestehenden torsionsschwingungsfähigen Gebilde möglich sind, haben für den direkten Schiffsantrieb nur diejenigen I. Grades (mit einem Schwingungsknoten) und diejenigen II. Grades (mit zwei Knoten) praktische Bedeutung. Abb. 219 zeigt für einen konkreten Fall die

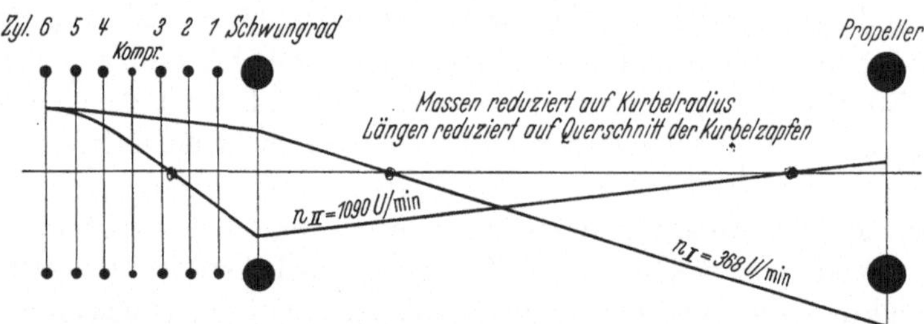

Abb. 219. Schwingungsbilder für die Drehschwingung I. und II. Grades der Welle einer ausgeführten Tankschiff-Motorenanlage (im Hinterschiff) mit einem Sechszylinder-Zweitaktmotor älterer Bauart.

beiden Schwingungsbilder, die freilich in mancher Beziehung nur als Bilder zu werten sind; denn die als Ordinaten eingetragenen größten Ausschläge für den Fall der Resonanz sind zwar innerhalb jedes Schwingungsbildes vergleichbar, aber nicht mit denjenigen des anderen. Tatsächlich sind die Ausschläge II. Grades wesentlich kleiner als diejenigen I. Grades, da sie von Erregenden höherer Ordnung herrühren, deren Kraftamplitude kleiner ist. — Wenn die Ausschläge an der vordersten Kurbel 6 in den Schaubildern gleich groß eingezeichnet sind, so geht dies auf die Übung der Schwingungsrechner zurück, derzufolge übrigens auch die Längen als „reduzierte" Längen (nämlich auf einheitlichen Querschnitt) und die Massen als „reduzierte" Massen (nämlich auf den Kurbelradius) eingezeichnet sind.

Jede Eigenschwingungsform ist bekanntlich an eine bestimmte Frequenz gebunden, und diese ist abhängig von Dicke und Länge der Wellenleitung und den mit ihr verbundenen Massen. Als Erregende treten die harmonischen Kräfte unterschiedlicher Ordnungen auf, in welche jedes Drehkraftdiagramm aufgelöst werden kann. Die Kraftamplituden des Drehkraftverlaufs üblicher Motoren nehmen mit steigender Ordnungszahl ab. Eine bestimmte Eigenfrequenz kann demnach bei verschiedenen Drehzahlen mit resonanzerregenden Erregerkräften in gefährlichen Einklang kommen, beispielsweise diejenige von 360 Schw./min, wie sie etwa für die Eigenschwingung I. Grades bei Wellenleitungen in Tankschiffen vorkommt, sowohl bei 120 U/min durch harmonische Erregerkräfte 3. Ordnung wie bei 60 U/min durch solche 6. Ordnung oder (was für den Viertakt von Bedeutung ist) bei 80 U/min durch Harmonische der 4,5. Ordnung. Die betreffenden Drehzahlen werden dann als „kritische Drehzahlen" 3., 6. oder 4,5. Ordnung und je nach der Torsionsschwingungsform „I. oder II. Grades" bezeichnet, in der Abkürzung I/3, I/6, I/4,5, II/6, II/12 usw.

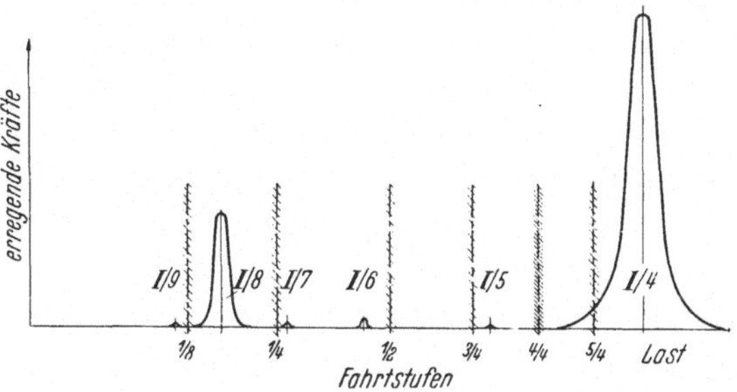

Abb. 220. Resultierende erregende Kräfte aus den Harmonischen des Drehkraftdiagramms für die Arbeitszylinder einer ausgeführten Tankschiff-Motorenanlage mit einfachwirkendem Vierzylinder-Zweitaktmotor, aufgetragen über dem nach Fahrstufen aufgeteilten Drehzahlbereich.

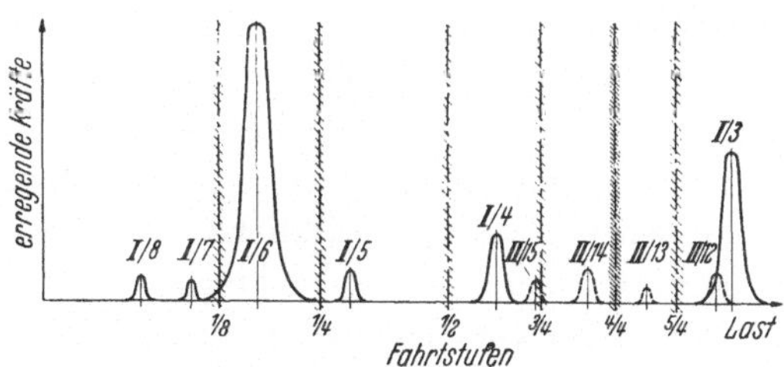

Abb. 221. Ebenso, jedoch Antrieb durch Sechszylinder-Zweitaktmotor.

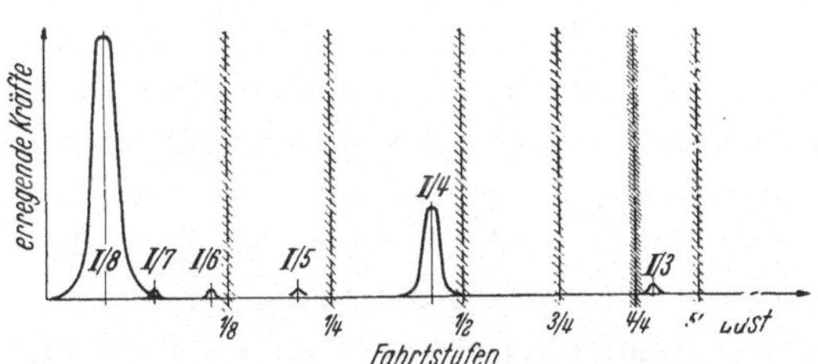

Abb. 222. Ebenso, jedoch Antrieb durch Achtzylinder-Zweitaktmotor.

Gemeinsame Bemerkungen für Abb. 220—222: Fahrstufen aus dem Propellergesetz errechnet; Abszissen beginnen nicht bei Drehzahl Null!

Bei Mehrzylindermotoren addieren sich die Drehkraftimpulse der einzelnen Arbeitszylinder vektoriell, die Erregenden harmonischen Kräfte verstärken sich oder schwächen sich gegenseitig, je nach ihrer Phasenzuordnung. Für gleichmäßige Kurbelfolge ergeben sich bei den Ordnungen, deren Zahl mit der Anzahl der Zündungen pro Umdrehung oder einem ganzzahligen Vielfachen davon übereinstimmt, durchweg *gleichgerichtete* Vektoren, die sich demnach arithmetisch addieren, und so entstehen die gefährlichen „Hauptkritischen" — bei Zweitaktmotoren mit 4 Zylindern also I/4, I/8 usw. mit sechs Zylindern I/6, I/12 usw. — Das Vektorpolygon der übrigen Ordnungen müßte angesichts der typisch sternartig zueinander liegenden Einzelvektoren theoretisch im Ausgangspunkt enden, d. h. es dürfte keine „Nebenkritischen" geben. Dieser Idealfall träte aber nur ein, wenn die Kurbelwelle absolut steif wäre, so daß alle Kraftimpulse *un*gemindert am Bezugspunkt (dem Zylinder nächst dem Schwungrad) wirksam würden, und wenn die Arbeitsdiagramme der einzelnen Arbeitszylinder unter sich völlig übereinstimmen und somit die Gleichheit aller einzelnen Vektorgrößen gewährleisten würden. Da dies nicht erreichbar ist, machen sich die

Nebenkritischen mehr oder weniger bemerkbar. Sie dürfen u. U. nicht außer Acht gelassen werden, namentlich nicht bei denjenigen Schwingungsformen, deren Schwingungsknoten innerhalb des Motors liegen.

Ungleichmäßige Zündungen beeinflussen die Größe der Schwingungsausschläge, doch ist dies praktisch nicht allzu bedeutsam. Wichtig ist jedoch die erhebliche Änderung, die sich z. B. beim Betrieb mit einem ausgeschalteten Zylinder ergeben kann, so daß es sich auch aus diesem Grunde mit empfiehlt, Störungen möglichst bald zu beseitigen, um den gleichmäßigen Betrieb mit sämtlichen Zylindern wieder aufnehmen zu können (Siehe Abb. 223).

Nach diesen allgemeinen Hinweisen seien einige Schaubilder für Lage und Bedeutung kritischer Gebiete ausgeführter Tankschiffanlagen mit verschiedenen Antriebsmotoren gezeigt. (Abb. 220, 221, 222). Dabei sind als Abszissen Drehzahlen und als Ordinaten die resultierenden erregenden Kräfte der einzelnen Harmonischen eingetragen. Um bei den verschiedenen Betriebsdrehzahlen einen Vergleichsmaßstab zu erhalten, sind die Drehzahl-Maßstäbe unterschiedlich, nämlich so gewählt, daß die vor allem interessierenden *Fahrtstufen* wie sie sich aus dem Propellergesetz errechnen, unter einander zu liegen kommen. (Die Abszissen beginnen nicht bei der Drehzahl Null!) — Solche Schaubilder müssen bei der Bearbeitung neuer Motorenanlagen vom Konstruktionsbüro alsbald nach Ermittlung der Eigenschwingungszahlen der Wellenleitung entworfen werden. Denn es kommt ja darauf an, die gefährlichen kritischen Gebiete zu kennen und zu meiden. Je höher die normale Verdrehungs-Beanspruchung der Kraftübertragung ist, vor allem also im Bereich der vollen Betriebszahl und kurz darüber, um so unerträglicher werden zusätzliche Wechselbeanspruchungen durch Resonanzschwingungen. Auch bei den verringerten Fahrtstufen „Halbe Kraft“ und „Langsam“ wird man versuchen, von kritischen Drehzahlgebieten frei zu sein, doch kann man sich dabei meist helfen, weil diese Fahrtstufen nicht so exakt festliegen wie bei der festgesetzten Vollast-Betriebsdrehzahl.

Bei dem Antrieb mit Vierzylindermotor, Abb. 220 dürfte es nicht ohne Schwierigkeiten abgegangen sein; denn die Hauptkritische I/4 mit ihrer großen resultierenden Erregenden liegt unmittelbar über der höchsten Betriebsdrehzahl. Dabei ist allerdings zu bedenken, daß die Höchstdrehzahl nicht unter voller Last, sondern nur beim Austauchen des Propellers erreicht wird, wo also die Durchschnitts-Kraftübertragung stark vermindert ist. Vermutlich hatte hier schon durch Veränderung des Wellendurchmessers, des Schwungradgewichtes oder der Propellerabmessungen (Durchmesser und Steigung) nachgeholfen werden müssen, bis befriedigende Schwingungsverhältnisse geschaffen waren. Dies sind ja die bestimmenden Faktoren für die Eigenschwingungszahl der Wellenleitung.

Bei den Anlagen mit Sechs- und Achtzylindermotoren liegen die Hauptkritischen leider bei niedrigeren Drehzahlen — allerdings (Abb. 221 u. 222) dann im Gebiet kleinerer normaler Wellenbeanspruchungen. Im Schaubild für den Sechszylindermotor sind auch die resultierenden Erregenden II. Grades eingetragen.

Als Nächstes wird sich das Konstruktionsbüro an Hand einer Kurve entsprechend der Abb. 223 Rechenschaft geben über die Gesamtbeanspruchungen im schwächsten Wellenquerschnitt, also der normalen Verdrehungsbeanspruchung aus der Kraftübertragung vermehrt um die Zusatzbeanspruchungen in den kritischen

Gebieten. Die genannte Abbildung zeigt die Zusatzbeanspruchungen als Schwankungen von einem positiven zu dem gleichen negativen Wert, über der parabolisch verlaufenden Grundbeanspruchung des Propellerantriebs. (Aus dem Index der kritischen Gebiete geht hervor, daß die Eigenschwingungszahl der Wellenleitung I. Grades nur 217 Schw/min beträgt. Es handelt sich hier nämlich um die Anlage eines größeren normalen Frachtschiffes mit einer in Schiffsmitte liegenden Motorenanlage, also mit einer langen Wellenleitung.) Bei Tankern mit ihrer kurzen Wellenleitung, die sich aus der Motorenaufstellung im Hinterschiff ergibt, betrugen im eigenen Betrieb die Eigenschwingungszahlen I. Grades zwischen 320 und 580 Schw/min. Dabei entsprach der untere Wert Anlagen mit einfachwirkenden Vierzylinder-Zweitaktmotoren und der obere solchen mit doppeltwirkenden Vierzylinder-Zweitaktmotoren. (Die entsprechende Zahl für Anlagen mit einfachwirkenden Zweitakt-Achzylindermotoren lag in der Gegend von 480/min.) — Bei der Abb. 223 handelt es sich ebenfalls um eine Achtzylinderanlage, und zwar um doppeltwirkenden Zweitakt. Durch eine gestrichelte Kurve ist hier der Einfluß der Ausschaltung eines Zylinders (Ober- und Unterseite) kenntlich gemacht. Die Steigerung, welche die Beanspruchung der Wellenleitung dabei erfährt, ist erheblich und war vermutlich bestimmend für ihre Dimensionierung.

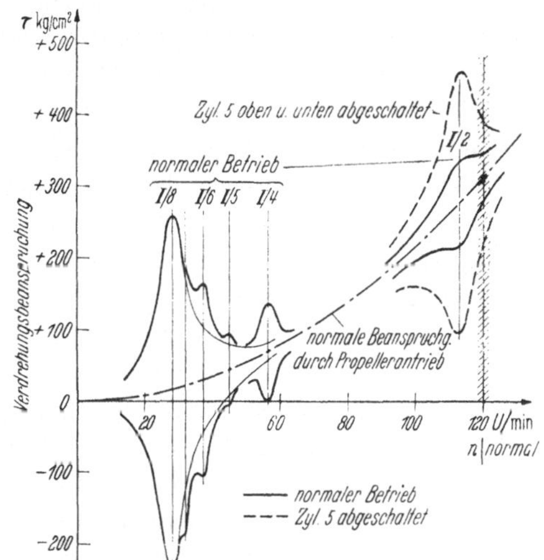

Abb. 223. Verdrehungs-Beanspruchung der Wellenleitung eines normalen Frachtschiffes (Maschinenanlage mittschiffs) durch den Propellerantrieb und die erregenden Kräfte I. Grades aus den Arbeitskräften der Zylinder in Abhängigkeit der Drehzahl.
Antrieb durch doppeltwirkenden Achtzylinder-Zweitaktmotor. Die gestrichelte Kurve zeigt die Folge der Ausschaltung eines Arbeitszylinders.

Bei der Bedeutung der kritischen Drehzahlgebiete begnügte man sich natürlich nicht mit deren rechnerischen Ermittlung, sondern entnahm bei Anlagen solcher Größe von jeher bei der Probefahrt Torsiogramme. Richtiger gesagt war man früher vorwiegend auf die nachträgliche Messung angewiesen und mußte nicht selten die Betriebsdrehzahl den Ergebnissen anpassen. Erst im Laufe der Jahre wurden die Erkenntnisse bezüglich des Einflusses der Harmonischen der verschiedenen Zylinder, der dämpfenden Faktoren, der am Propeller mitschwingenden Wassermasse usw. so vollständig, daß sich Rechnung und Messung nur noch unwesentlich unterschieden.

Die gefährlichsten kritischen Gebiete sind durch das Rattern von Getrieben, Schlagen von Nocken oder Erschütterungen des ganzen Motors erkennbar, und — wenn der Betrieb dies zu beobachten gestattet — an der Erwärmung von Naben aufgekeilter Kupplungsstücke, Schwungräder u. dgl. Indessen können, wie gezeigt, namentlich bei *hohen* Drehzahlen, äußerlich nicht wahrnehmbare Kritische die Gesamtbeanspruchung unzulässig steigern, und so bedarf es eines sinnfälligen Hilfsmittels für das Personal, nämlich einer deutlichen Markierung auf dem

Tachometer bezüglich Lage der gefährlichen Gebiete und ihrer Ausdehnung, welche bis zu $\pm 8\%$ betragen kann.

Schwingungsdämpfer waren bei den eigenen Anlagen in keinem Fall nötig und dürften bei direktem Antrieb wohl überhaupt kaum zur Anwendung gekommen sein.

39. Meßeinrichtungen.

Bei den Meßinstrumenten wurde immer auf erstklassigen Fabrikaten bestanden, da unzuverlässige Ausführungen nicht nur die Betriebsüberwachung beeinträchtigten, sondern auch laufende Reparaturkosten verursachten. Ebenso wurde auf ausreichende, sachgemäß angeordnete Meßstellen geachtet, wobei auch an außergewöhnliche Messungen gedacht wurde. So wurden z. B. die Spülluftaufnehmer und die Abgasleitungen von vornherein mit Anschlußstellen versehen, die gelegentlich den Druck- bzw. den Temperaturverlauf näher zu untersuchen gestatteten.

Für die Messung niedriger *Drücke* wurden zuletzt fast ausschließlich Plattenmanometer verwendet, auch für den Spüldruck, der an älteren Anlagen häufig mit Spezial-Quecksilbermanometern ermittelt wurde. — Druckmessungen an Filtern wurden grundsätzlich mit Doppelmanometern vorgenommen, welche den Verschmutzungsgrad sinnfällig anzeigten. — Elektrische Alarm-Manometer, welche schon frühzeitig für den Kühlwasser- und Schmierölkreislauf verwendet wurden, litten anfänglich vielfach an ungenügend ausgebildeten Kontakten. Die Warnung erfolgte durch Warnlampen, lauttönende Glocke oder Hupe.

Thermometer mit Quecksilber- oder Flüssigkeitsfüllung waren wegen der Lichtreflexe an manchen Stellen des Maschinenraumes schlecht abzulesen. Es unterblieb dann nur zu leicht die gewissenhafte Ablesung, und ins Maschinenjournal wurde ein fiktiver Wert eingetragen. Eine wirksame Lösung stellten Kapillar-Fernthermometer mit einem weithin sichtbaren Zifferblatt dar. — Auf die richtige Eintauchtiefe von Thermometern bzw. deren Stutzen wurde natürlich sorgsam geachtet, ebenso auf die wirksame Isolierung des Thermometer-Stutzens, wenn es galt, genaue Messungen von Abgastemperaturen in einem wassergekühlten Sammelrohr oder Stutzen vorzunehmen. Bekanntlich können in solchen Fällen durch Wärmeableitung erhebliche Anzeigefehler entstehen. — Übrigens wurden Abgastemperaturen schon frühzeitig fast ausschließlich durch elektrische Pyrometer gemessen (wobei allerdings immer wieder das Bedürfnis nach einer Kontrolle durch Quecksilberthermometer auftrat). Ältere elektrische Einrichtungen litten vielfach darunter, daß das gemeinschaftliche Anzeige-Instrument (mit Umschalter) unbrauchbar wurde. Meist war die Ursache, daß das Instrument unzweckmäßig, nämlich nicht erschütterungsfrei, aufgehängt war. Spätere Ausführungen mit federnder Aufhängung, möglichst noch an einer ruhigen Stelle, bewährten sich wesentlich besser. — Indessen wurde lebhaft begrüßt, als eine ausländische Firma sehr zuverlässige Fernthermometer mit Kapillarrohren („Quecksilber in Stahl") auf den Markt brachte und damit u. a. bei Abgastemperaturmessungen die Ungenauigkeit wegfiel, welche beim Pyrometer durch die „kalte Lötstelle" entstand. (Diese saß, als Übergang von den Drähten des Thermoelementes auf die Kupferdrähte der Weiterleitung, im Pyrometerkopf, der niemals 0° C hatte, sondern je nach Belastung und Konstruktion eine höhere

Temperatur, die also auch wechselte. Bei Vollast betrug sie etwa 50° C. Dieser Betrag mußte also für eine genauere Messung berücksichtigt werden, bzw. das verstellbare Anzeige-Instrument mußte mit seinem Nullpunkt entsprechend einreguliert werden.) — Natürlich kamen bald ebenso hochwertige deutsche Kapillar-Fernthermometer auf den Markt, und deren Anzeige-Instrumente wurden dann in Form von Schalttafel-Instrumenten am Bedienungsstand angeordnet, wobei die Aneinanderreihung einen guten Vergleich der einzelnen Temperaturen ermöglichte, ohne daß ein Umschalter einzustellen war (Abb. 224). — In der Regel wird die Abgastemperatur nicht nur an den einzelnen Zylindern, sondern auch im Sammelrohr gemessen. Überraschenderweise mißt man beim Zweitakt die Temperaturen im Sammelrohr wesentlich höher als im Stutzen unmittelbar hinter den Auspuffschlitzen, weil in den einzelnen Auspuffstutzen nach jeder Spülperiode kühlere Reste von Spülluft verbleiben, welche die Anzeige gegenüber der wahren Durchschnittstemperatur herabsetzen.

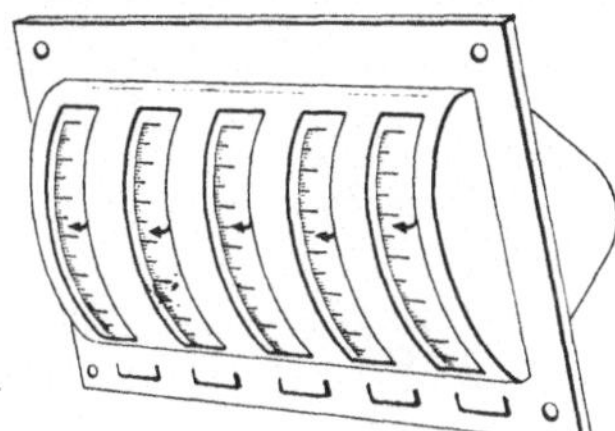

Abb. 224. Anzeiginstrumente für Abgas-Fernthermometer in Schalttafelform.

Für die *Hubzähler*, die als Ergänzung der Tachometer unerläßlich sind, waren gelegentlich unzulängliche Fabrikate mit nur fünf Stellen beim Neubau vorgesehen. Für das Auszählen der Umdrehungen über lange Zeiträume bedurfte es aber stabiler siebenstelliger Ausführungen. — Vorübergehend forderte man im eigenen Betrieb auch für die Kammer des Leitenden Ingenieurs und für das Steuerhaus eine *Drehzahl-* und *Drehrichtungs*anzeige und sah dazu elektrische Fernumdrehungs-Anzeiger mit einer Skala nach beiden Richtungen vor; sie wurden gespeist durch einen von der Wellenleitung angetriebenen kleinen Dynamo. Da diese Anlagen, in den zwanziger Jahren eingerichtet, zum Teil noch Ersatzmaterialien enthielten, waren die Reparaturarbeiten recht beträchtlich. Daneben glaubte sich mancher Kapitän an Hand dieser Apparate zur laufenden Kontrolle der Maschinenleitung berufen. Bei späteren Neubauten wurden daher im eigenen Betrieb solche Einrichtungen nicht mehr eingebaut. Eine Kontrollmöglichkeit der Drehrichtung auf der Brücke wurde allerdings für die Manöver als zweckmäßig anerkannt. In Deutschland waren einfache Drehrichtungsanzeiger aber bis zum letzten Krieg nicht auf dem Markte, während z. B. englische Baumuster schon existierten.

Umgekehrt wurde aber für den Motorenraum ein *Ruderlagenanzeiger*, also eigentlich ein Instrument des Ruderhauses, als sehr wertvoll empfunden und daher bei den Neubauten der eigenen Gesellschaft in späteren Jahren regelmäßig vorgesehen. Sein Wert bestand darin, daß das Maschinenpersonal bei einem Absinken der Motorendrehzahl sofort darüber aufgeklärt wurde, ob es sich um eine Störung handelte, oder ob nur gerade das Ruder hart gelegt wurde. Auf dem Revier, besonders nach einer größeren Überholung, trug dieses Instrument wesentlich zur Urteils-Sicherheit des Maschinenpersonals bei.

Die Ermittlung der Motorleistung erfolgte, wie bei Anlagen dieser Größe allgemein üblich, regelmäßig durch *Indizieren*. Nur bei Probefahrten wurde gelegentlich die abgegebene Leistung durch ein Torsiometer gemessen, namentlich wenn es galt, für eine neue Schiffsgröße, Schiffsform, besondere Propeller usw.

genaue Unterlagen für den Zusammenhang zwischen Antriebsleistung und Schiffsgeschwindigkeit zu erhalten. Das Prinzip bestand in der Messung der Winkelverdrehung zwischen zwei in einem bestimmten axialen Abstand gelegenen Querschnitten der Wellenleitung mit Hilfe der Spannung von Stahlsaiten. Ihre Längenänderung wurde auf akustischem Wege durch Vergleich mit einem Eichinstrument ermittelt und damit die Errechnung des Drehmomentes ermöglicht.

Bei einer Anlage wurde versuchsweise das Drucklager nachträglich für eine *Schubmessung* eingerichtet. Das Produkt aus Schub und Schiffsgeschwindigkeit kennzeichnet ja unmittelbar die effektive Leistung. Das Einscheiben-Drucklager bietet für solche Messungen die besten Voraussetzungen; denn die einzelnen Druck-

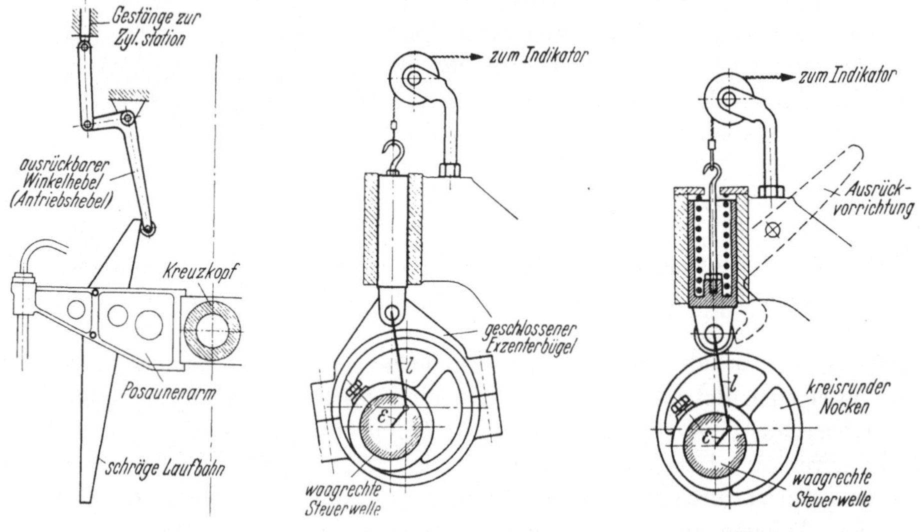

Abb. 225. Indizierantrieb neuerer GW-Motoren.
Mit dem Kreuzkopf auf und ab gehende schräge Laufbahn; ausrückbarer Antriebshebel.

Abb. 226. Exzenterantrieb für Indiziereinrichtung (nicht ausrückbar) von der waagerechten Steuerwelle.
Beachte: das Verhältnis ε/l muß dem Treibstangenverhältnis des Haupttriebwerks entsprechen!

Abb. 227. Ausrückbarer Nockenantrieb für Indiziereinrichtung von der waagerechten Steuerwelle.
Beachte die Bemerkung zu Abb. 226!

segmente brauchen nur durch kleine Ölzylinder angepreßt und der Öldruck gemessen zu werden. Indessen muß hierfür die Drucklagerkonstruktion eben doch von vornherein vorgesehen sein. Bei dem erwähnten Umbau ergaben sich im Betrieb allerhand Unzuträglichkeiten, so daß weitere Versuche aufgegeben wurden, um so mehr als die Ergebnisse leider noch durch verschiedene nautische Faktoren beeinflußt wurden.

Daß für die Entnahme von *Diagrammen* nur Indikatoren erster Herstellerfirmen (selbstverständlich mit *außen* liegender Feder) benützt wurden, war unumstößlicher Grundsatz. Die Abnahme der Bewegung erfolgte meist von der Kreuzkopfbewegung; bei den großen Höhen kam die Verwendung der Indikatorschnur ihrer Elastizität wegen gar nicht mehr in Frage, und selbst Drahtseil oder Stahlband nicht für die ganze Länge. Es wurde vielmehr mittels starrer Gestänge der auf die Diagrammlänge reduzierte Hub nach oben übertragen und erst das letzte Ende mit dünnem Drahtseil oder Stahlband überbrückt. Daß für eine Diagrammentnahme, die üblicherweise nur einmal in der Woche erfolgte, die Gestänge dauernd mitlaufen mußten, war natürlich unerwünscht; denn die Bolzenlagerungen liefen mit der Zeit aus, obwohl zur Verringerung der Massen die Hebel aus Leichtmetall und die Stangen hohl ausgeführt wurden und die Gelenke dauernd von Öl bespritzt wurden. Eine größere Lose in ihnen fälschte aber die Aufzeichnung des Diagramms und mußte also beseitigt werden. — Von diesem Gesichtspunkt stellte die an den neueren GW-Motoren angebrachte ausrückbare Einrichtung nach Abb. 225 mit ihrer schrägen, am Posaunenarm befestigten Laufbahn für eine Rolle eine recht zweckmäßige Lösung dar.

Solange die Motoren obenliegende durchgehende Steuerwellen hatten, konnten diese mit Vorteil für den Indikatorantrieb herangezogen werden. So bedienten sich Gebr. Sulzer an älteren Motoren eines Exzenterantriebes nach Abb. 226 und die GW eines Nockenantriebes nach Abb. 227. Der Nockenantrieb hatte wieder den Vorteil der Ausrückbarkeit. Voraussetzung für die Brauchbarkeit dieser Antriebe war, daß ihr „Treibstangenverhältnis" (vgl. die Abbildungen) genau mit demjenigen des Motorkurbeltriebes übereinstimmte. Kleinste Ungenauigkeiten im Punkte der Totpunktübereinstimmung zwischen Arbeitskolben und Indiziervorrichtung bewirken beträchtliche Diagrammverzerrungen. Man muß sich klar machen, daß die Genauigkeit daher durch die Abnützung des Steuerwellenantriebes störend beeinflußt wurde, was sich besonders bei Schraubenrädern bemerkbar machte. Der Indizierantrieb mußte also nachstellbar sein.

Als die Verbrennungsdrücke den Betrag von 50 atü und mehr erreichten, ließ sich die Indikatorfeder mit diesem Höchstdruck und einem Maßstab von 1 kg = 1 mm nicht mehr benützen, sondern man mußte auf stärkere Federn mit 1 kg = 0,8 oder gar 0,6 mm zurückgreifen. Damit verringerte sich aber auch die Diagrammbreite (dickste Stelle der Arbeitsfläche), welche bei den Zweitaktmotoren schon mit der 1 mm-Feder höchstens 11 mm betrug, und die gesamte Genauigkeit wurde in bedauerlichem Maße beeinträchtigt. Zu den Ungenauigkeiten der Entnahme kam ja noch die des Planimetrierens.

Grundsätzlich wurden nur noch Indikator*ventile* mit Sitz und Kegel aus Spezialmaterial verwendet.

Für den weiteren Zweck des Indikatordiagramms: die Orientierung über die Höhe der Kompression und den Zündverlauf erwies sich das *versetzte* Diagramm wertvoller als das normale. Sofern benachbarte Zylinder eine Kurbelversetzung um 90° hatten, konnten solche versetzten Diagramme mechanisch geschrieben werden. Indessen genügte es, versetzte Diagramme von Hand zu ziehen, und üblicherweise verband man das normale Diagramm stets mit einem versetzten nach den Abb. 158, 159 und 175.

Bei der Entnahme von Schwachfederdiagrammen, beispielsweise zur Untersuchung der Auspuff- und Spülperiode, erwies sich als unerläßlich, daß sowohl der große Indikatorkolben wie die Stangenführung vollkommen ölfrei waren, da sonst bei den kleinen Drücken und Druckschwankungen wesentliche Fehlaufzeichnungen entstanden.

Zwangen hohe Verbrennungsdrücke zu kleinen Federmaßstäben und damit zu vermehrten Fehlerquellen in der Leistungsbestimmung, so mußte man hierzu die *Brennstoffmessung* mit heranziehen. — Am exaktesten ist die Meßmethode mit stark eingeschnürten Meßgefäßen nach Abb. 228, wo das Zeitintervall zwischen Marken in den engen Stellen mit großer Genauigkeit festgestellt werden kann. Solche Meßgefäße wurden gelegentlich bei Probefahrten vorübergehend angeschlossen. — Die Vervollkommnung in der Fabrikation von Meßuhren erübrigte später selbst für Probefahrtmessungen die Anwendung besonderer Meßgefäße; jene hatten nämlich eine Genauigkeit von ½%! — Solche Meßuhren wurden dann fest am Motor oder in der Brennstoffzulaufleitung eingebaut und haben sich ausgezeichnet bewährt. Für ihre etwa notwendig werdende Überholung während des Betriebes war eine Umgehungsleitung vorgesehen. — Bei einwandfreier Verbrennung konnte an Hand der Prüfstandswerte ohne weiteres aus dem Verbrauch auf die Leistung geschlossen werden.

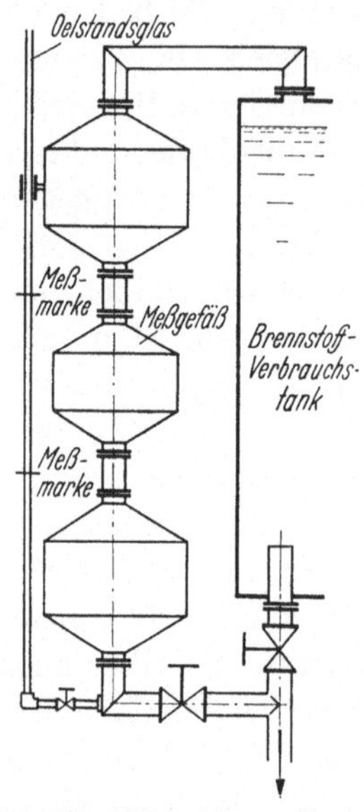

Abb. 228. Meßeinrichtung für den Brennstoffverbrauch.

Abstoppen der Zeit für den Durchgang des Flüssigkeitsspiegels durch die beiden Marken am Ölstand, welche einer geeichten Menge zwischen stark eingeschnürten Stellen des Meßgefäßes entsprechen.

An älteren Motoren waren oft *Auspuffprobierhähne* zu finden, welche nur schwer zugänglich waren. (Sie ließen sich vor einer Untersuchung auch nicht ordentlich durchstoßen.) Dadurch fehlte dann die Kontrolle, welcher Zylinder an der etwa festzustellenden Sichtbarkeit des Auspuffs (im Freien) schuld war, und die Anzeige, ob bei Manövern mit kaltem Motor bzw. bei ganz langsamer Drehzahl auch alle Zylinder zündeten.

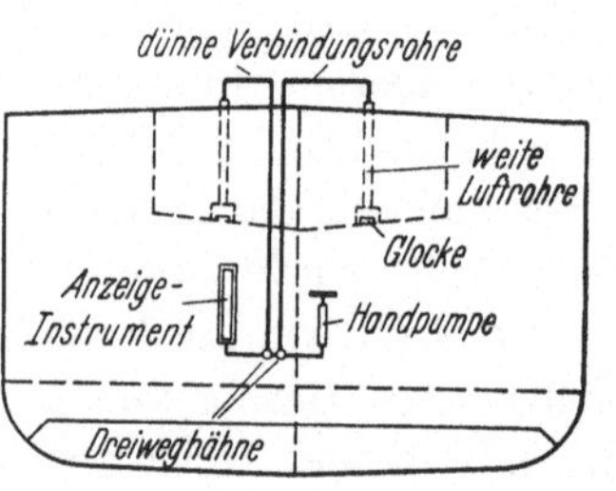

Abb. 229. „Pneumocator"-Einrichtung zur Messung des Inhaltes geometrisch einfach geformter Behälter, dargestellt für die Brennstoff-Tagestanks.

Für die *Inhaltsanzeige* hoher Behälter erwiesen sich im Bordbetrieb Ölstandsgläser als recht unzweckmäßig; auch Schwimmereinrichtungen arbeiteten nur dann einwandfrei, wenn sie gut durchkonstruiert und reichlich bemessen waren. — Für vollkommen prismatische oder zylindrische Behälter wurde im eigenen Betrieb weitgehend von dem „Pneumocator" Gebrauch gemacht, dessen Einrichtung in Abb. 229 wiedergegeben ist. Die Luft, welche zur Messung mit einer Handpumpe in das Verbindungsrohr zwischen der im Behälter befindlichen Glocke und dem Anzeigeinstrument gepumpt wurde, nahm den statischen Druck der Flüssigkeit an und damit konnte die Flüssigkeitsmenge errechnet werden. Wichtig war dabei, daß sich die Glocke in der geometrischen Mitte der Behältergrundfläche befand, damit die Meßfehler bei Schräglage des Schiffes möglichst gering wurden.

Der „*Meßroller*", jenes wertvolle Instrument zur einwandfreien Ermittlung der Zylindereinsatz-Abnützung, ist bereits im Kapitel „Zylindereinsätze" genau erörtert worden.

Sachverzeichnis.

Die fetten Zahlen geben die Seiten an, auf denen das Stichwort hauptsächlich behandelt ist.

721/14/53 — 57 275 4022